21 世纪全国高等院校艺术设计系列实用规划教材

After Effects 影视特效与合成

张为凯　李怀鹏　主　编

北京大学出版社
PEKING UNIVERSITY PRESS

内 容 简 介

影视特效与合成技术是目前世界上最流行的计算机应用技术之一，被广泛地应用于电影、电视、游戏、多媒体、建筑等行业。在我国，影视特效技术正处于一个飞速发展的阶段，而 After Effects 正是进行影视特效与合成的利器，是目前拥有用户群最多的影视后期制作软件。

本书结合实例，由浅入深，较全面地讲解了使用 After Effects 进行影视后期制作的整个过程，同时也详细地讲解了 After Effects 与 Maya、3D、Boujou、Photoshop 等软件结合进行影视制作的流程。此外，本书还包含了 After Effects 几个常用的外挂插件的使用实例。

本书图文并茂、引人入胜，适合作为影视制作、动漫、多媒体等专业的教育教学用书，也是值得电影、电视及多媒体制作工作者收藏的珍贵资料。

图书在版编目(CIP)数据

After Effects 影视特效与合成/张为凯，李怀鹏主编. —北京：北京大学出版社，2009.3

(21 世纪全国高等院校艺术设计系列实用规划教材)

ISBN 978-7-301-14458-9

Ⅰ. A… Ⅱ. ①张…②李… Ⅲ. 图形软件，After Effects—高等学校—教材 Ⅳ. TP391.41

中国版本图书馆 CIP 数据核字(2009)第 005929 号

书　　名：After Effects 影视特效与合成
著作责任者：张为凯　李怀鹏　主编
总 策 划：第六事业部
责任编辑：孙　明
标准书号：ISBN 978-7-301-14458-9/J・0219
出 版 者：北京大学出版社
地　　址：北京市海淀区成府路 205 号　100871
网　　址：http://www.pup.cn　http://www.pup6.cn
电　　话：邮购部 62752015　发行部 62750672　编辑部 62750667　出版部 62754962
电子邮箱：pup_6@163.com
印 刷 者：北京大学印刷厂
发 行 者：北京大学出版社
经 销 者：新华书店
787mm×1092mm　16 开本　15.25 印张　6 页彩插　351 千字
2009 年 3 月第 1 版　2012 年 1 月第 2 次印刷
定　　价：26.00 元

第2章 “水生物动画”案例

第3章 “轻舞飞扬”案例

第3章 “梦幻”案例

第4章 “晴空万里”案例

第4章 “电闪雷鸣的雨夜”案例

第4章 “美女变石像”案例

第5章 “极光”案例

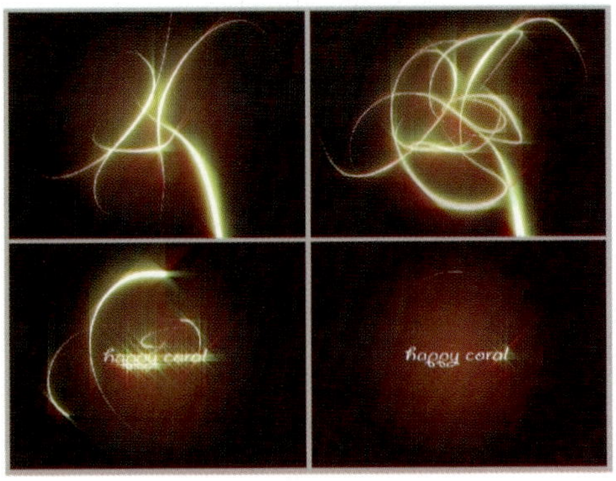

第5章 “飞旋的光线”案例

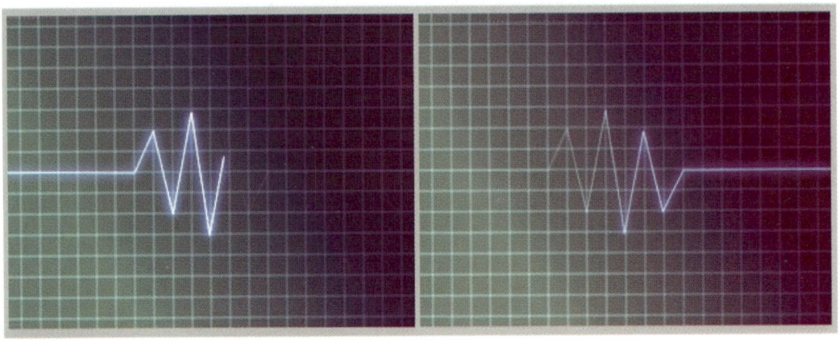

第5章 “心电图光谱仪”案例

第5章 “无线电波探测仪”案例

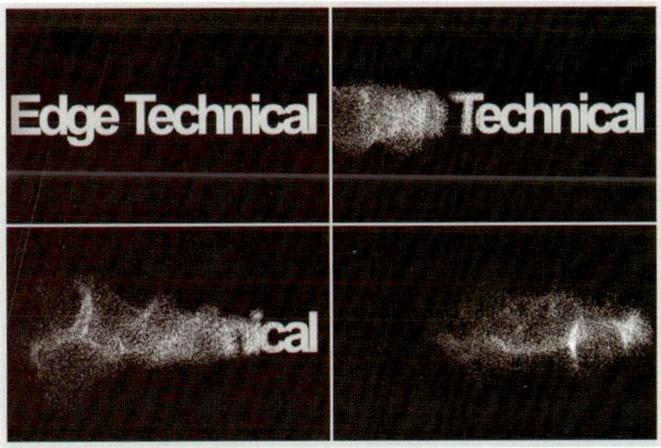

第6章 “文字变粒子”案例

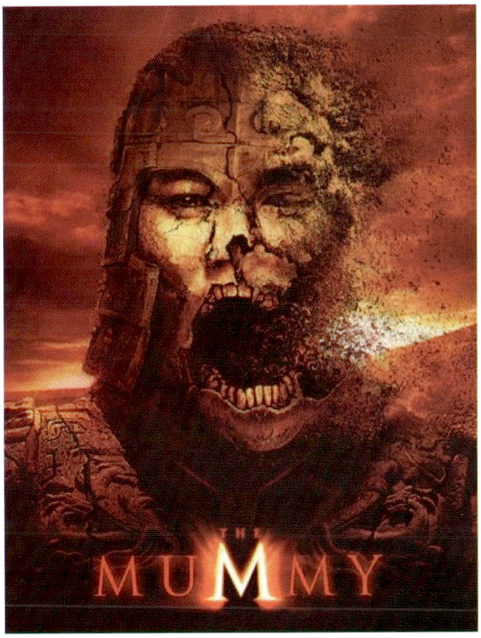

第6章 电影《黑客帝国》中的粒子特效

第6章 电影《木乃伊3》中的例子特效

第7章 “三维文字”案例

第7章 “文字锈迹剥落”案例

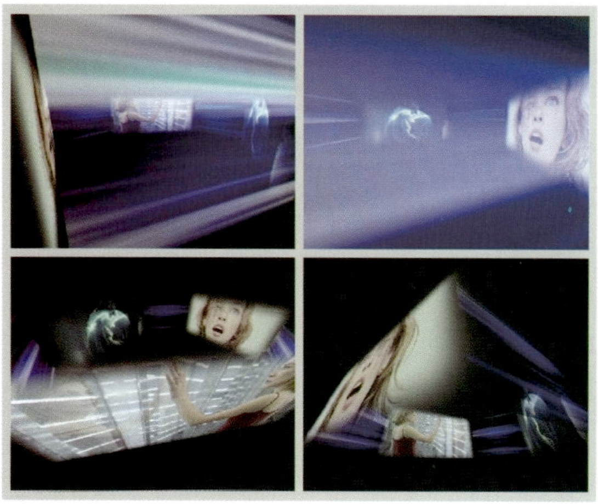

第 8 章 “After Effects 的三维空间”案例

第 8 章 “电影片名字幕制作”案例

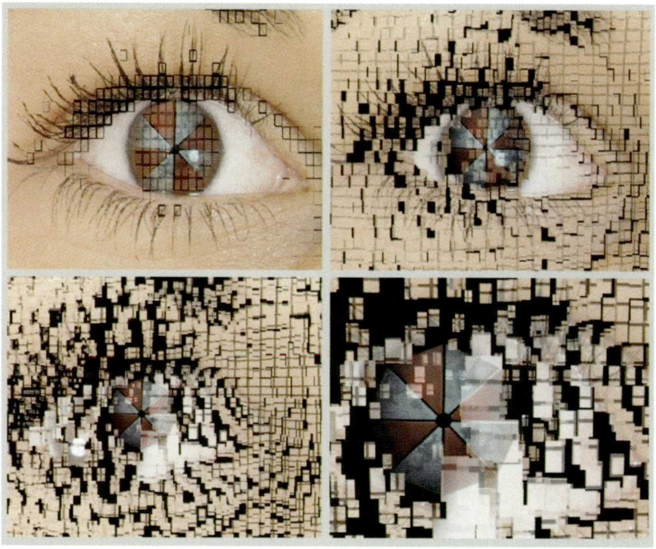

第 8 章 “破碎的眼睛”案例

第 9 章 “新闻节目电视片头”案例截图 1

第 9 章 “新闻节目电视片头”案例截图 2

第 10 章 电影《生化危机》中的抠像技术应用

第 10 章 电影《金刚》中的抠像技术应用 1

第 10 章 电影《金刚》中的抠像技术应用 2

第 10 章 “播音员”案例

第11章 电影《加勒比海盗3》中的实拍与三维动画合成技术应用

第11章 电影《指环王3》中的实拍与三维动画合成技术应用

第11章 电影《变形金刚》中的实拍与三维动画合成技术应用

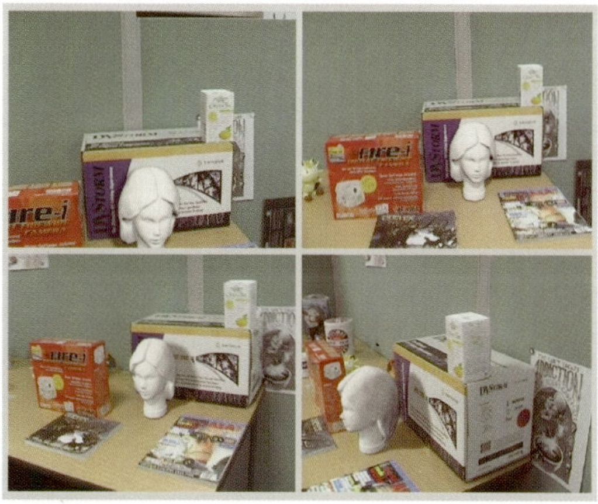

第11章 “实拍与三维动画合成”案例

前　　言

随着数码技术的迅速发展和人们对数字视频技术要求的不断提高，使数字特效影像的处理变得越来越重要。现在，After Effects 技术不但成为专业影视后期制作人员、多媒体技术开发人员和影视编辑等相关专业教学人员的必备技能，而且在日常生活中也开始普及应用。

After Effects 是 Adobe 公司推出的一款专业的视频合成软件，到目前其软件版本已经达到 CS4。在众多的影视后期特效与合成软件中，After Effects 在很多国家和地区备受推崇，并拥有众多专业与非专业的用户群，是前途最光明的影视后期软件之一。After Effects 在制作动态影像设计上是不可或缺的辅助工具，是视频后期合成处理的专业非线性编辑软件。After Effects 软件广泛应用于电影、广告、多媒体以及网页等的后期处理，时下最流行的一些电脑游戏大多都使用它进行合成制作。随着版本的不断升级，After Effects 增加了许多强大的新功能，并且加强了与 Adobe 其他软件的整合，使得 After Effects 功能越来越强大，与其他软件和影像格式兼容性越来越强。

本书的编者都是在高校多年从事教学的一线教师，无论在 After Effects 实践应用，还是在 After Effects 教学方面都积累了一定的经验，书稿的形成不但是编者多年实践经验沉淀的结果，而且也是多年影视后期编辑教学的总结。

概括来说本书主要有以下特色。

(1) 本书内容分为初级篇(第 1 章～第 7 章)和高级综合案例篇(第 8 章～第 11 章)两大板块，以便照顾不同层次的读者；本书以实用为原则，将 After Effects 嵌入到影视制作的工作流程中来讲解，使读者学完本书就可以了解影视后期制作的技术流程，基本能参加实际的相关工作。

(2) 本书为案例教程，初级篇通过多个不同的案例来使读者掌握 After Effects 的各种基本功能；高级综合案例篇通过 After Effects 与其他软件的协调工作流程来使读者学习到影视后期制作的高级技巧。

(3) 在介绍 After Effects 的各项功能时全部结合案例，步骤详细并配有清晰的操作步骤图片，有利于读者快速、准确地掌握 After Effects 的使用方法和技巧。

(4) 在案例操作的设计上，凭借作者多年的教学经验，本书设计了案例说明、案例步骤、本章小结和习题等内容，不仅能使读者更好地掌握案例操作步骤，而且更易于理解 After Effects 的功能和应用技巧。

(5) 本书提出了 After Effects 正确的影像处理观念，在学习软件时不再有复杂繁多的命令。只要按照案例操作步骤，系统地学习 After Effects 的各项功能与技巧，就能达到学习目的，满足影像特效合成需求。

(6) 特效的使用是提高工作效率和理想化处理影像合成所必须掌握的技巧，是每个熟练掌握 After Effects 学习者必备的技能，因此本书提供了 After Effects 特效详解。

建议初学者依照本书的章节顺序来练习，当然也可以选择感兴趣的章节。这样无论是视频合成的初学者，还是富有经验的视频艺术设计的从业者，都可以从本书中获得启发，学习到更加精妙的进阶技巧。本书特别精选了一部分案例效果图及现有的影视特效合成的优秀作品，列于本书前的彩插中，便于读者欣赏。

最后希望 After Effects 的学习者不要死记案例步骤，要举一反三，利用案例拓展思维，这样才能真正地掌握 After Effects 的各项功能与技巧。

本书由青岛理工大学李怀鹏负责统稿和审校，青岛高新职业学校张为凯负责具体编写。另外，此书的结稿与青岛理工大学、青岛高新职业学校、青岛源动力科技培训学校的相关领导的大力支持是分不开的，在此一并表示感谢！

由于时间仓促，加之编者水平有限，书中难免会有不足之处，欢迎读者批评指正。

编　者

2009 年 3 月

目　　录

第 1 章　After Effects 介绍

教学内容及目标

本章介绍了后期合成与后期特效技术的应用领域及其在影视领域中的重要作用，并对后期合成与特效软件 After Effects 的功能和界面进行了较为详细的介绍。

教学要求

结合具体影片来讲解本章的相关知识，欣赏相关影片，写出观后感。

教学建议课时数

2～3 课时。

章首图　电影《功夫熊猫》

在观看电影、电视或其他视频作品时，可以看到很多现实生活中不可能出现的画面。它们是通过什么手段来实现的呢？答案是通过后期合成与后期特效技术实现的，其中计算机特技就是一个最为重要的组成部分。

1.1 后期合成与后期特效技术在影视领域的应用

目前，后期合成与后期特效技术在电影、电视剧、电视广告、电视栏目包装、游戏设计、建筑动画以及各种宣传片的制作领域中的运用最为广泛。在影片的后期制作中，经常把拍摄、抠像、跟踪、三维动画、合成、各种粒子特效、光线特效、调色、平面设计等技术综合应用，从而获得不可思议的视觉效果。

(1) 后期合成与后期特效技术在电影中的应用如图 1.1、图 1.2 和图 1.3 所示。

图 1.1　电影《指环王》

图 1.2　电影《木乃伊 3》

图 1.3　电影《生化危机 3》

(2) 后期合成与后期特效技术在电视广告中的应用如图 1.4 所示。

图 1.4　国外电视广告

(3) 后期合成与后期特效技术在电视栏目包装中的应用如图 1.5、图 1.6 所示。

图 1.5　MTV 片头

图 1.6　TV 片头

(4) 后期合成与后期特效技术在动画片中的应用如图 1.7 所示。

图 1.7　动画电影《机器人总动员》

1.2 After Effects 的界面介绍

1.2.1 After Effects 简介

After Effects 是 Adobe 公司的一款专业视频后期处理软件，其强大的功能已经使其成为电影、录像、DVC 和 Web 的制作动画图形和视觉效果的标准软件。After Effects 使用各种精密工具并与 Adobe 领先的设计应用程序紧密集成，以各种媒体类型交付优质的作品。使用者可以从头开始设计，也可以基于数百种可完全自定的预设和模板跳跃式地设计项目，简洁的用户界面便于读者随时使用。

After Effects 发展到今天，其版本已经达到 CS4。与大家熟悉的 Adobe 公司另一款影视编辑软件 Premiere 相比，Premiere 偏重剪辑，而 After Effects 更擅长对各种视频的特效处理。强大的自身功能和品类繁多的各种支持插件，使得 After Effects 在中高端专业视频领域有着强劲的竞争力和大量的用户。尤其是它和 Adobe Premiere® Pro、Adobe Encore™ DVD、Adobe Audition™、Photoshop® CS 和 Illustrator® CS 软件的集成功能，可以很方便地为视频效果制备并合成素材。

After Effects 支持很多文件格式的导入，包括 BMP、AI、PSD、JPG、GIF、MOV、IFF、AVI、MPEG、RLA、RPF、TIF 等，其中 RPF 和 RLA 为三维软件生成的带有三维信息通道的图像格式，这是高级影视合成必需具备的功能，其所支持的输出格式更加繁多。

1.2.2 After Effects 的界面组成

After Effects 的界面和 Adobe 家族的其他设计软件界面很相似，操作简便，易于掌握。从标准工作界面上看，其主要由项目窗口、工具栏、时间线窗口、特效窗口和合成项目预览窗口等组成，如图 1.8 所示。

图 1.8 After Effects 界面

1. Project 项目窗口

项目窗口是用于管理素材和项目，导入和管理合成文件的一个窗口。在这个窗口中，可以清楚地看到每个文件的类型、尺寸大小、时间长短、文件路径等信息，如图 1.9 所示。

图 1.9　Project 项目窗口

2. Tools 工具栏

工具栏提供了对合成窗口中的对象进行操作的各种工具。After Effects 的影视特效处理功能主要依附于各种插件，而对工具则使用的不多，所以工具栏中的工具较少，主要工具有：选择工具、抓手工具、缩放工具、旋转工具、照相机工具、轴心点工具、矩形遮罩工具、钢笔工具、文字工具、画笔工具、图章工具、橡皮工具、自身坐标系统模式、世界坐标系统模式和视图坐标系统模式，如图 1.10 所示。

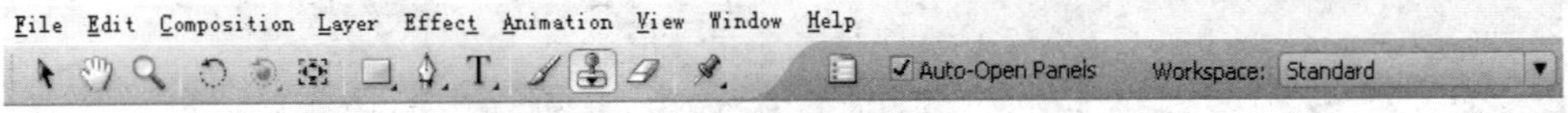

图 1.10　工具栏

3. Timeline 时间线窗口

时间线窗口是 After Effects 效果合成的最重要窗口之一，可以调整素材层在合成图像中的位置、素材长度、叠加方式、合成图像的范围及层的动画和各种效果，如图 1.11 所示。

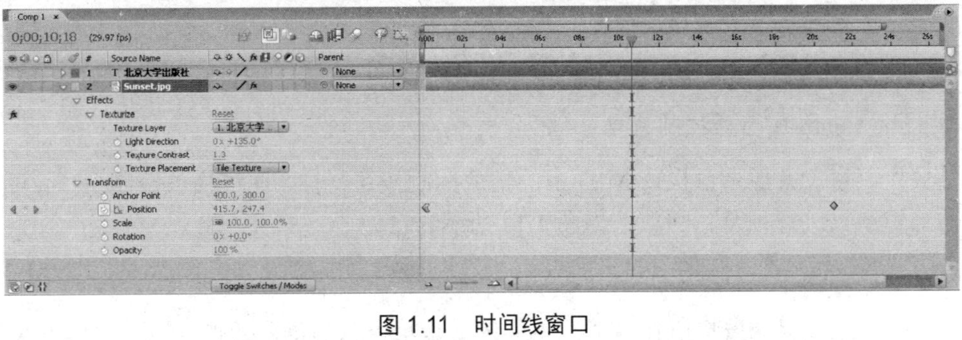

图 1.11　时间线窗口

4. Effect Controls 特效窗口

特效窗口是用来控制特效参数调节的一个窗口，所有的参数调节都可以在此完成，并且能够记录参数关键帧，如图 1.12 所示。

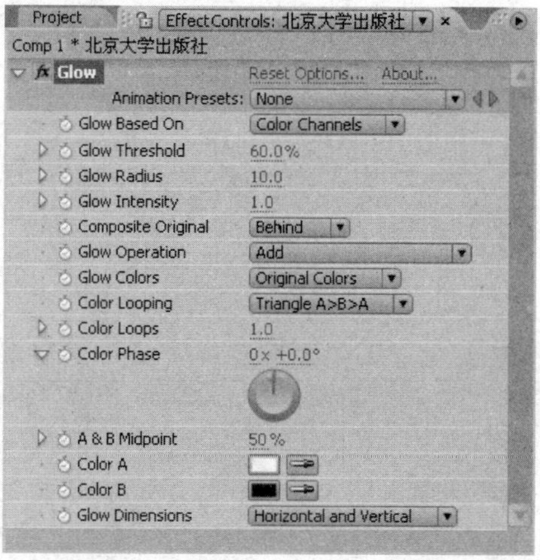

图 1.12 Effect Controls 特效窗口

5. Composition 合成项目预览窗口

合成项目预览窗口也可称为监视器窗口，主要用来观看合成项目的合成效果，窗口下面有对窗口进行调整设置的按钮，可以对窗口的数量、显示方式、显示时间等方面进行设置，如图 1.13 所示。

图 1.13 合成项目窗口

6. Time Controls 播放控制窗口

播放控制窗口就像录音机或 MP3 上的播放控制按钮一样，通过播放控制窗口，可以对项目的编辑结果进行预览、回放，如图 1.14 所示。

7. Info 信息窗口

信息窗口主要显示鼠标所在当前编辑的图像素材位置的色彩数值信息，它标出 X 坐标轴和 Y 坐标轴的值与 RGB 的色彩值，如图 1.15 所示。

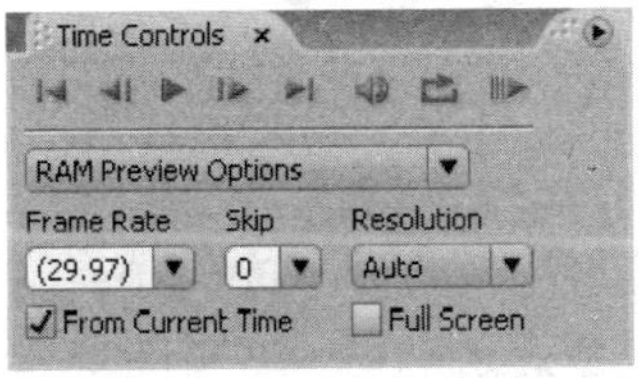

图 1.14　Time Controls 播放控制窗口图

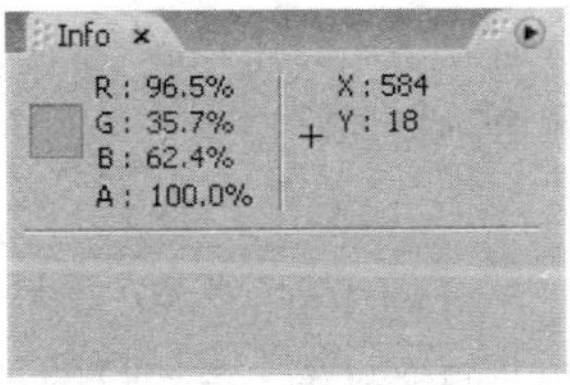

图 1.15　Info 信息窗口

8. Audio 音频信息窗口

音频信息窗口主要显示当前编辑的音频素材的数值信息及主要音量、单个声道音量的快速调整控制，如图 1.16 所示。

9. Character 文字设置窗口

文字设置窗口主要为创建和修饰文字提供支持，通过文字设置窗口，可以对字体的样式、风格、色彩等进行设置，如图 1.17 所示。

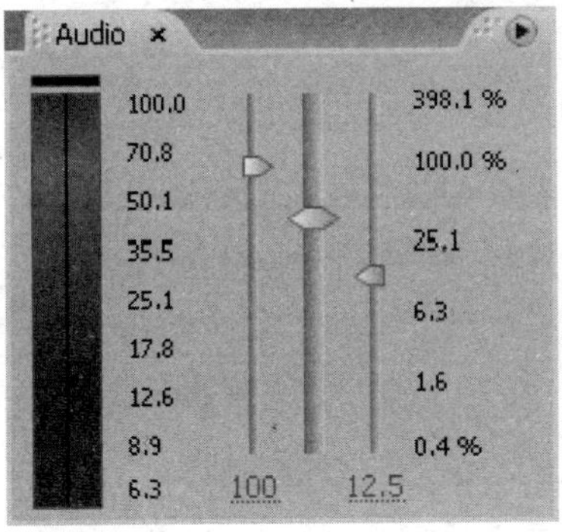

图 1.16　Audio 音频信息窗口

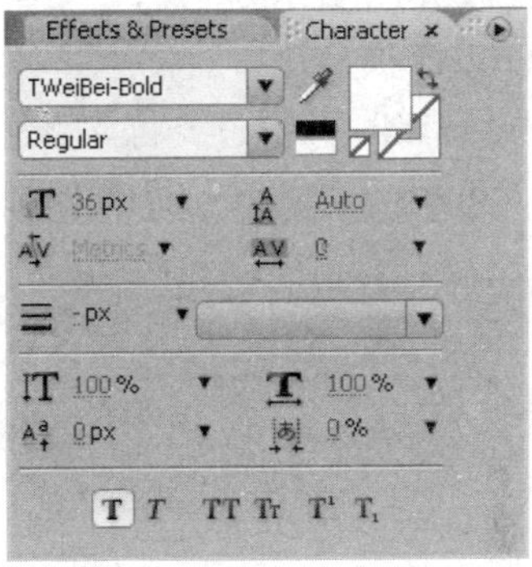

图 1.17　文字设置窗口

10. Effects & Presets 特效库窗口

特效库窗口主要用来存放特效，在进行特效添加时，只要在特效库中找到需要的特效，直接拖放到指定的素材上即可，如图 1.18 所示。

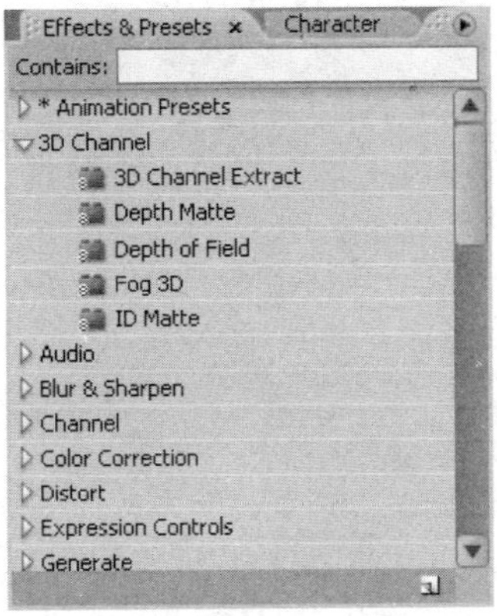

图 1.18　Effects & Presets 特效库窗口

本章小结

本章介绍了后期合成与后期特效技术以及后期合成与特效软件 After Effects 的功能和界面，并说明了后期合成与特效所包含的主要技术，以及对本书后面章节的学习内容进行了概括。

习　题

1. 后期合成与后期特效技术主要应用在哪些领域？它主要是哪些技术的综合应用？
2. After Effects 是哪个公司的产品？它的界面主要包含哪些窗口？
3. 观看本章介绍的电影与其他视频作品，写出这些作品主要应用了哪些后期制作技术。
4. After Effects 支持的导入文件格式主要有哪些？其中哪些格式是三维软件生成的带有三维信息通道的图像格式？
5. Project 项目窗口的作用是什么？
6. Tools 工具栏中主要包含哪些工具？
7. Compostion 合成项目预览窗口又称为什么窗口？它的主要作用是什么？

第2章　层、遮罩和蒙版

教学内容及目标

通过本章学习，深入理解层、遮罩和蒙版的含义，熟练掌握层、遮罩和蒙版的基础操作。掌握相关工具的使用方法和在实例中的应用，为以后深入学习打下坚实的基础。

教学要求

本章虽然是基础知识，但要真正深入地理解它们的含义仍然具有一定的难度。这需要教师耐心讲解、同学细心领会，特别是对于没有 Photoshop 基础的同学，更要通过实例，反复练习，并且不局限于书本的例子，多加练习，才能心领神会。

教学建议课时数

10 课时。

章首图　卡通水生物动画

本章学习的内容是 After Effects 的基础知识，只有深入地理解层、遮罩和蒙版的含义，才有可能更好地使用 After Effects。本章涉及的知识与 Adobe 公司的另一款著名软件 Photoshop 的相关知识具有很大的相通性，理解起来较容易。

本章首先在理解层的概念和属性的基础上介绍基本的层操作，然后学习遮罩的基础知识，并以一个实例讲解动画遮罩的使用方法，接下来仍然通过实例学习蒙版的相关知识，最后通过一个卡通风格的可爱水生物动画实例来综合应用各部分知识。在这个例子中，重点学习 After Effects CS3 的新特色，包括形状层和 Puppet 工具。

本章重视的是基础知识，对基础知识的掌握一定要扎实。理论与实践并重，在理解的基础上应用知识，在实践操作中加深对概念的理解。

2.1 After Effects 的层

2.1.1 层的概念

层(Layer)是构成合成图像的基本组件，在合成图像窗口添加的素材都将作为层使用。在 After Effects 中，合成影片的各种素材可以从项目窗口直接拖动放置到时间层 Time Layout Window 窗口中(将自动显示在合成图像窗口中)，也可以直接拖动到合成图像窗口中。在时间布局窗口可以清楚地看到素材与素材之间存在的“层与层”的关系。

2.1.2 层的应用和属性

1. 素材(层)的剪辑

素材的长度并不总是符合需要的，所以需要进行素材的剪辑工作。对素材进行剪辑的方法有如下两种。

(1) 可以在时间布局窗口，直接通过拖动素材改变其出入点。

(2) 在层窗口中，移动时间滑块到相应位置，单击 in 按钮设置素材入点，再单击 out 按钮设置素材出点，如图 2.1 所示。

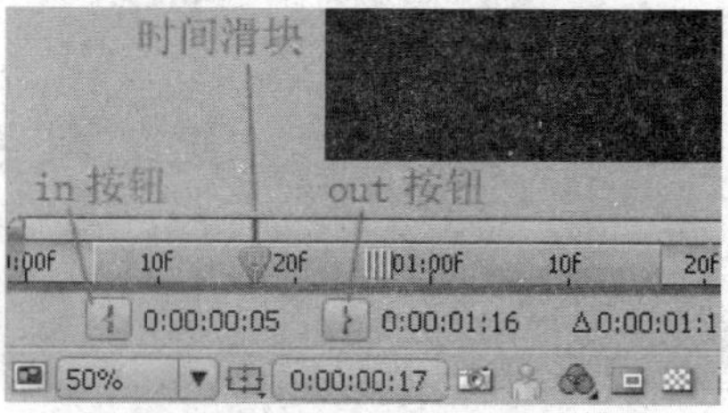

图 2.1 设置素材出入点

2. 层开关的使用

层开关主要有 8 个，如图 2.2 所示。

(1) 隐藏：可以暂时在时间布局窗口隐藏层，但在合成图像窗口中仍然显示。

(2) 塌陷：减少合成的复杂程度并保证 Illustrator 文件的质量。

(3) 质量：“/” 表示最优质量，“\” 表示草稿质量。

(4) 效果：可以使特效效果不起作用。

(5) 帧融合：平滑非正常速度播放的影片的质量。

(6) 运动模糊：给动画的层增加运动模糊将提高运动的平滑程度和真实程度，但需要大量渲染时间。

(7) Adjustment Layer：可以让该层变成 Adjustment 层。

(8) 3D Layer：可以让该层变成 3D 层。

图 2.2　8 个层开关

3. 层的基本操作

(1) 可以通过执行 Edit | Duplicate 命令复制层。

(2) 可以通过在时间布局窗口中上下拖动以改变层的叠加顺序。

(3) 双击时间布局窗口中的一个层，将弹出相应的层(Layer)窗口，在这个窗口中可以更仔细地观察和剪辑素材。

(4) 执行 Layer | New 命令或者在时间布局窗口中右击执行 New 命令可以创建某种类型的层。

(5) 一般情况下，时间布局窗口显示的是各层的素材名，当对层复制了多次后，为了方便区分各层，应该通过下述操作给层更名：选择需要更名的层，按 Enter 键，当原来层的名字显示为蓝色时，输入新的名字，再次按 Enter 键即完成了更名操作，如图 2.3 所示。

图 2.3　为层重命名

(6) 由于可以通过拖动鼠标来方便地移动层，因此可以通过使上下两层素材前后衔接的方法来实现影视制作中最常见的硬切，当然也可以使用 After Effects 提供的转场特效来实现各种转场效果。

4. 层的属性

(1) 层具有遮罩、位置、旋转、特效等属性。层的属性需要通过树形图显示，要展开树形图，可以单击层左边的小三角按钮，如图 2.4 所示。

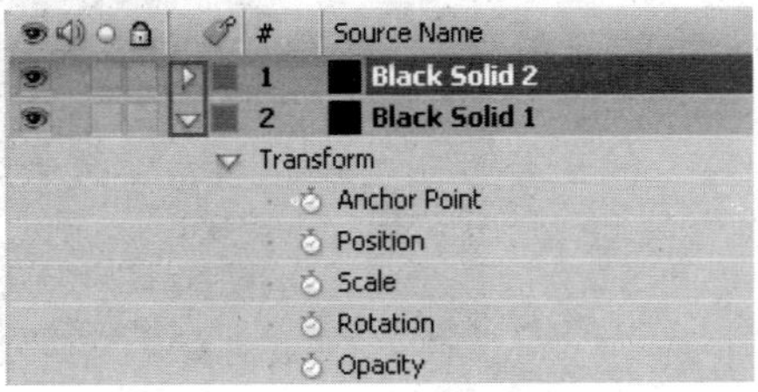

图 2.4　展开树形图

再次单击小三角按钮，可收敛树形图。但如果要快速选择层的属性，应该按对应于属性的快捷键，比如按 P 键将会展开层的位移属性。

(2) 单击左下角 Expand or Collapse layer switches pane 等 3 个按钮可以展开或隐藏更多的层的相关信息，图 2.5 是 3 个按钮都按下时的状态。后面的实例中将会讲解更多的相关知识。

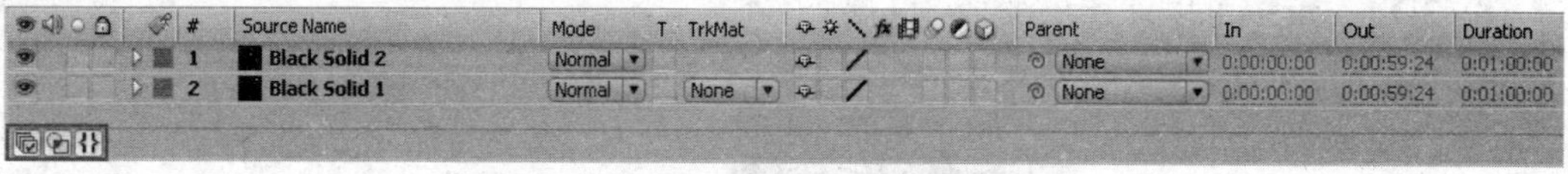

图 2.5　展开或隐藏部分层的相关信息

2.2　遮　　罩

2.2.1　遮罩的概念

遮罩(Mask)是一个路径或者轮廓，用于修改层的 Alpha 通道。默认情况下，After Effects 层的合成均采用 Alpha 通道合成。对于运用了遮罩的层，将只有遮罩里面部分的图像显示在合成图像中(如果要显示遮罩外边的图像，可以执行 Layer | Mask | Invert 命令)。

遮罩在视频设计中被广泛运用，例如，可以用来“抠”出图像中的一部分，使最终的图像仅有“抠”出的部分被显示。

After Effects 提供了强大的遮罩创建、修改和动画功能，支持对某个特定的层设定多重遮罩。单击时间窗口中的相应素材层即可以使用相关工具来建立它的遮罩并进行修改，并且可以对遮罩的变化和运动进行时间设定。

2.2.2　遮罩的应用与特征

1. 制作遮罩

遮罩一般在合成图像预览视窗中直接绘制。可以单击视窗左下角的缩放百分比按钮，改变层窗口的显示比例，从而方便地绘制遮罩。

1) 规范形状的绘制

从工具面板中选择 Ellipse 等工具，在视窗中拖动即可绘制遮罩，如图 2.6 所示。

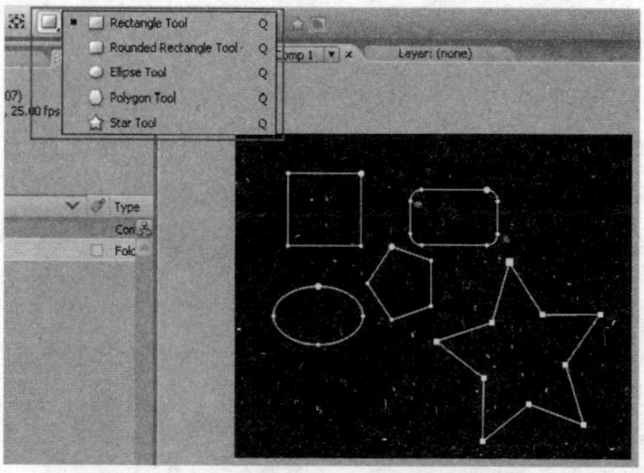

图 2.6　规范形状的 Mask 绘制工具

也可以在合成图像预览视窗中，执行 Layer | Mask | New Mask 命令，增加一个带有句柄的遮罩，然后执行 Layer | Mask | Mask Shape 命令，在 Mask Shape 对话框中可以设定遮罩的尺寸和位置，如图 2.7 所示。

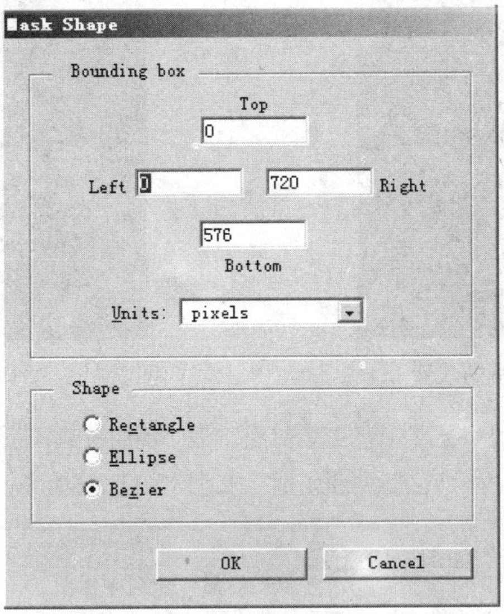

图 2.7　Mask Shape 对话框

2) 利用钢笔工具绘制遮罩

(1) 工具面板的钢笔工具可以绘制任何形状的遮罩，提供最为精确的控制。

(2) 要绘制直线，在合成图像预览视窗中直接单击笔工具即可以产生一个控制点。在新的位置单击笔工具，产生新的控制点，After Effects 将自动连接这两个控制点。

(3) 要绘制曲线，首先要理解控制点的贝兹手柄。所谓贝兹手柄，实际就是某个控制点的切线。每个控制点有两个贝兹手柄，贝兹手柄的末端是贝兹句柄。通过拖动贝兹手柄可以调整曲率。按照下述步骤绘制曲线：使用钢笔工具在视窗中单击，定位曲线遮罩的第一个位置；然后按住鼠标不放，拖动鼠标拉出贝兹句柄；接着抬起鼠标在新的位置再次单击鼠标，画出第二个控制点。重复以上步骤，直到整个曲线画完，如图 2.8 所示。

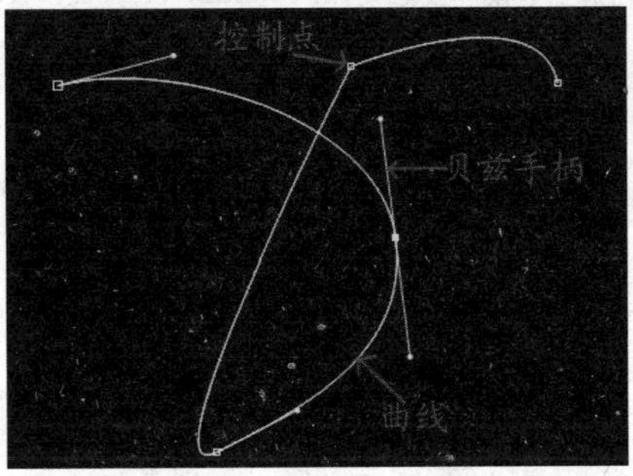

图 2.8　Mask 控制点

2. 修改遮罩

(1) 利用工具面板中的选择工具选择要进行变换的 Mask，移动控制点或贝兹手柄，即可修改遮罩，如图 2.9 所示。

(2) 如果要对遮罩进行整体操作，则双击该 Mask，将鼠标放到约束框(框住遮罩的灰色矩形框)的相关位置中拖动，即可实现对该 Mask 的整体移动、缩放及旋转，如图 2.10 所示。

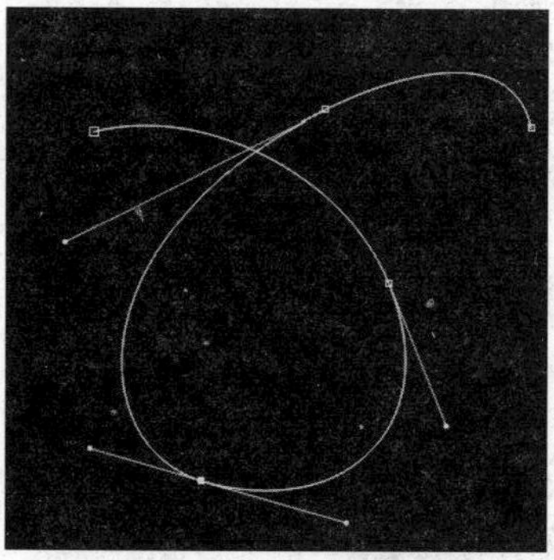

图 2.9　移动控制点或贝兹手柄改变 Mask 形状

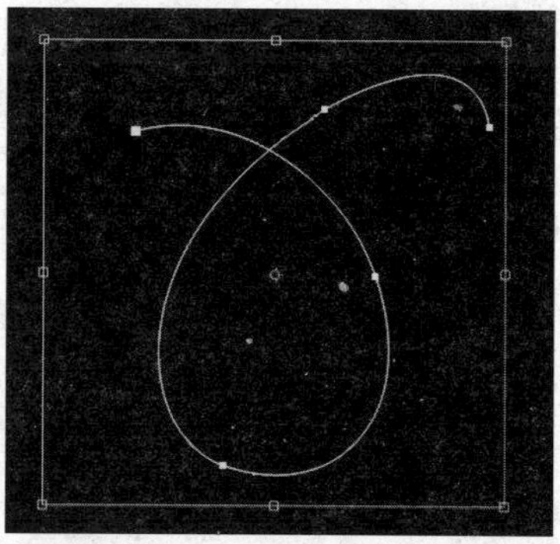

图 2.10　对 Mask 形状进行整体控制

(3) 可以使用增加控制点工具增加控制点，使用删除点工具删除控制点，也可以使用控制点转换工具实现折角点和贝兹点的互换，如图 2.11 所示。

图 2.11　各种控制点工具

3. 羽化遮罩

通过羽化遮罩，可以柔化遮罩的边界。要羽化遮罩，只要增大 Mask Feather 属性后面的羽化横向及纵向值即可，如图 2.12 所示。

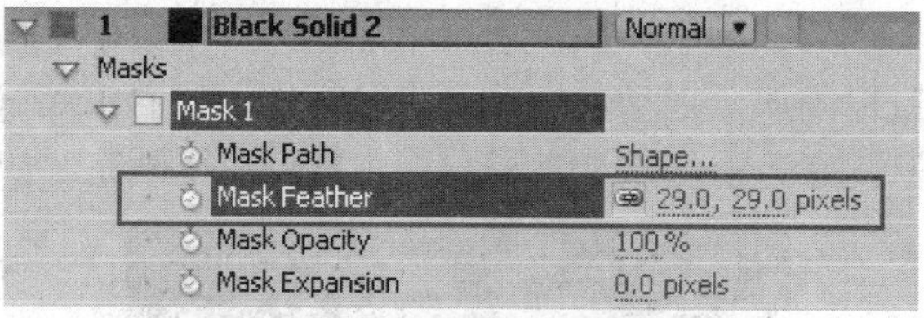

图 2.12　Mask 羽化设置

4. 动画遮罩

所谓动画遮罩，实际上就是一个动画的选择区域(Alpha 通道)，通过这个区域的变化，可以使上下层显示的图像不断变化。也可以使用关键帧设置动画遮罩形状、羽化值及透明度等。按照下述步骤动画遮罩形状：在层窗口中选择要动画的遮罩；在时间布局窗口中展开层的遮罩属性；单击 Mask Path 属性左边的记录秒表图标设置第一个关键帧；移动时间滑块，在合成预览视窗中移动或改变遮罩形状，After Effects 将自动产生关键帧。

下面通过一个实例来领略动画遮罩的魅力。

(1) 首先准备两个视频素材，一个是作为前景的人物游泳的视频 Swimmer.mov，如图 2.13 所示。一个是微观世界的动画效果 Blue Squiggles.mov，如图 2.14 所示。

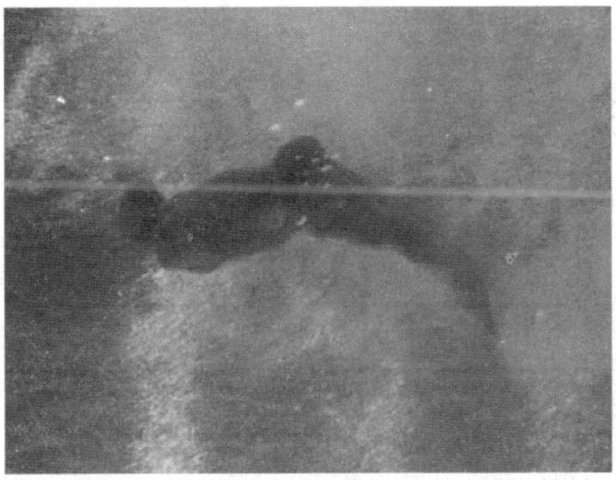

图 2.13　人物游泳的视频素材

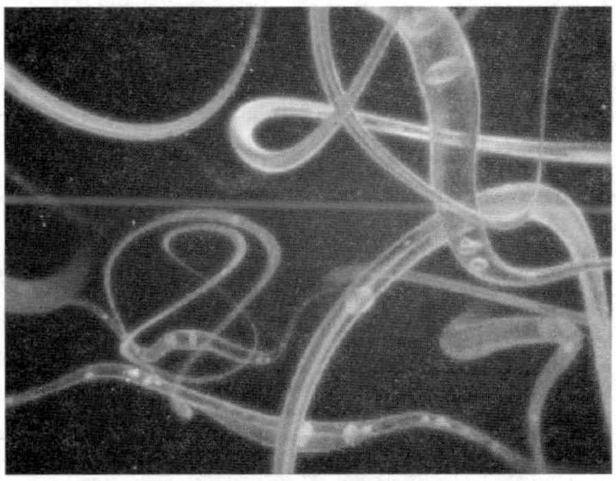

图 2.14　背景视频素材

(2) 执行 File | New | New Project 命令(快捷键 Ctrl+Alt+N)，建立一个 After Effects 工程文件。在 Project 项目窗口中双击，导入命名为 Swimmer.mov 和 Blue Squiggles.mov 的两个 mov 格式的视频文件。将 Swimmer.mov 拖到 Create a New Composition 按钮上，这样就自动创建了一个与 Swimmer.mov 图像分辨率相匹配的合成文件。将 Blue Squiggles.mov 拖入 Swimmer 合成项目的时间线窗口，放在 Swimmer 层的下层。适当调节 Blue Squiggles 层的缩放值，让它充满画面。

(3) 选择 Swimmer.mov 层，确认时间滑块在第一帧的位置，使用钢笔工具在合成图像预览视窗中围绕游泳的人绘制 Mask，如图 2.15 所示。

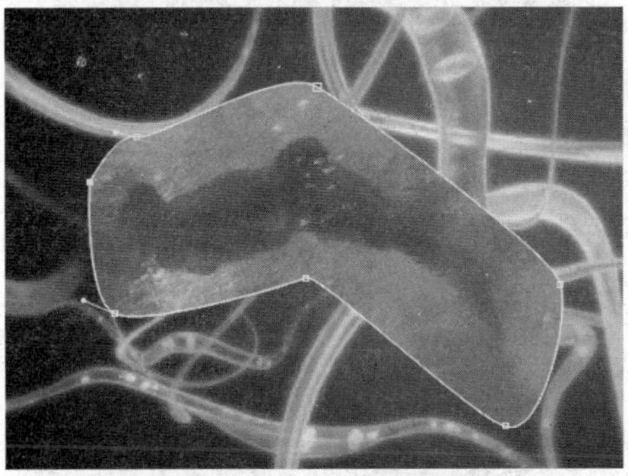

图 2.15　绘制 Mask

(4) 单击 Mask Path 属性左边的记录秒表图标设置第一个关键帧，移动时间滑块到不同的位置，在合成预览视窗中移动或改变遮罩形状，使 Mask(遮罩)始终围绕在游泳人物的周围，After Effects 将自动产生关键帧以产生遮罩形状的动画，设置如图 2.16 所示，效果如图 2.17 和图 2.18 所示。

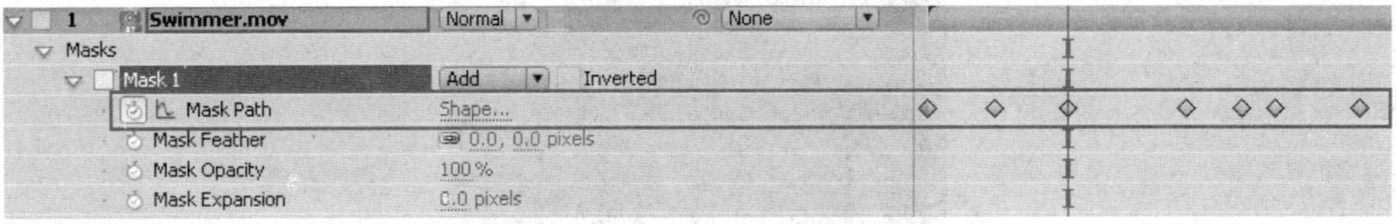

图 2.16 设置 Mask 动画关键帧

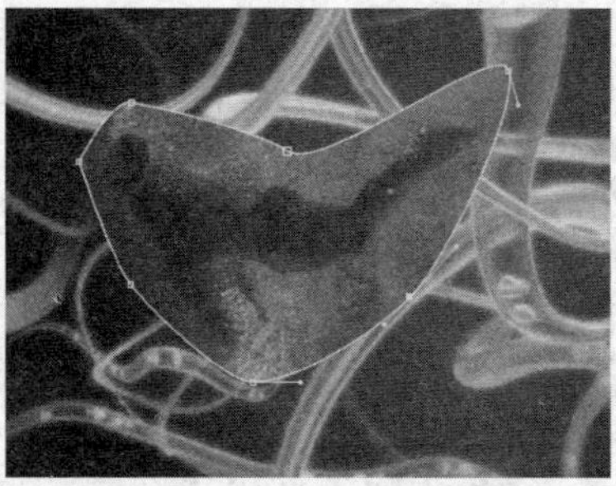

图 2.17　Mask 动画效果 1

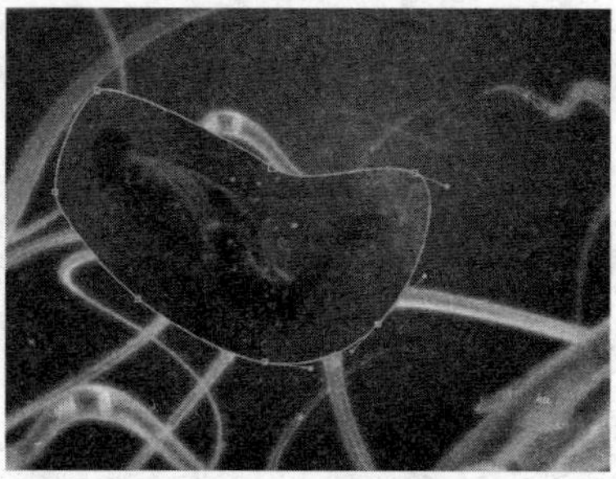

图 2.18　Mask 动画效果 2

(5) 增大 Mask Feather(遮罩羽化值)到 125，设置如图 2.19 所示，效果如图 2.20 所示。

图 2.19　Mask 羽化设置

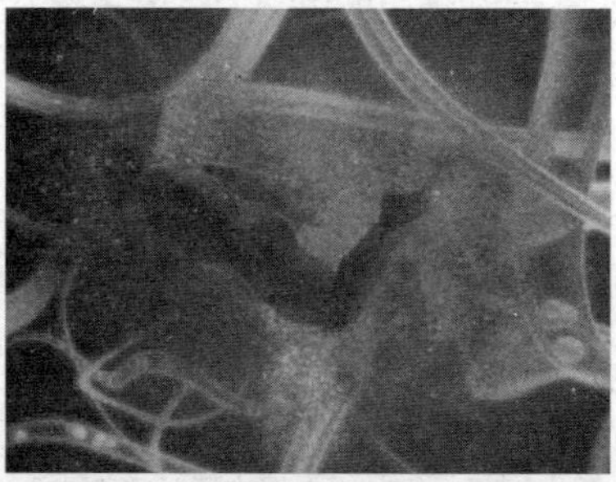

图 2.20　Mask 羽化设置效果

(6) 改变层的混合叠加方式，以获得更加奇幻的效果，设置如图 2.21 所示，效果如图 2.22 所示。

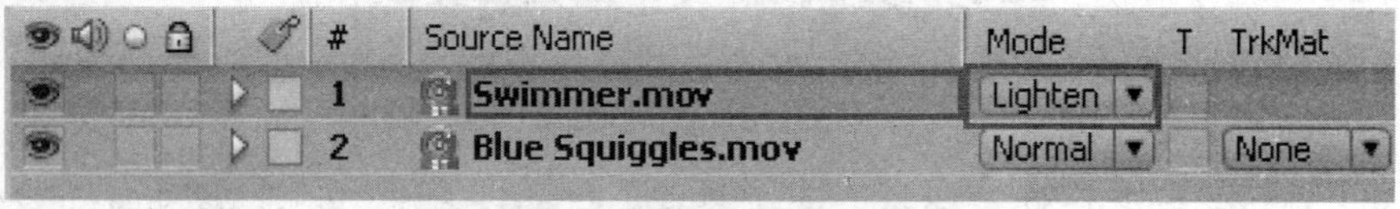

图 2.21　改变层的混合叠加方式

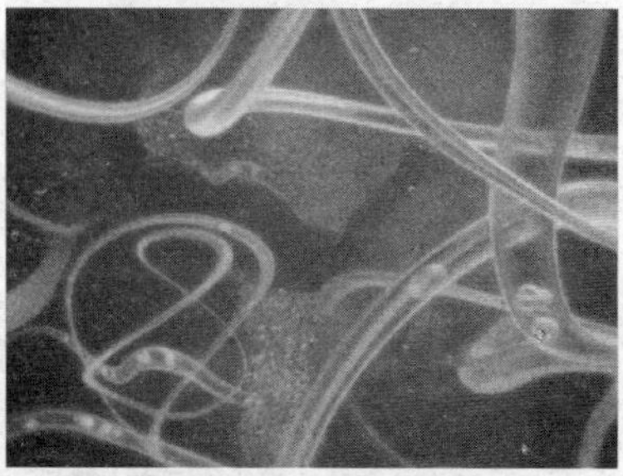

图 2.22　改变层的混合叠加方式后效果

(7) 按小键盘的 0 键进行预演，就完成了本案例的效果制作。

2.3 蒙　　版

2.3.1 蒙版的概念

蒙版层是一个单独的图层，一般是一个黑白图像或动画，遮罩层必须放在要被遮罩的层的上面。当定义了遮罩后，上层的眼睛自动关闭，下层的 TrkMat 共有 5 种模式可以选择，如图 2.23 所示。

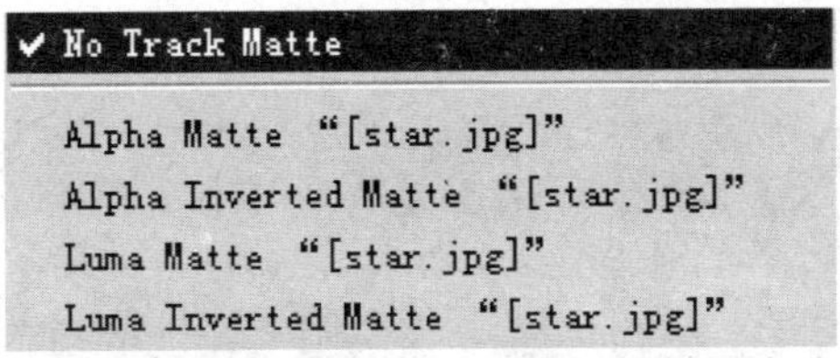

图 2.23　下层的 5 种 TrkMat 模式

(1) No Track Matte：表示不进行遮罩。

(2) Alpha Matte：表示以上层图层的 Alpha 通道作为本层的透明通道。

(3) Alpha Inverted Matte：表示将上层图层的 Alpha 通道反转后作为本层的透明通道。

(4) Luma Matte：表示以上层图层的亮度区域作为本层的透明通道。

(5) Luma Inverted Matte：表示将上层图层的亮度区域反转后作为本层的透明通道。

2.3.2 应用案例

1. 准备素材

准备 3 个素材，图片或动画都可以。本例准备的 3 个素材，分别是 girl.jpg(图 2.24)、star.jpg(图 2.25)和 background.mov(图 2.26)。

图 2.24　人物照片

2. 建立合成项目

执行 File | New | New Project 命令，建立一个 After Effects 工程文件。在 Project 项目窗口双击，导入准备好的 3 个文件。将 girl.jpg 拖到 Create a New Composition 按钮上，这样就自动创建了一个与 girl.jpg 图像分辨率相匹配的合成文件。将另外两个文件拖入 girl 合成项目的时间线窗口中，3 个层的排列如图 2.27 所示。

图 2.25　星形蒙版

图 2.26　背景视频素材

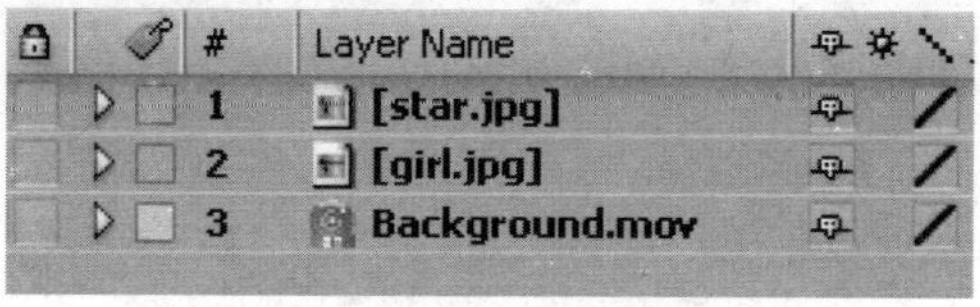

图 2.27　层的排列顺序

3. 应用蒙版层

将 girl.jpg 层的 TrkMat 设置为 Luma Matte，即以上层图层 star.jpg 层的亮度区域作为本层 girl.jpg 层的透明通道，设置如图 2.28 所示，效果如图 2.29 所示。

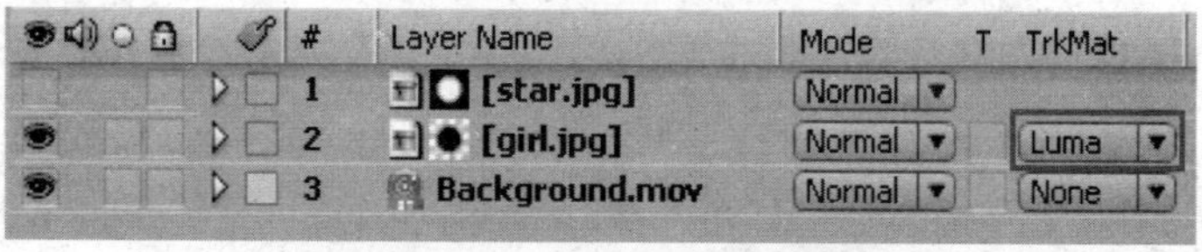

图 2.28　层蒙版设置

图 2.29　层蒙版设置效果图

2.4　形状和形状层

2.4.1　案例说明

本节将利用 After Effects CS3 的新特效，包括应用形状层和 Puppet 工具来制作卡通风格的原始水生物动画。这些功能可以允许用户通过选择参数或者直接在视频预览窗口拖动选择对象，以对设计进行变更，创作出有趣的动画效果。

2.4.2 操作步骤

1. 建立云朵

(1) 执行 File | New | New Project 命令，建立一个 After Effects 工程文件，然后执行 Composition | New Composition 命令，新建一个合成项目，命名为 yun，PAL 制，时间为 5 秒左右，然后单击 OK 按钮。

(2) 创建一个形状层，然后利用形状工具或钢笔工具进行绘画。执行 Layer | New | Shape Layer 命令，单击工具栏上的 Ellipse 工具按钮，选择后面的 Tool Creates shape 工具，单击 Fill 按钮，选择 Radial(放射渐变)工具，单击 OK 按钮确认，如图 2.30 所示。设置 Stroke 描边的宽度为 2px，如图 2.31 所示。

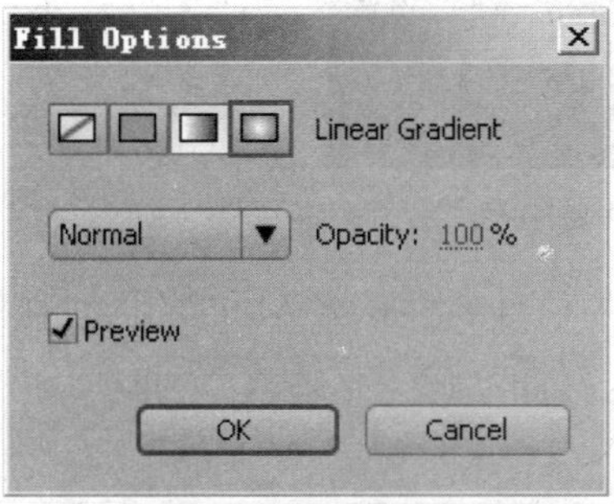

图 2.30 填充属性设置

图 2.31 描边设置

(3) 选择 Fill Color 工具，弹出“渐变颜色设置”对话框，如图 2.32 所示，在其中设置渐变的颜色。

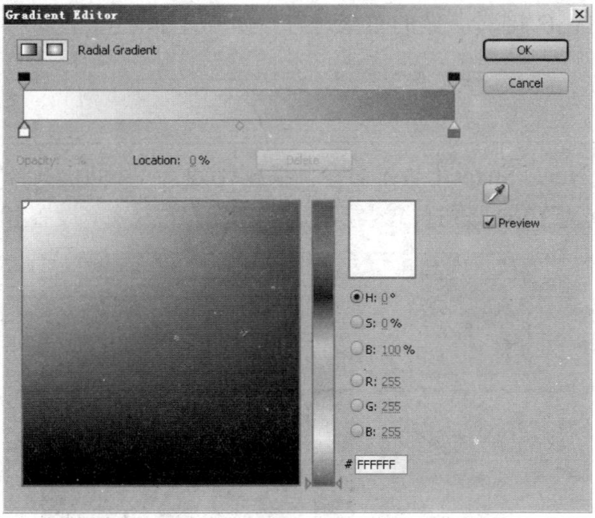

图 2.32 填充颜色设置

(4) 在新创建的 Shape Layer 上绘制出椭圆形的云，选择 Pan Behind Tool 工具，改变云渐变的中心点，如图 2.33 所示。

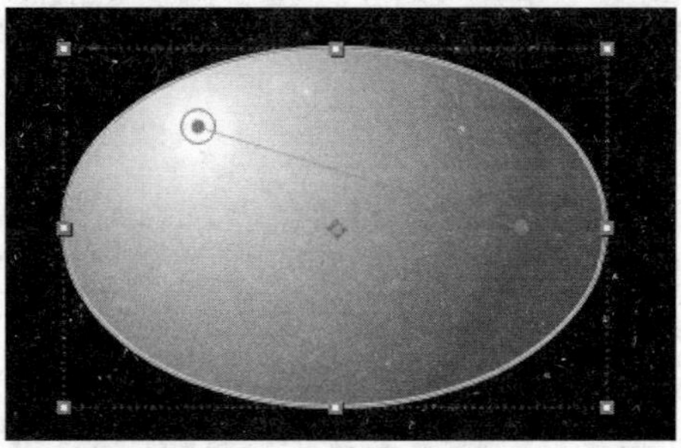

图 2.33　改变云渐变的中心点

(5) 用相同的方法多绘制一些云，效果如图 2.34 所示。

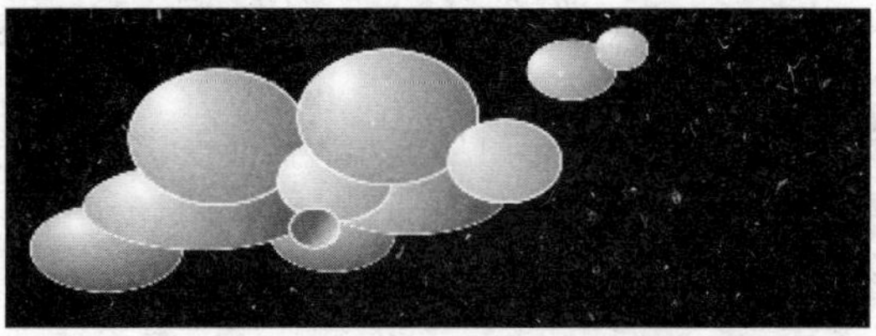

图 2.34　云朵完成的效果图

(6) 选择某块较小的云的层，按 P 键，显示本层的位移属性，按 Alt 键的同时在位移属性动画记录的秒表上右击，显示出位移属性的表达式属性，输入表达式“wiggle(3，10)”，如图 2.35 所示。

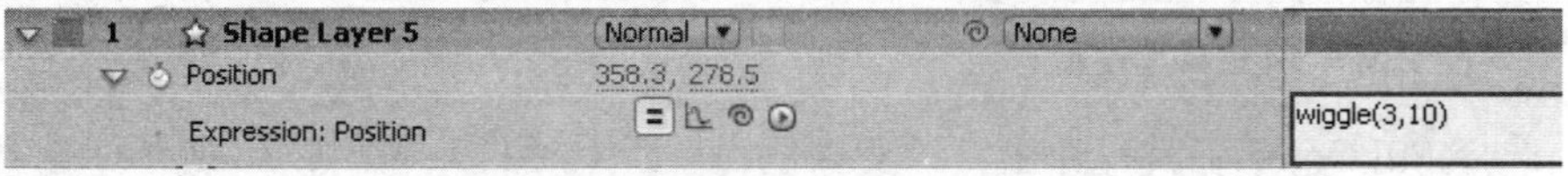

图 2.35　为位移属性添加表达式

(7) 按小键盘上的 0 键对所做的效果进行预览，本云层产生了一种不规则的有趣的位移动画。

2. 创建雨

(1) 执行 Layer | New | Shape Layer 命令，继续创建一个新形状层，然后选择钢笔工具，将 Stroke 的宽度设置为 12px，进行直线绘画，画出雨水的线条，设置和效果如图 2.36 所示。

图 2.36　绘制雨水线条

(2) 继续对本形状的其他参数进行设置，并单击 Offset 前面的关键帧记录秒表图标，进行本形状偏移属性的动画记录，在第一帧处将数值设置为 1000，在最后一帧处将数值设置为 0，设置如图 2.37 所示，效果如图 2.38 所示。

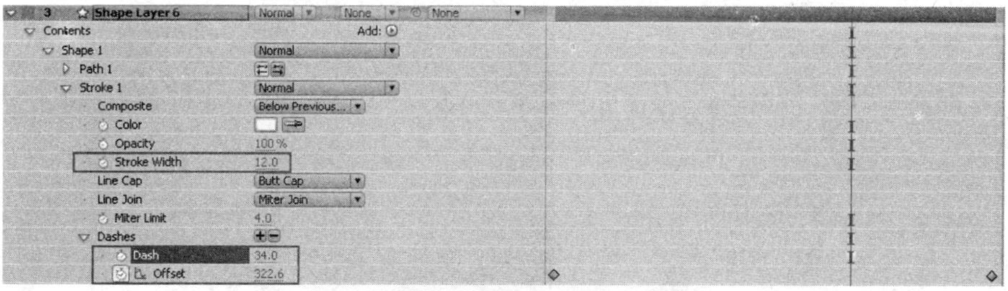

图 2.37　雨水动画关键帧设置

图 2.38　雨水动画效果图

3. 卡通水生物动画

(1) 打开 Photoshop 软件，绘制几个像水生物一样的卡通形象，将它们分别放在不同的层中，然后保存为分层的 PSD 格式，命名为“水生物”以备用，如图 2.39 所示。

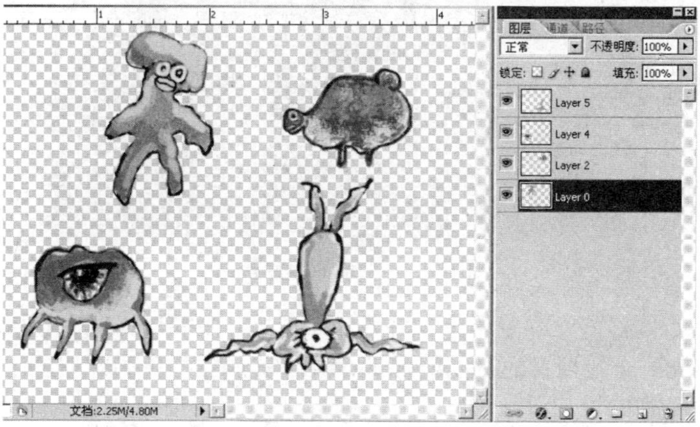

图 2.39　在 Photoshop 软件中绘制水生物的卡通形象

(2) 回到 After Effects，执行 Composition | New Composition 命令，新建一个合成项目，命名为“水生物”，PAL 制，时间为 8 秒左右，然后单击 OK 按钮。

(3) 执行 Layer | New | Solid 命令，创建一个固态层，将其颜色设置为灰绿色，设置如图 2.40 所示。

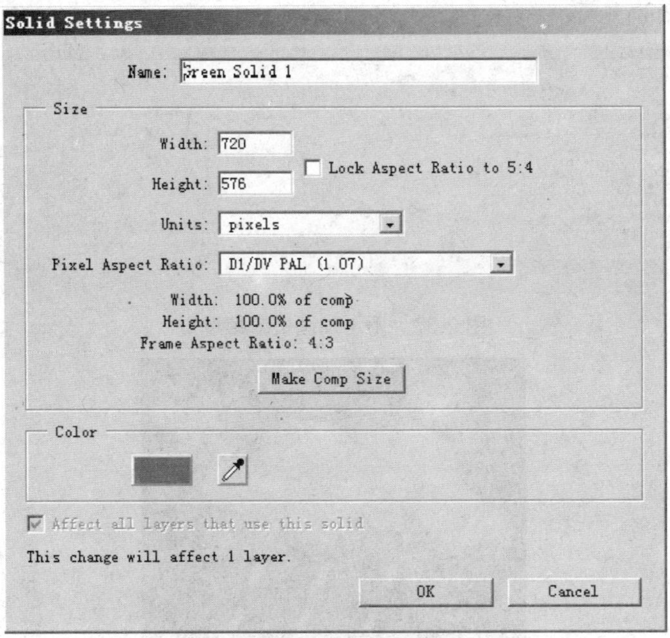

图 2.40　固态层设置

(4) 找一张像水草的图片作为背景，如图 2.41 所示。

图 2.41　水草的图片素材

(5) 在 Project 项目窗口双击，导入命名为 shuicao 的 PSD 格式的图像文件。将其拖入水生物 Composition 合成项目的时间线窗口，并将其放在绿色固态层的上面，然后将其层叠加方式改为 Multiply，如图 2.42 所示，效果如图 2.43 所示。

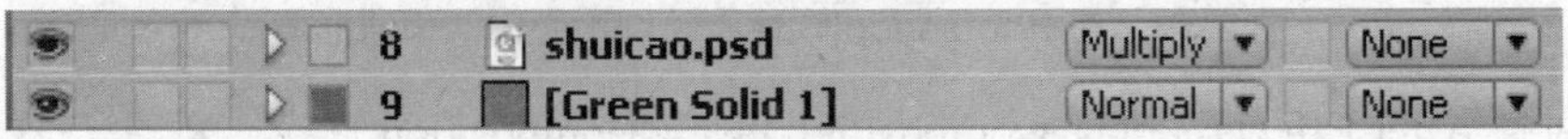

图 2.42　设置层叠加方式

图 2.43　设置层叠加方式效果

(6) 在时间线窗口选择 shuicao 层，使用 Rectangle Tool 工具在视窗中画出一个矩形遮罩，那么在遮罩内的图像将依旧显示出来，遮罩外的图像将被隐藏，效果如图 2.44 所示。

图 2.44　为水草层绘制 Mask

(7) 展开 shuicao 层的 Mask 属性，对其 Mask Feather(羽化值)进行设置，打断其长宽两个方向的关联，将其纵向的羽化值改为 100，设置如图 2.45 所示，效果如图 2.46 所示。

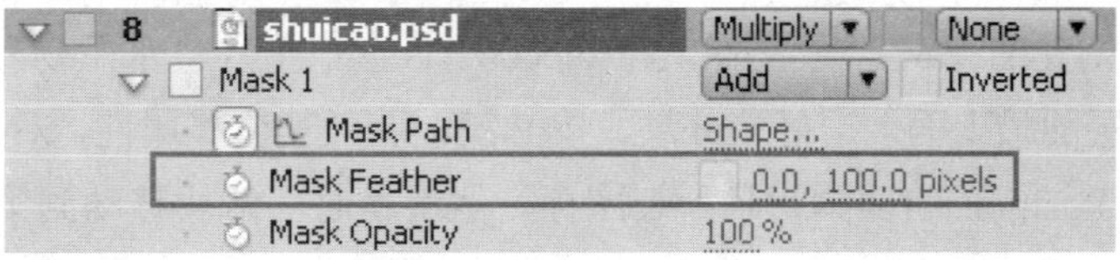

图 2.45　Mask 羽化设置

图 2.46　Mask 羽化效果图

(8) 在第 0 帧处单击 Mask path 的动画记录秒表图标，然后将时间滑块移动到第 4 秒处，使用选择工具将 Mask 形状调整成如图 2.47 所示的形状。

图 2.47　改变 Mask 形状

(9) 将时间滑块移动到第 3 秒处，选择第 0 帧处的关键帧，按 Ctrl+C 键对其进行复制，然后按 Ctrl+V 键对其进行粘贴，如图 2.48 所示。

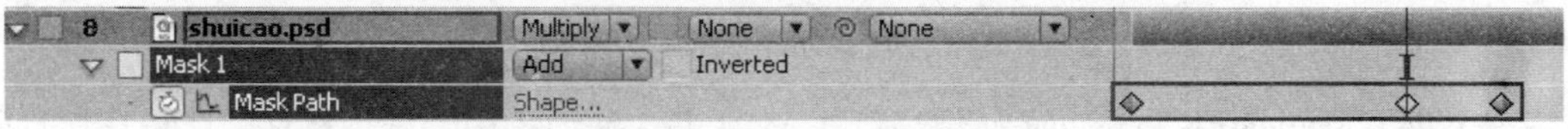

图 2.48　设置 Mask 动画

(10) 将开始创建的 yun 合成文件从 Project 项目窗口拖入“水生物”的时间线窗口，将其放在所有图层的最上面。选择 yun 层，按 P 键，展开其位移属性，对其进行动画设置。在第 0 帧处单击 Position 的动画记录秒表图标，然后将时间滑块移动到第 4 秒处，使用选择工具将 yun 层向上拖动到画面之外，如图 2.49 所示。

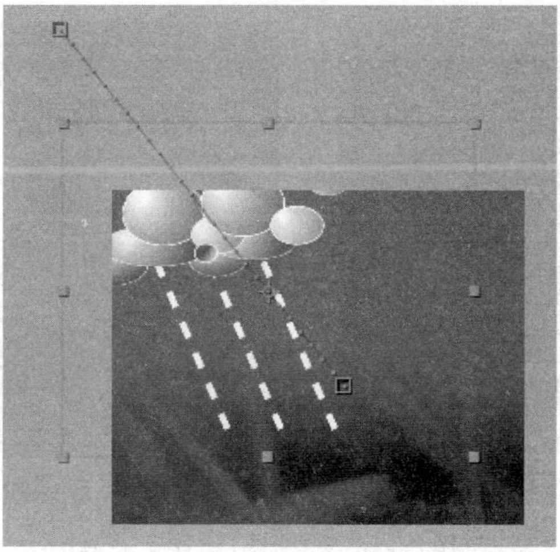

图 2.49 设置云层位移动画

将时间滑块移动到第 3 秒处，选择第 0 帧处的关键帧，按 Ctrl+C 键对其进行复制，然后按 Ctrl+V 键对其进行粘贴，如图 2.50 所示。

图 2.50 设置云层位移动画

(11) 现在可以按小键盘上的 0 键，对所做的效果进行预览，云层一边颤动一边下雨，最后飘出画面之外。随着云层的飘走，水草也逐渐显现出来，接下来出现水各种水生物。

(12) 在 Project 项目窗口双击，导入命名为“水生物”的 PSD 格式的图像文件。导入设置如图 2.51 所示。

图 2.51 PSD 文件导入设置

将所有的 PSD 分层图像全部拖入时间线窗口，将时间滑块拖动到 4 秒处，选择所有的水生物 PSD 分层图像，单击 P 键，将它们的位移属性展开，单击 Position 的动画记录秒表图标，将时间滑块拖动到 3 秒处，分别将各个图层用选择工具移动到画面之外，这样就产生了各个水生物从四面汇集到画面的动画效果，如图 2.52 所示。

(13) 将时间滑块拖动到 4 秒处，选择所有的水生物 PSD 分层图像，按 R 键，将它们的旋转属性展开，单击 Rotation 的动画记录秒表图标，将时间滑块拖动到 3 秒处，改变各个图层的 Rotation 参数，这样就产生了各个水生物旋转的动画效果。

选择 Puppet Pin 工具，在其中一个水生物的四肢与头部单击，则产生出几个 Puppet Pin 控制点，如图 2.53 所示。

图 2.52　水生物动画效果图

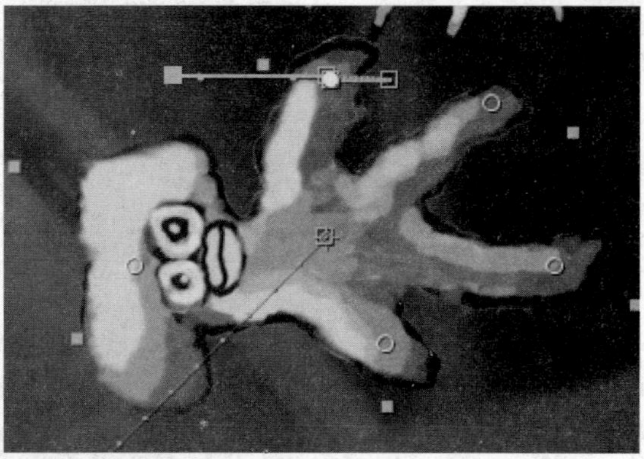

图 2.53　添加 Puppet Pin 控制点

(14) 将时间滑块拖动到不同的时间位置，用选择工具移动这几个控制点，则会让这个水生物产生蠕动的动画效果。尝试使用相同的方法为另外几个水生物创造动画效果。

4. 创建文字动画

(1) 选择文字工具 T ，在视窗中单击，输入 Biological 字样，为其设置字体、大小、颜色与对齐方式等，设置如图 2.54 所示，效果如图 2.55 所示。

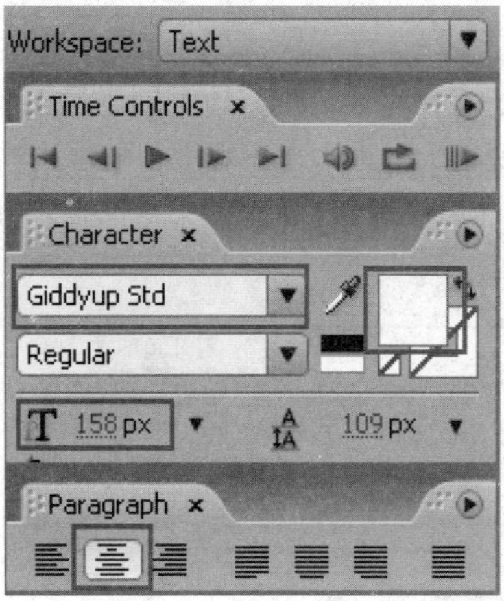

图 2.54　文字属性设置

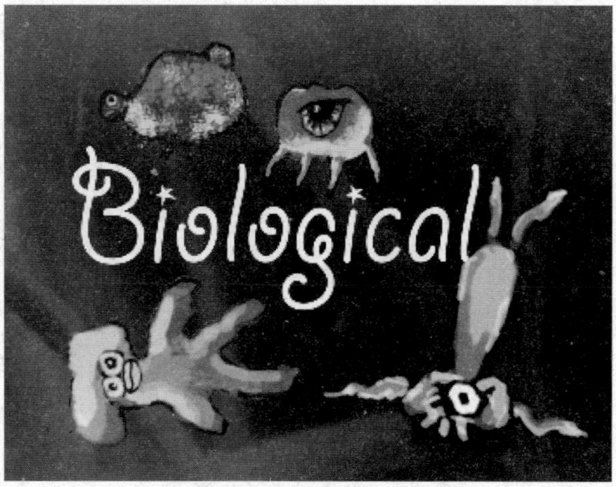

图 2.55　文字设置效果图

(2) 选择 Biological 文字层，按 S 键，将它们的缩放属性展开，将时间滑块拖动到 6 秒处，单击 Scale 的动画记录秒表图标，将时间滑块拖动到 5 秒处，改变文字层的 Scale 参数为 400，这样就产生了文字缩放的动画效果，如图 2.56 所示。

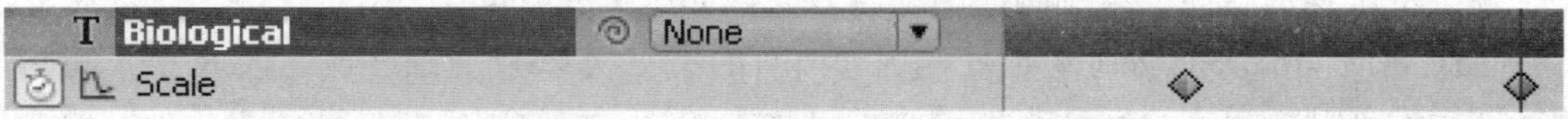

图 2.56　文字缩放动画设置

(3) 选择 Biological 文字层，按 T 键，将它的透明属性展开，将时间滑块拖动到 6 秒处，单击 Opacity 的动画记录秒表图标，将时间滑块拖动到 5 秒处，改变文字层的 Opacity 参数为 0，这样就产生了文字由不可见逐渐变为可见的动画效果，如图 2.57 所示。

图 2.57　文字不透明度属性动画设置

(4) 执行 Composition | New Composition 命令，新建一个合成项目，命名为 Comp 1，PAL 制，时间为 8 秒左右，然后单击 OK 按钮。将“水生物”合成项目从 Project 项目窗口拖入 Comp 1 合成项目的时间线窗口，在时间线窗口选择“水生物”层，使用 Rounded Rectangle 工具，在视窗中画出一个圆角矩形 Mask(遮罩)，在遮罩内的图像将依旧显示出来，遮罩外的图像将被隐藏，效果如章首图所示。

(5) 按小键盘上的 0 键进行预览，这样就最终完成了水生物动画。

本章小结

本章主要讲解了层、遮罩和蒙版的相关知识和操作，具体知识点包括层的概念、素材(层)的剪辑、使用层开关、层的基本操作、层的属性、制作遮罩、修改遮罩、羽化遮罩、动画遮罩、遮罩与层综合运用、蒙版层的 5 种 TrkMat 模式等。

本章涉及的知识总体上难度较小，需要多加练习的地方是绘制和修改遮罩时对折角点和贝兹点(包括贝兹手柄)的控制，最后的实例综合了层与遮罩的知识。本章最后一节涉及的主要知识是 After Effects CS3 的新特色，包括形状层和 Puppet 工具的相关操作，同时也综合了遮罩等其他的相关知识，总体上具有一定的难度，使用了很多的工具，需要多加练习才能熟练掌握。

习　题

1. 什么是层？层的开关有哪些？它的用途是什么？
2. 什么是遮罩？遮罩可以通过哪些工具来创建？
3. 利用遮罩的动画功能将一个视频中运动的人物从背景中抠取出来。
4. 什么是蒙版层？蒙版层有几种模式可以选择？它们分别可以获得什么效果？
5. 利用形状层和 Puppet 工具制作一个卡通人物或动物的简单动画。
6. 如何对层进行复制？如何对层重命名？
7. 层的属性主要有哪些？
8. 分别画出钢笔工具、添加控制点工具、删除控制点工具、折角点和贝兹点互换工具的图标，并说明它们的作用。
9. 如何操作可以柔化遮罩的边界？
10. 利用蒙版层将自己或朋友的照片处理成从背景图案中显露出来的可爱效果。

第 3 章　动画与时间

教学内容及目标

本章讲解“关键帧”、“动画制作”和“时间的延续”等知识点，并使用 5 个案例来演示其应用及效果。通过本章学习，深入理解层动画与关键帧的含义，熟练掌握层的各种属性的关键帧动画的操作；同时要深入理解动画曲线，把握住时间的节奏；掌握与时间相关的特效以及层的时间缩放的使用方法。

教学要求

要求学生理解“关键帧”与“动画效果”和“时间”之间的关系，能够熟练地加入关键帧，并正确使用时间特效来丰富所制作的动画。通过学习基础工具与基础功能，逐渐认识动画规律，把握图形运动与时间的关系。

教学建议课时数

10 课时(根据特殊情况可做相应的调整)。

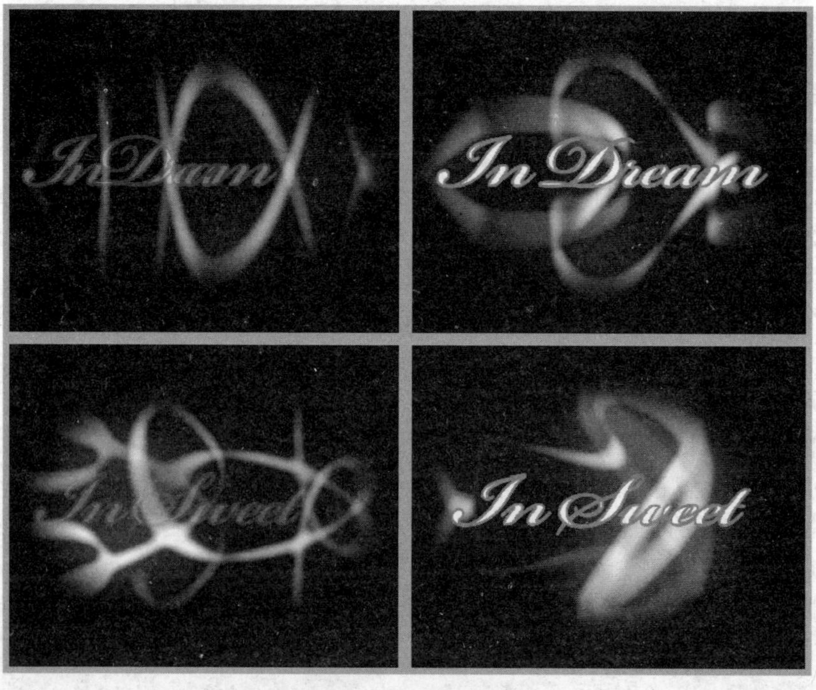

章首图　文字片头效果

本章学习内容为 After Effects 的基础知识，但是要真正把握住动画和时间却需要经验的积累和对生活细节的观察。所以学习本章内容不仅仅是学习各种工具的使用，更重要的是去认识运动的规律，最终把握住动画艺术的灵魂，创作出生动的动画作品。

3.1 动画的基础知识

1. 关键帧与关键帧动画属性及设置

关键帧(Keyframe)的概念来源于传统的二维动画片制作。在过去的制作过程中，一般由高级动画师设计动画片中的关键画面，即所谓的“关键帧”，然后由普通的动画师设计“中间帧”。在当今计算机动画设计中，大部分“中间帧”的生成是由计算机来完成的，插值代替了设计中间帧的动画师。其基本原理是将动画序列中比较关键的帧提取出来，而其他帧根据时间，利用“关键帧”的插值计算得到。所有影响画面图像的参数都可设置成关键帧，如物体的位移、旋转和缩放等参数。Keyframe 关键帧技术赋予了动画更强的生命力，是计算机动画中最基本并且运用最广泛的方法。

(1) 在 After Effects 中各种特效参数或者层属性的改变几乎都可以设置成关键帧，这些属性均对应着左边相应的动画记录秒表图标，如图 3.1 所示。

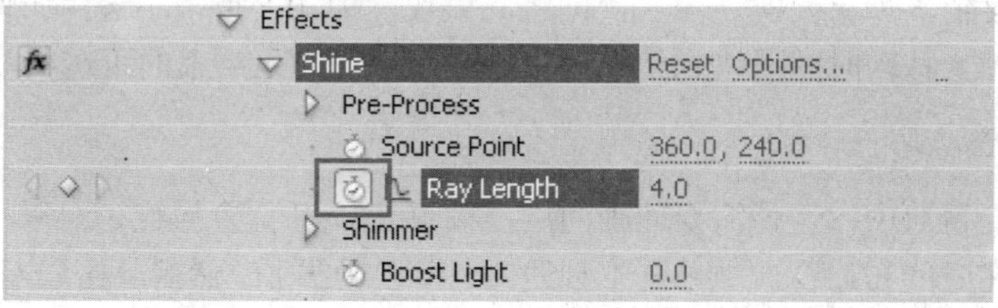

图 3.1 动画记录秒表图标

只要单击相应的秒表图标，就会在右边的时间线上增加一个关键帧点。如果需要增加关键帧，但不改变属性值，可以单击位于层最左边的关键帧检测框，如图 3.2 所示。

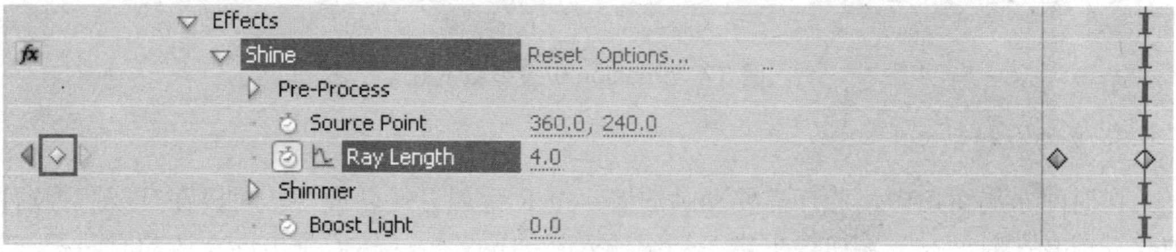

图 3.2 手动添加关键帧图标

(2) 当然也可以稍后改变关键帧值。如果修改了属性值，而当前位置没有关键帧，After Effects 将自动增加一个关键帧。通过单击可以直接选择一个关键帧，按住 Shift 键可同时选择多个关键帧；要删除关键帧，可以按 Delete 键；要移动关键帧，直接拖动即可；要复制关键帧，可以在选择关键帧后执行 Edit | Copy 命令，或者使用快捷键 Ctrl+C，然后在需要粘贴的位置执行 Edit | Paste 命令，或者使用快捷键 Ctrl+V。

(3) After Effects 中改变层图像的各个属性是在时间线窗口中实现的。单击层名称左边的小三角形按钮，展开层属性，每个层都有单独的 Transform 变化属性，包含了 Position(位置)、Rotation(旋转)、Scale(缩放)、Opacity(不透明度)等具体属性，如图 3.3 所示。

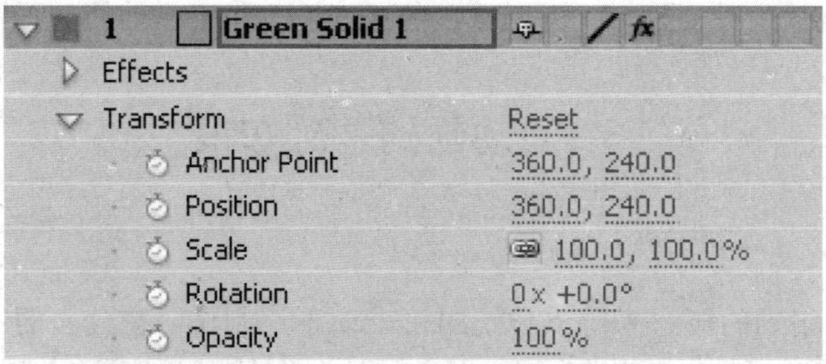

图 3.3　层的属性设置

单击属性对应的数值，可以调整这些属性值。要想改变某个层图像的位置，可以直接在合成图像窗口中拖动鼠标，或者设置该层的具体 Position(位置)参数。在时间滑块的位置后改变这些参数，After Effects 可以自动记录关键帧，自动形成一个图像可以缩放、变形、旋转和移动的动画。

“层”具有不透明度属性，可以实现淡入淡出之类的常见效果。在时间线窗口中选择要动画的层，移动当前时间滑块到开始淡化的时间点，按 T 键展开“层”的不透明属性，输入开始的透明度值，如果要实现淡入，则将其值设置为 0，单击不透明属性的秒表图标，增加一个关键帧。移动时间滑块到结束淡化的时间点，输入结束的不透明度值为 100。

2. 层的位置动画

在时间布局窗口中，选择需要动画的层，按 P 键展开位置属性，可以在合成图像窗口中移动层或者在时间布局窗口中单击下划线输入新的位置值，然后单击层左边的时间标记。

移动当前时间滑块到需要增加的第二个关键帧的时间点，改变层的位置属性值。如果需要修改运动路径，可以更改已经存在的关键帧值或者新增关键帧，如图 3.4 所示。

图 3.4　Position 位置参数设置

3. 层的旋转动画

在时间布局窗口中，选择需要动画的层，按 R 键展开旋转属性，可以在合成图像窗口中移动或者在时间布局窗口中单击下划线输入新的位置值，然后单击层左边的时间标记。移动当前时间标记到需要增加第二个关键帧的时间点，改变层的旋转属性值。如果要使层自动定向(沿路径自动旋转)，例如，要使动画的箭头在运动过程中保持正确的方向，可以执行 Layer | Transform | Auto-Orientation 命令。

4. 层的缩放动画

可以通过调整 Scale(缩放)属性实现层的缩放动画。按 S 键展开缩放属性，在“缩放”对话框中输入数值，如果要分别输入宽度和高度值，则取消 Constrain Proportions (保持对称比例)锁定，如果要保持层的纵横比对称，则需锁定 Constrain Proportions，如图 3.5 所示。

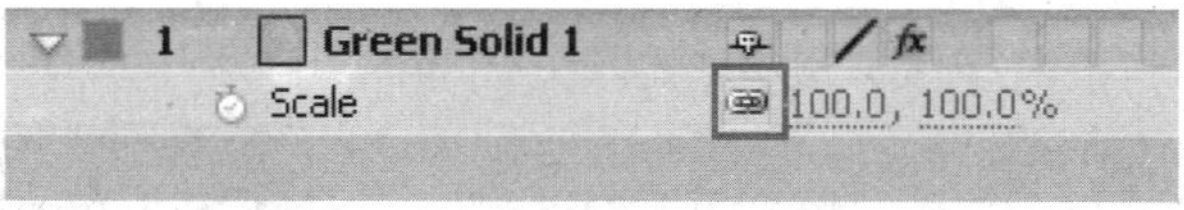

图 3.5　纵横比例对称按钮

如果要实现层的翻转动画，对于水平翻转，可以输入负的宽度值，对于垂直翻转，则输入负的高度值。

3.2 应用案例

3.2.1 “弹跳的小球”案例

本案例是一个典型的弹跳球动画案例，可以帮助读者学习如何使用关键帧制作动画和如何运用动画曲线编辑器。

1. 制作红色小球

1) 制作圆形的 Mask(遮罩)

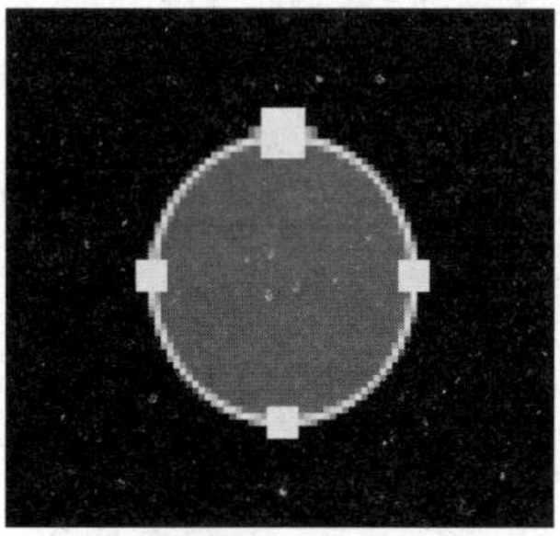

图 3.6　圆形的 Mask(遮罩)

(1) 执行 File | New | Project 命令，建立一个 After Effects 工程文件。

(2) 执行 Composition | New Composition 命令，新建一个合成项目，命名为 ball，PAL 制，时间为 4 秒左右，然后单击 OK 按钮。

(3) 执行 Layer | New | Solid 命令，创建一个固态层，将其颜色设置为红色，像素比为 100×100，使用 Ellipse 圆形工具，按住 Shift 键不放，在本固态层上绘制出一个圆形的 Mask(遮罩)，如图 3.6 所示。

2) 实现小球的立体效果

(1) 选择固态层，执行 Layer | Layer Styles | Gradient Overlay 命令，为本固态层增加 Layer Styles 的 Gradient Overlay(渐变)属性，设置如图 3.7 所示，效果如图 3.8 所示。

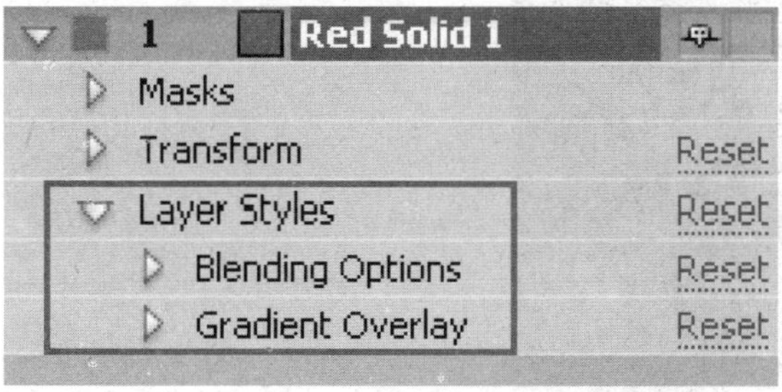

图 3.7　Gradient Overlay(渐变)属性选择

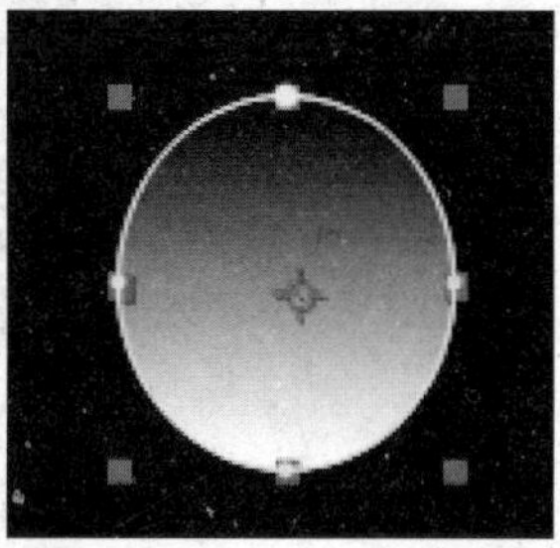

图 3.8　渐变的默认效果

(2) 为了得到一个立体效果的小球，需要对 Gradient Overlay(渐变)属性进行调整。设置渐变的 Opacity(不透明度)为 70%。把渐变 Style(方式)选为 Radial(放射)渐变，这样把原先的“纵向渐变”改变为“放射状渐变”。放射中心点的 Offset(偏移)设置为-11.0，-13.0 ，其目的是为了实现球体的高光点，设置如图 3.9 所示，效果如图 3.10 所示。

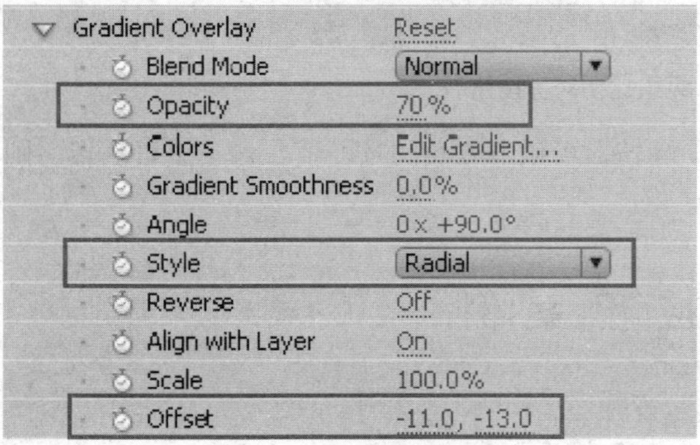

图 3.9　渐变参数设置

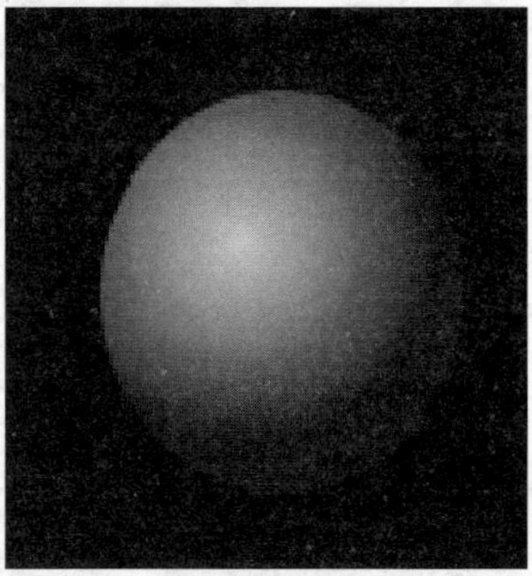

图 3.10　渐变后的球形立体效果图

2. 制作小球的弹跳动画

(1) 先选择本固态层，将小球移动到一个较高的位置，按 P 键展开位置属性，确认时间滑块处于 0 帧的位置，单击位置属性的动画记录秒表图标，进行动画记录。

(2) 将时间滑块移动到第 1 秒的位置，改变其在高度方向的位移属性，使小球向下运动，将时间滑块移动到第 2 秒的位置，继续改变其在高度方向的位移属性，使小球运动到略低于 0 帧时的高度。这时时间线上自动添加了 3 个关键帧点。

(3) 按小键盘上的 0 键，预演小球的弹跳动画，设置如图 3.11 所示，效果如图 3.12 所示。

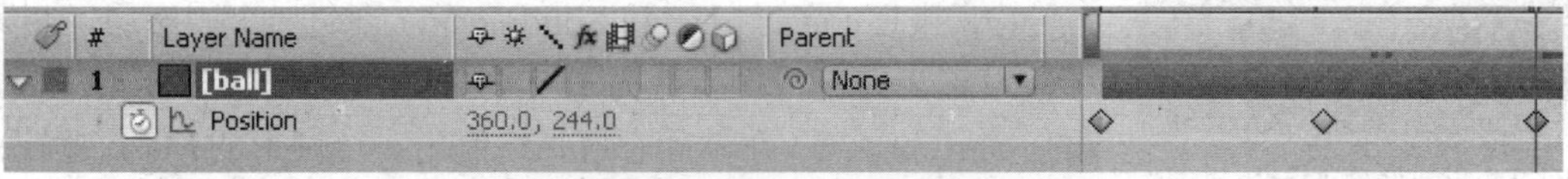

图 3.11　弹跳动画参数设置

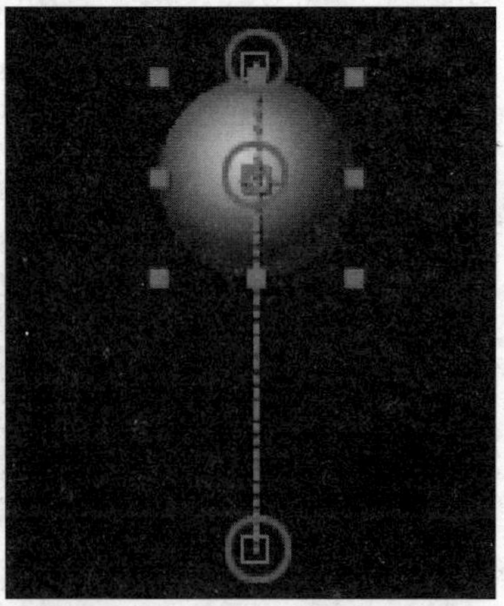

图 3.12　小球 3 个关键帧的高度

(4) 现在的动画完全匀速运动，毫无生气，离生活中见到的球体弹跳差距很大。接下来将改变动画曲线上关键点的切线方式，使动画效果得到改观。

(5) 选择位移属性，单击 Graph Editor(曲线编辑)按钮，显示出动画曲线编辑器，当前位移属性的动画曲线和关键点的切线方式为直线折角，如图 3.13 所示。

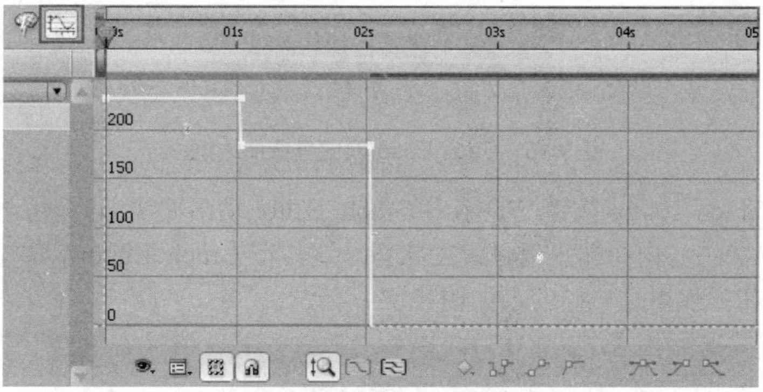

图 3.13　曲线编辑器

(6) 再次单击 Graph Editor 按钮，返回到时间线窗口，选择中间 1 秒处的关键点，按住 Ctrl 键不放，单击中间 1 秒处的关键点，这时发现关键点的形状由菱形变为了圆形。单击 Graph Editor 按钮，显示出 Graph Editor 动画曲线编辑器，当前位移属性的动画曲线和关键点的切线方式变为贝兹曲线。

(7) 按住 Ctrl 键不放，单击关键点可以实现“线性切线”与“贝兹曲线”的相互切换，相当于在动画曲线编辑器中单击“贝兹曲线”或“线性切线”按钮，如图 3.14 和图 3.15 所示。

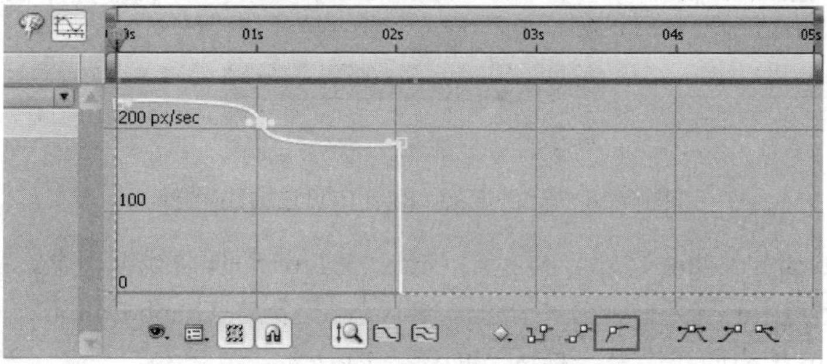

图 3.14　贝兹曲线按钮

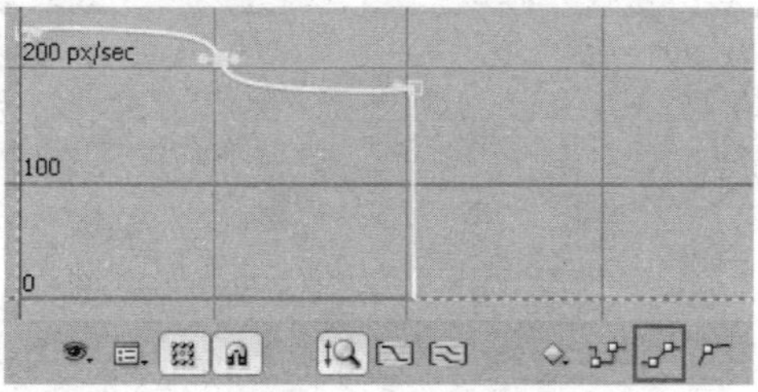

图 3.15　线性切线按钮

(8) 将切线方式变为贝兹曲线，播放动画，发现小球不再做匀速运动，动画曲线坡度越陡，小球运动得越快，动画曲线坡度越缓，小球运动得越慢。

(9) 返回到时间线窗口，选择中间 1 秒处的关键点，在关键点处单击右键，执行 Keyframe

Assistant | Easy Ease 命令，目的是为了使关键点两边都可以做平滑曲线调节，这时发现关键点的形状由菱形变为如图 3.16 所示的状态。

图 3.16　Easy Ease(双向贝兹曲线)图标

(10) 单击 Graph Editor 按钮，显示出 Graph Editor 动画曲线编辑器，关键点的切线方式变为以关键点为中心向两端平滑过渡的状态。这与在 Graph Editor 动画曲线编辑器中单击 Easy Ease 按钮的作用是一样的，如图 3.17 所示。

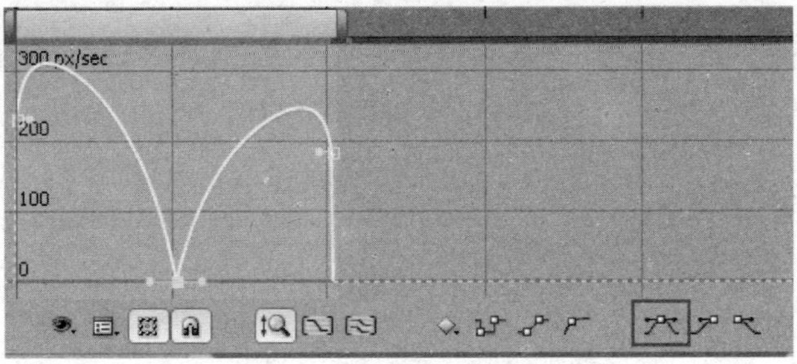

图 3.17　Easy Ease 按钮

(11) 返回到时间线窗口，选择中间 1 秒处的关键点，在关键点处右击，执行 Keyframe | Assistant | Easy Ease In 命令，这时发现关键点的形状变为如图 3.18 所示的状态。

图 3.18　Easy Ease In(左向贝兹曲线)图标

(12) 单击 Graph Editor 按钮，显示出 Graph Editor 动画曲线编辑器，关键点的切线方式变为以关键点为中心向左(入点)平滑过渡的状态。这与在 Graph Editor 动画曲线编辑器中单击 Easy Ease In 按钮的作用是一样的，如图 3.19 所示。

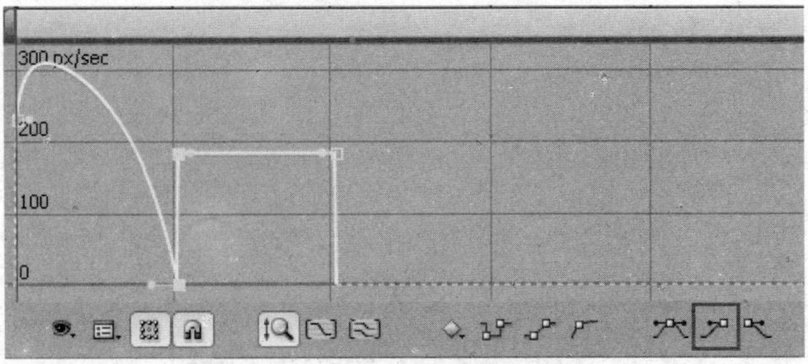

图 3.19　Easy Ease In(左向贝兹曲线)按钮

(13) 返回到时间线窗口，选择中间 1 秒处的关键点，在关键点右击，执行 Keyframe | Assistant | Easy Ease Out 命令，这时发现关键点的形状变为如图 3.20 所示的状态。

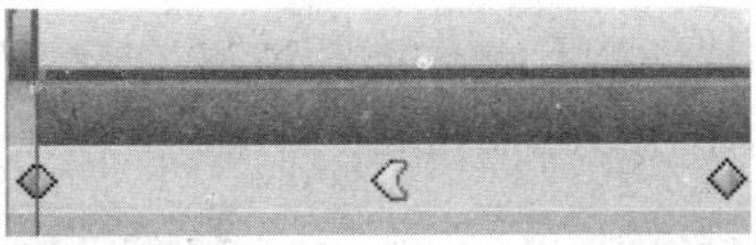

图 3.20　Easy Ease Out(右向贝兹曲线)图标

(14) 单击 Graph Editor 按钮，显示出 Graph Editor 动画曲线编辑器，关键点的切线方式变为以关键点为中心向右(出点)平滑过渡的状态。这跟在 Graph Editor 动画曲线编辑器中单击 Easy Ease Out 按钮的作用是一样的，如图 3.21 所示。

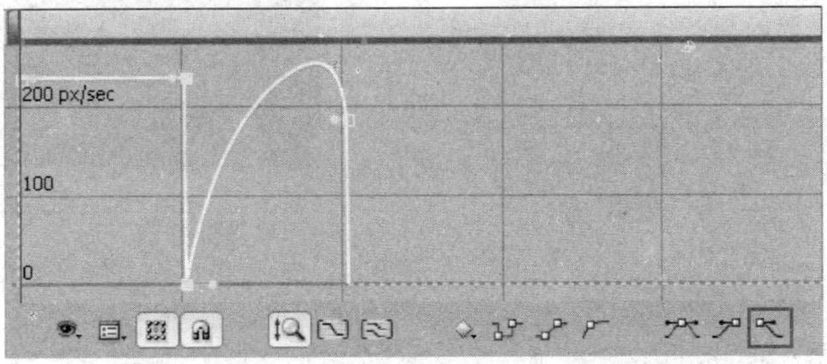

图 3.21　Easy Ease Out(右向贝兹曲线)按钮

(15) 也可以在 Graph Editor 动画曲线编辑器中手动调整动画曲线的形态。在本例中，首先将中间 1 秒处关键点的切线方式变为自动贝兹曲线，然后在编辑器中将动画曲线的形态调整为如图 3.22 所示的形态。

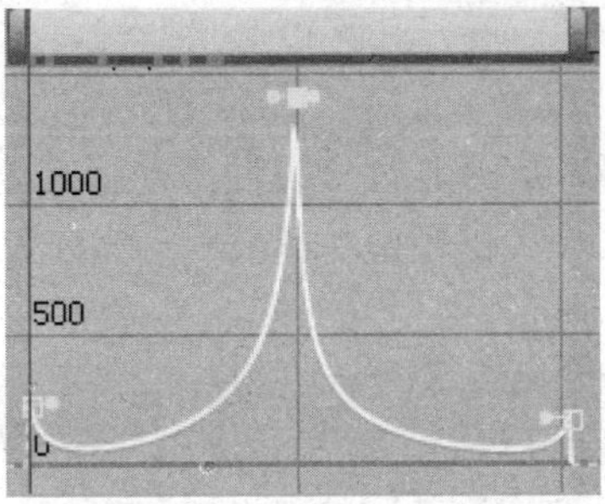

图 3.22　贝兹手柄调整曲线

(16) 播放动画，发现小球在接近地面弹跳的时候速度很快，而在空中停留的时间较长，这样就符合了小球运动的真实状态。

3.2.2　“延伸的箭头”案例

1. 制作红色折线

(1) 执行 Composition | New Composition 命令，新建一个合成项目，命名为 Arrow，PAL 制，时间为 4 秒左右，然后单击 OK 按钮。

(2) 执行 Layer | New | Solid 命令，创建一个固态层，命名为 Line，将其颜色设置为白色。选择该层，用钢笔工具绘制一个路径，其形状如图 3.23 所示。

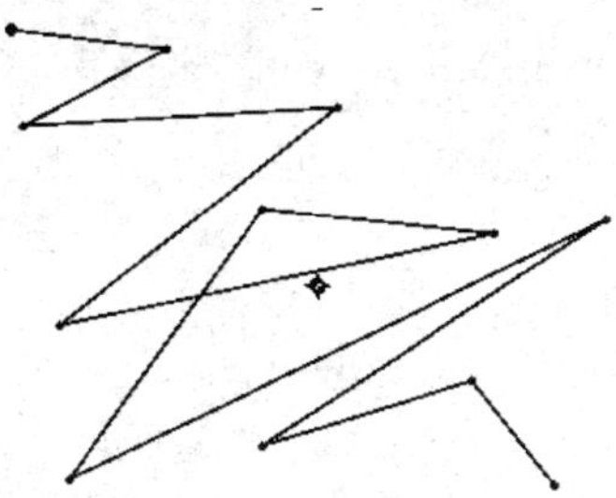

图 3.23　钢笔路径

(3) 选择本固态层，执行 Effect | Generate | Stroke 命令，Stroke 画线特效的颜色设置为红色，其他设置如图 3.24 所示，效果如图 3.25 所示。

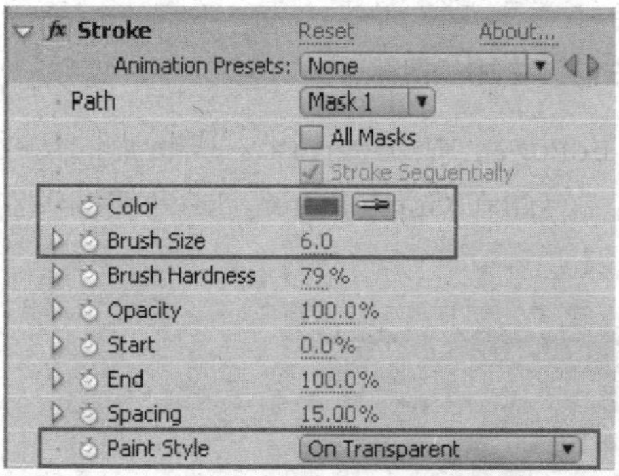

图 3.24 Stroke 属性设置

图 3.25 Stroke 特效图

2. 制作箭头沿路径行走的动画

(1) 在第 0 帧的位置设置 Stroke 特效的 End 参数为 0，单击 End 参数的动画记录秒表图标，在最后一帧的位置设置 Stroke 特效的 End 参数为 100，按小键盘的 0 键进行预演就可看到按路径进行描绘的动画。

(2) 执行 Layer | New | Solid 命令，创建一个固态层，命名为 Head，将其颜色设置为红色。将 Head 层拖到 Arrow 层的下面。

(3) 选择 Arrow 层，按 M 键，展开其路径形状属性，选择其路径形状属性 Mask Path，按 Ctrl+C 键将其复制。

(4) 选择 Head 层，按 P 键，展开其位移属性，选择其位移属性 Position，按 Ctrl+V 键将其粘贴。将 Position 的最后一个关键帧拖动到最后一帧处。这样 Head 层的位移就与 Arrow 层的路径相一致了，如图 3.26 所示。

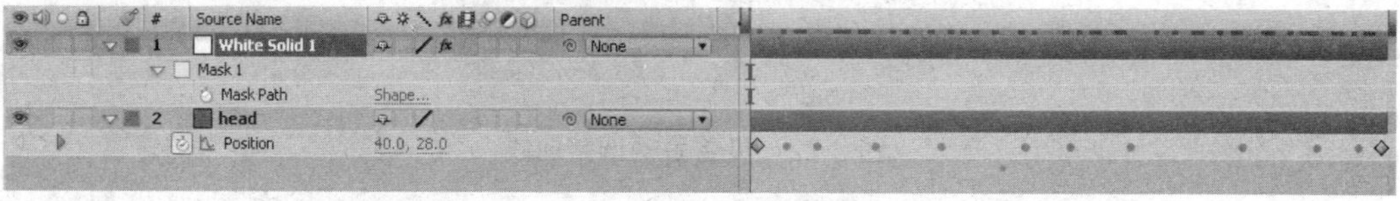

图 3.26 关键帧与层的设置

(5) 在 Head 层上用钢笔工具描绘一个箭头形状的 Mask，并将它移动到 Arrow 层路径的起始点上，如图 3.27 所示。

图 3.27 箭头起始位置

(6) 现在播放动画，箭头已经可以沿路径运动了，但是发现箭头的指向一直没有改变，不能朝向路径的方向。

3. 使箭头的指向与折线方向一致

(1) 选择 Head 层，执行 Layer | Transform | Auto-Orientation 命令，弹出“自动定向”对话框，勾选 Orient Along Path 单选按钮，这可让箭头图形自动按路径的方向运动，单击 OK 按钮。

(2) 按小键盘的 0 键进行预演，红色线条在箭头的引领下不断蜿蜒生长，效果如图 3.28 所示。

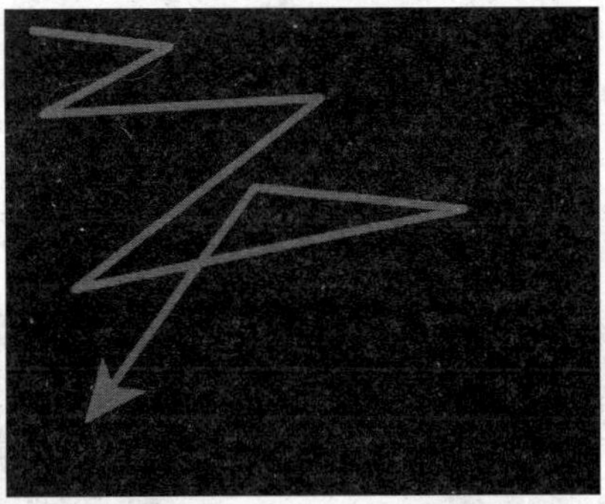

图 3.28 最终动画效果图

3.2.3 “轻舞飞扬”案例

1. 案例说明

本案例将学习几个典型的与 Time 效果相关的特效。Time 效果提供和时间相关的特技效果，以原素材作为时间基准，在应用时间效果的时候，忽略其他使用的效果。另外，还将学习其他跟时间相关的知识点与操作，如改变一段视频素材的长度，或是在视频素材的不同时间段产生不同的变速效果。

本案例即对这段少女舞蹈的视频素材应用 Echo 特效，Echo 特效称为“画面延续”或“时间延迟”，类似于声音效果里的回声效果，可以营造一种虚幻的感觉，而且延续的画面也可以比原画面早。Echo 效果针对包含运动的画面，而且忽略遮罩和以前应用的特技效果。首先对 Echo 效果的主要参数进行解释。

(1) Echo Time (seconds)：设置延时图像的产生时间，以秒为单位，正值为之后出现，负值为之前出现。

(2) Number Of Echoes：延续画面的数量。

(3) Starting Intensity：延续画面的透明度。

(4) Decay：设置延续画面的透明比例。

2. 案例步骤

(1) 建立一个 After Effects 工程文件，并新建一个合成项目，命名为“舞蹈”，PAL 制，时间为 5 秒，然后单击 OK 按钮。在 Project 项目窗口中双击，导入命名为“少女优美的舞蹈 03”的 AVI 格式的视频文件。

(2) 将其拖入“舞蹈”的 Composition 合成项目的时间线窗口，在时间线窗口中选择“少女优美的舞蹈 03”层，执行 Effect | Time | Echo 命令，为本素材加入 Echo 时间特效。对 Echo 时间特效的参数进行设置：将 Echo Time (seconds)(延时图像的产生时间)设置为 1.067 左右，Number Of Echoes(延续画面的数量)设置为 3，Echo Operator 类型设置为 Maximum。其他设置如图 3.29 所示。

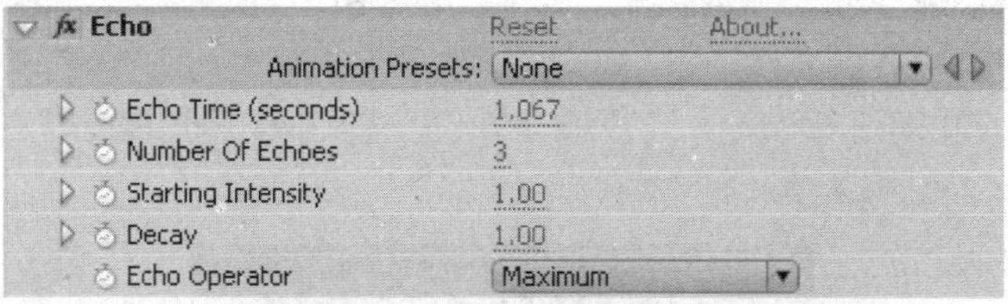

图 3.29　Echo 参数设置

(3) 按小键盘上的 0 键进行预览，图 3.30 和图 3.31 分别是在同一帧处未加入 Echo 时间特效和加入 Echo 时间特效后的对比效果。

图 3.30　原画面

图 3.31　Echo 特效最终效果图

3.2.4　“梦幻”案例

本案例再次使用 Echo 时间特效，首先制作两条 Mask 曲线，并为 Mask 曲线加入 Stroke 特效，然后使用 Echo 时间特效营造一种时间效果，最后加入文字特效，完成这个梦幻般的小片头。这个例子以 Echo 时间特效为主，辅以其他工具来制作一个较为完整的文字片头效果，如章首图所示。

1. 制作“梦幻背景”动画

(1) 建立一个 After Effects 工程文件，然后执行 Composition | New Composition 命令，新建一个合成项目，命名为“梦幻”，PAL 制，时间为 5 秒，然后单击 OK 按钮。

(2) 执行 File | New | Shape Layer 命令，创建一个形状层，然后使用钢笔工具，确认后面的 Tool Greates Mask 按钮处于按下状态。然后在预览视窗中直接画出 Mask 曲线，曲线的形态随意即可，效果如图 3.32 所示。

(3) 选择 Shape Layer1 层，按 M 键，展开本层的 Mask Path 属性，单击左边的秒表图标，对其进行动画设置，如图 3.33 所示。

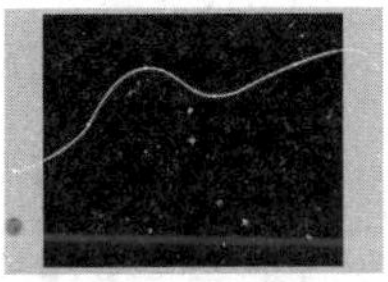

图 3.32　Mask 曲线

图 3.33　动画设置

(4) 将时间滑块拖动到第一秒处，使用 Selection Tool 工具对 Mask 曲线进行形状的改变，曲线的形态仍然随意即可。将时间滑块依次拖动到 2 秒、3 秒、4 秒、5 秒处，改变 Mask 曲线为不同的形状，效果如图 3.34～图 3.38 所示。现在按空格键进行播放将看到 Mask 曲线的动画效果。

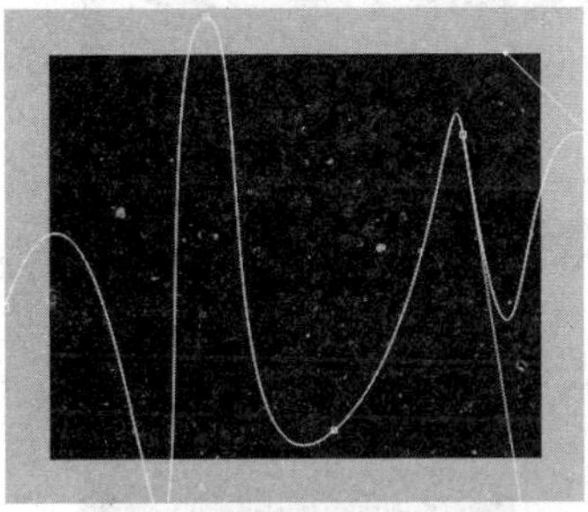

图 3.34　Mask 形状 1

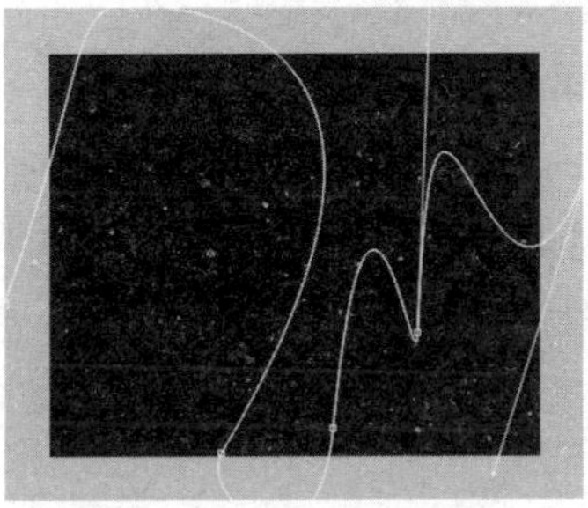

图 3.35　Mask 形状 2

图 3.36　Mask 形状 3

图 3.37　Mask 形状 4

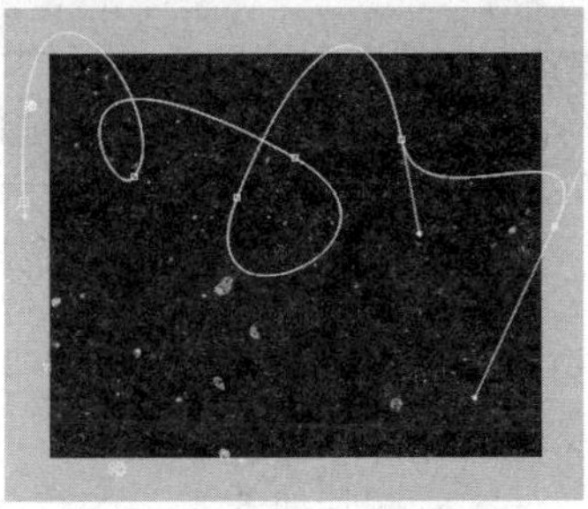

图 3.38　Mask 形状 5

(5) 选择 Shape Layer1 层，执行 Effect | Generate | Stroke 命令，为本层加入 Stroke 特效。设置如图 3.39 所示，效果如图 3.40 所示。对 Stroke 的参数设置如下。

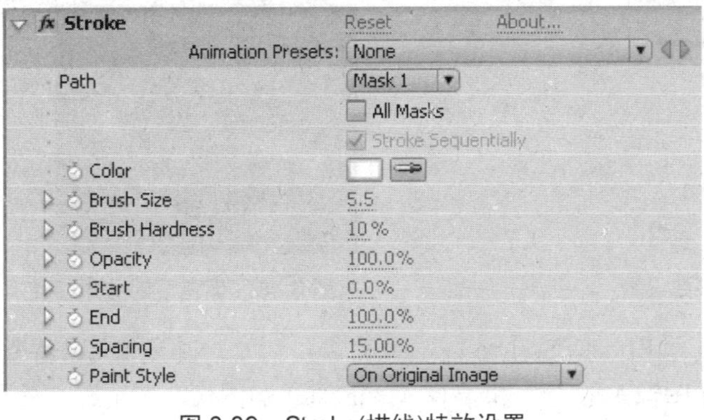

图 3.39　Stroke(描线)特效设置

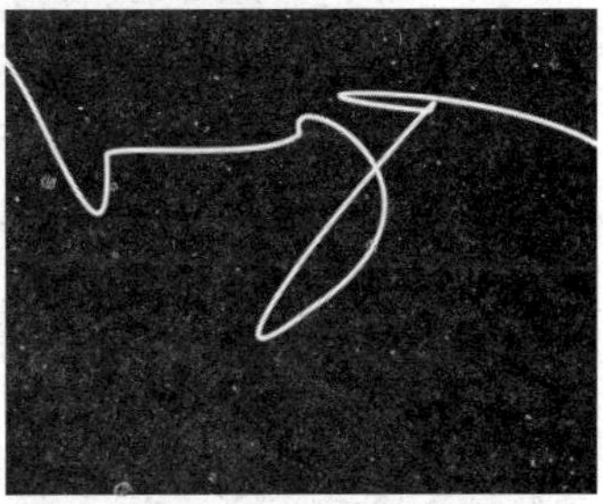

图 3.40　Stroke(描线)效果图

① Path(选择的路径)：Mask1。

② Brush Size(画笔粗细)：5.5。

③ Brush Hardness(画笔边缘硬度)：10%。

(6) 选择 Shape Layer1 层，执行 Effect | Time | Echo 命令，为本层加入 Echo 特效。对 Echo 的设置如图 3.41 所示，效果如图 3.42 所示。

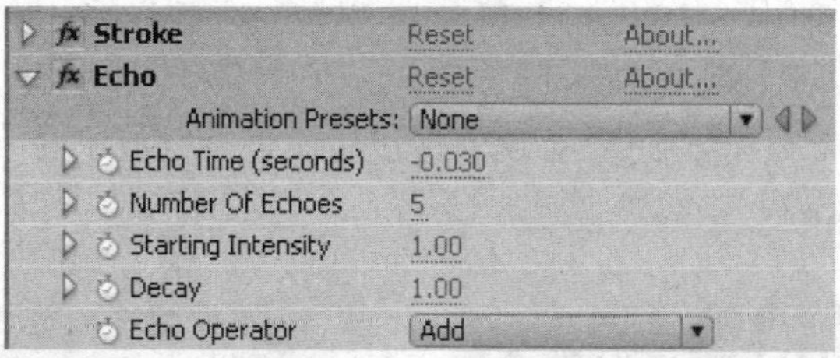

图 3.41　Echo 参数设置

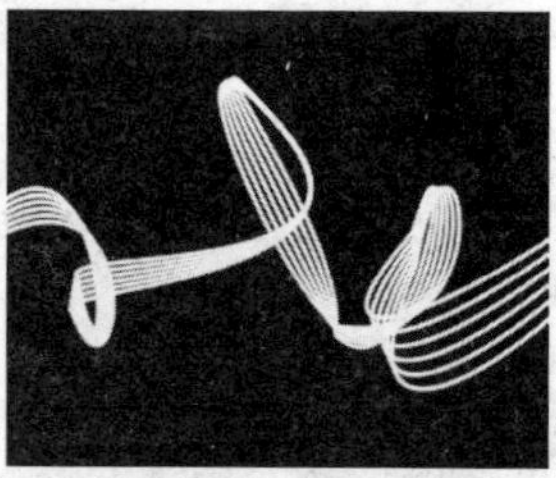
图 3.42　Echo 特效

(7) 选择 Shape Layer1 层，执行 Effect | Blur & Sharpen | Fast Blur 命令，为本层加入 Fast Blur (快速模糊)特效。将 Blurriness(模糊程度)设置为 23，其他的设置如图 3.43 所示，效果如图 3.44 所示。

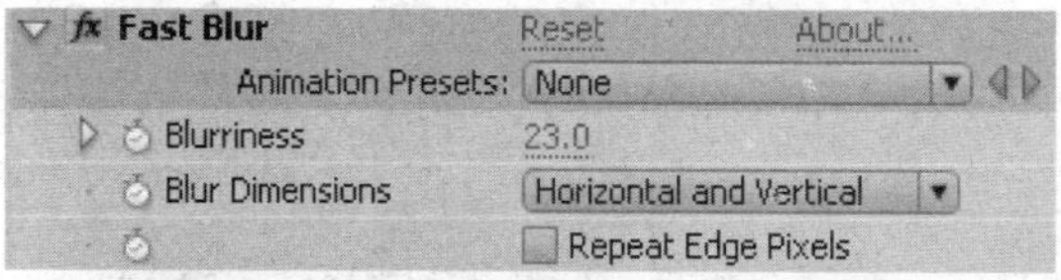

图 3.43　Fast Blur(快速模糊)设置

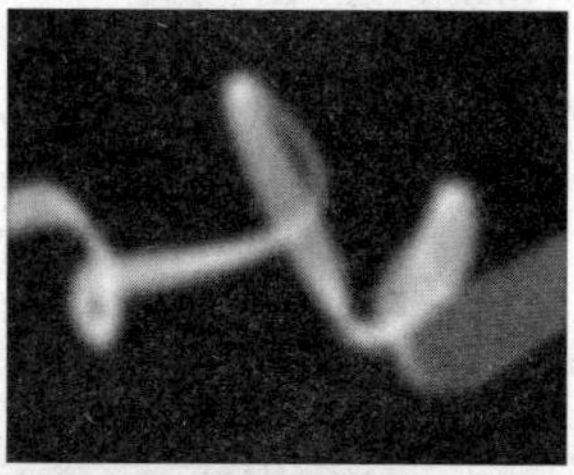
图 3.44　Fast Blur 效果图

(8) 选择 Shape Layer1 层，执行 Effect | Color Correction | Levels 命令，为本层加入 Levels 调色特效。将 Channel 选为 Alpha，将 Alpha InPut Black 数值设置为 66，目的是为了加大图像明暗对比度，其他的设置如图 3.45 所示，效果如图 3.46 所示。

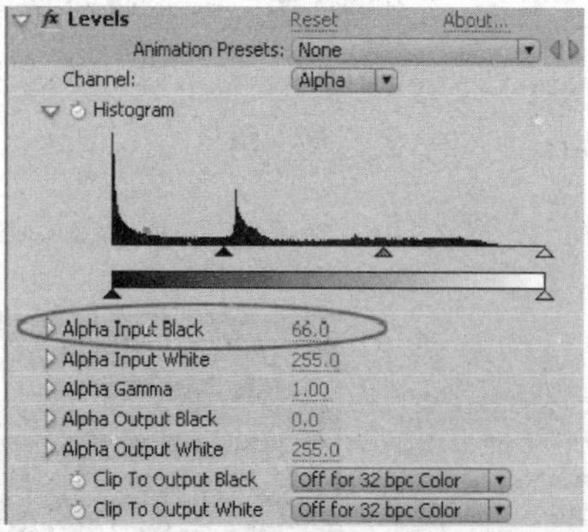

图 3.45　Levels 调色参数设置

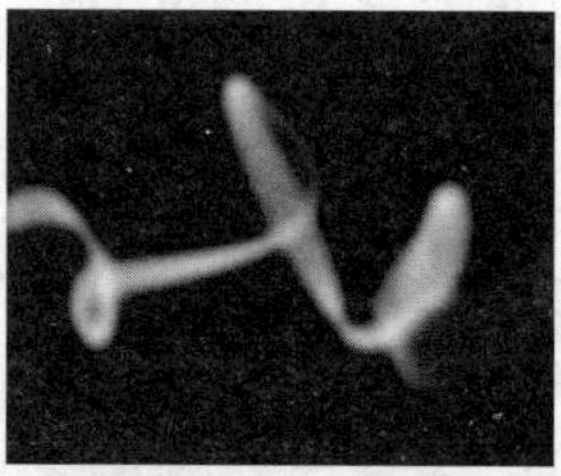
图 3.46　调色后的效果

(9) 选择 Shape Layer1 层，执行 Effect | Stylize | Glow 命令，为本层加入 Glow 特效。Glow 称为“发光效果”，经常用于图像中的文字和带有 Alpha 通道的图像，产生发光效果。本例设置如图 3.47 所示，效果如图 3.48 所示。

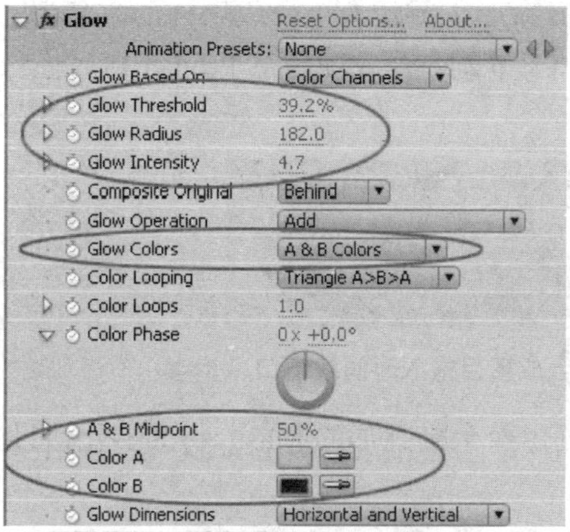

图 3.47　Glow 发光参数设置

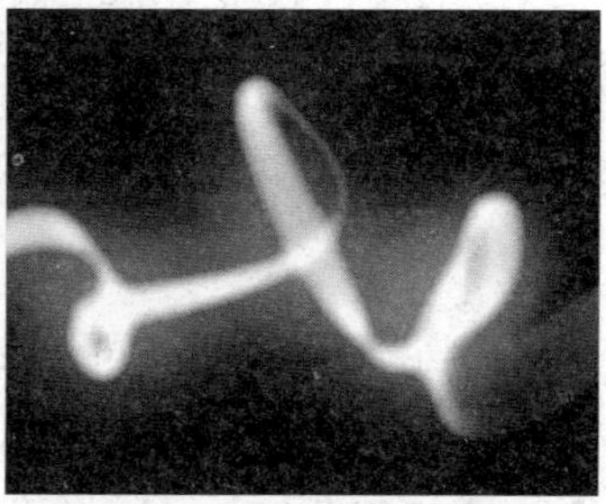

图 3.48　发光后的效果图

下面对其主要参数进行解释。

① Glow Based On：选择发光作用通道，可以选择 Color Channels 选项或 Alpha Channels 选项。

② Glow Threshold：发光程度。

③ Glow Radius：发光半径。

④ Glow Intensity：发光密度。

⑤ Composite Original：和原画面合成。

⑥ Glow Operation：发光模式，类似层模式的选择。

⑦ Glow Colors：发光颜色。

⑧ Color Looping：颜色循环。

⑨ Color Loops：颜色循环方式。

⑩ Color Phase：颜色相位。

⑪ A&B Midpoint：颜色 A 和 B 的中点百分比。

⑫ Color A：选择颜色 A。

⑬ Color B：选择颜色 B。

⑭ Glow Dimensions：发光作用方向(水平/垂直/水平+垂直)。

(10) 选择 Shape Layer1 层，执行 Effect | Color Correction | CC Toner 命令，为本层加入 CC Toner 特效，对本图层进行快速调色。只要单击 Midtones 后面的颜色块，将颜色调为需要的颜色即可，设置如图 3.49 所示，效果如图 3.50 所示。

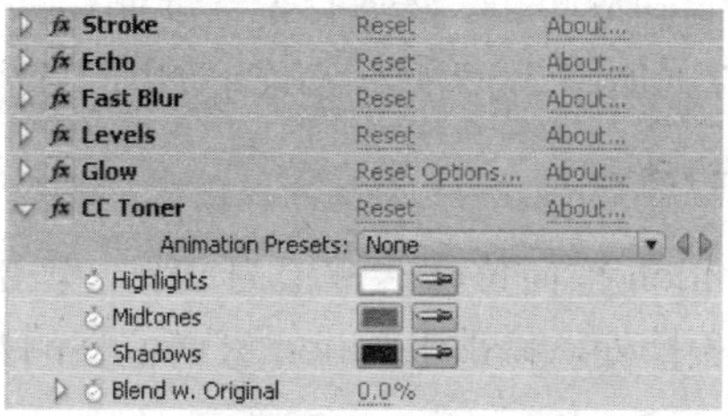

图 3.49　CC Toner 选色

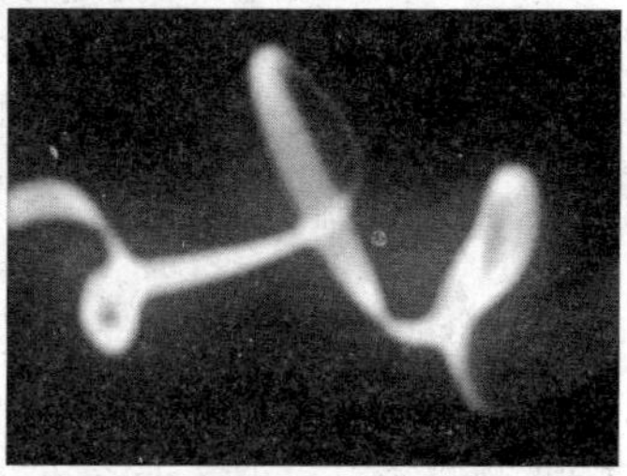

图 3.50　快速调色后的效果图

(11) 执行 Composition | New Composition 命令，新建一个合成项目，命名为“合成”，PAL 制，时间为 5 秒，然后单击 OK 按钮。将“梦幻”合成项目从 Project 窗口拖入“合成”Composition 的时间线窗口，如图 3.51 所示。

图 3.51　将“梦幻”合成项目拖入时间线窗口

(12) 使用 Ellipse Tool 工具在预览窗口画出一个椭圆形的 Mask，将其羽化值设置为 80，设置如图 3.52 所示，效果如图 3.53 所示。

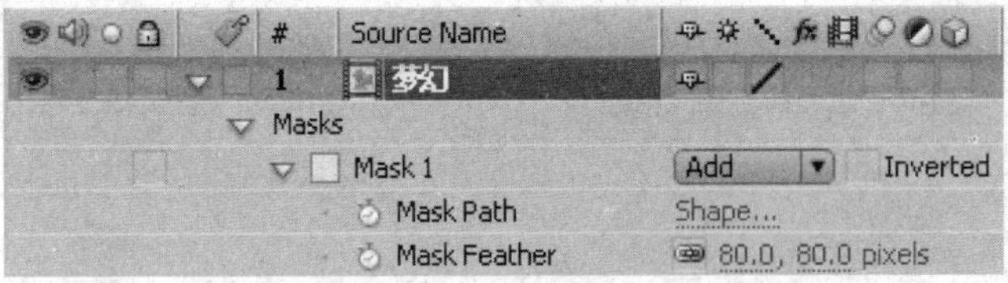

图 3.52　Mask(遮罩)参数设置

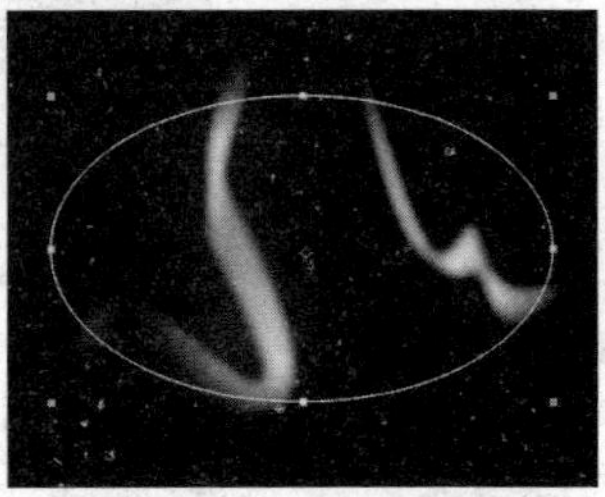

图 3.53　Mask 效果图

(13) 选择“梦幻”层，按 T 键，分别设置 0 秒处、1 秒处、4 秒处和 5 秒处的透明度参数为 0、100、100 和 0。

(14) 选择“梦幻”层，按 Ctrl+D 键，将其复制一层，按 S 键，展开其缩放属性，取消长宽比例约束，将宽度缩放改为-100，设置如图 3.54 所示，效果如图 3.55 所示。

图 3.54　调整缩放宽度

图 3.55　背景效果图

2. 加入文字动画

使用工具栏中的文字工具 T 在合成图像窗口中单击，然后打上需要制作特效的文字 In Dream，修改其大小、字体、颜色等属性，设置如图 3.56 所示，效果如图 3.57 所示。

3. 为文字制作 Tracking、位移与透明度的动画

(1) 将时间滑块移动到 1 秒处，修改 Position 横向位移的数值为 289，单击 Position 属性的动画记录秒表图标，将时间滑块移动到 3 秒处，修改 Position 横向位移的数值为 351，这样就制作了文字从左向右位移的动画。

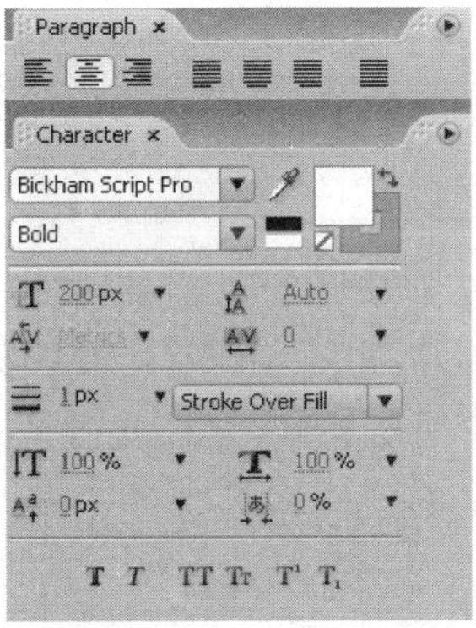

图 3.56　文字属性设置

图 3.57　文字效果图

(2) 展开 In Dream 文字层的文字属性，单击 Animate 右边的小三角按钮，选择 Tracking 选项，为文字加入 Tracking 动画属性，如图 3.58 所示。

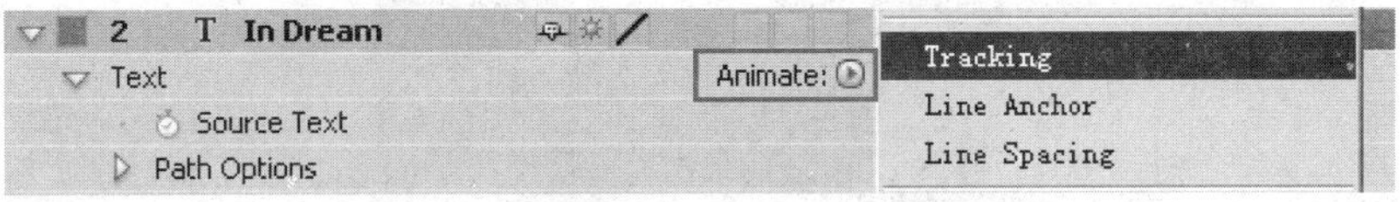

图 3.58　选择字体动画属性(Tracking)

(3) 将时间滑块移动到 1 秒处，修改 Tracking Amount 的数值为-25，单击 Tracking Amount 属性的动画记录秒表图标，将时间滑块移动到 3 秒处，修改 Tracking Amount 的数值为 0，设置如图 3.59 所示。在第 1 秒与第 3 秒处的效果比较如图 3.60 所示。

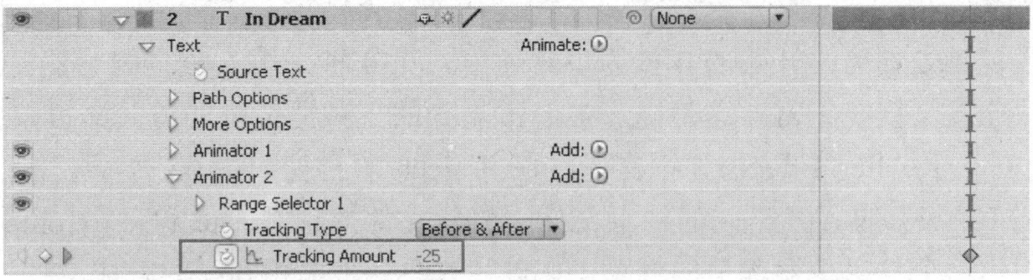

图 3.59　Tracking Amount 参数设置

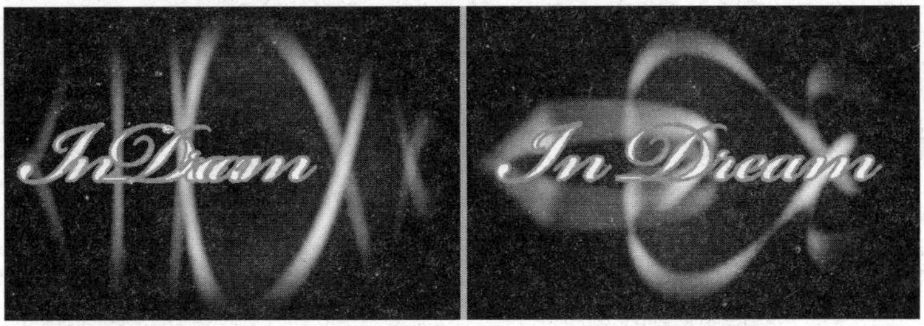

图 3.60　效果对比

(4) 将时间滑块移动到 20 帧处，修改 Opacity(不透明度)的数值为 0，单击 Opacity 属性的动画记录秒表图标，将时间滑块移动到 1 秒处，修改 Opacity 的数值为 100，将时间滑块移动到 3 秒处，修改 Opacity 的数值为 0，将时间滑块移动到 2 秒 20 帧处，修改 Opacity 的数值为 100，设置如图 3.61 所示。这样就制作了文字从透明变为不透明又从不透明变为透明的淡入淡出的动画。

图 3.61　Opacity(不透明度)参数设置

(5) 使用工具栏中的文字工具在合成图像窗口中单击，然后打上需要制作特效的文字 In Sweet，修改其大小、字体、颜色等属性同 In Dream 文字层。在 3 秒 10 帧处制作文字 Tracking、位移与透明度的动画，制作方法也与 In Dream 文字层相同。这样就得到了 In Dream 文字动画淡出后，In Sweet 淡入并开始动画的效果。

3.2.5　“慢镜头”案例

本例为一个时间缩放的例子。准备一个少女舞蹈的视频素材，这段素材是从上面俯拍的一个少女不停旋转的舞蹈动作，共 9 秒钟的时间，如图 3.62 所示。

图 3.62　“旋转的少女”慢镜头

把这段视频处理为：开始的 4 秒为正常速度，第 4 秒到第 6 秒之间突然变成慢镜头，第 6 秒以后速度又恢复正常。这是电影中经常见到的一种慢镜头的镜头语言。

(1) 建立一个 After Effects 工程文件，在 Project 项目窗口中双击，导入命名为“少女优美的舞蹈 10.avi”的 AVI 格式的视频文件，将此文件拖到 Create a New Composition 按钮上，自动创建一个与“少女优美的舞蹈 10.avi”图像分辨率相匹配的合成文件。

(2) 将时间滑块拖动到第 4 秒的位置，选择该层，执行 Edit | Split Layer 命令，将视频从第 4 秒处切开，原层也被分成了两层，如图 3.63 所示。

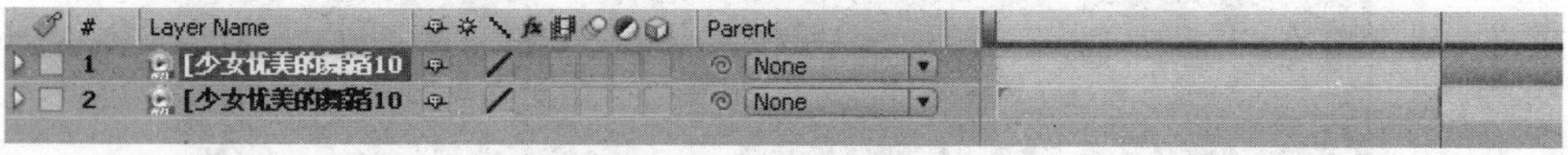

图 3.63　第 4 秒处分割层

(3) 将时间滑块拖动到第 6 秒的位置，选择上面一层，执行 Edit | Split Layer 命令，将视频从第 6 秒处切开，原层也被分成了两层。将本合成项目的长度修改为 13 秒，也就是比原视频素材增加了 4 秒，因为变速后素材的长度会加长，如图 3.64 所示。

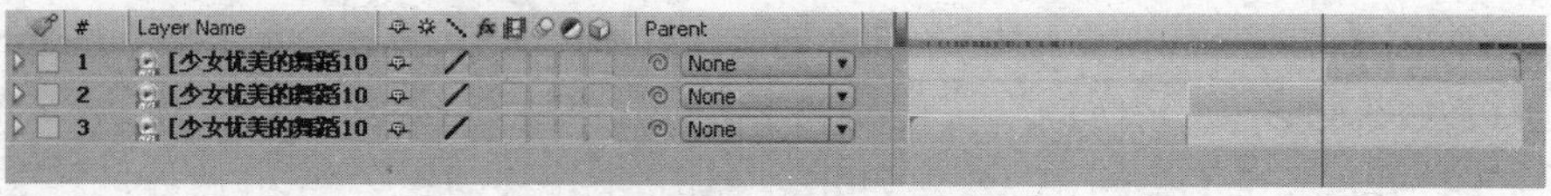

图 3.64　第 6 秒再分割层

(4) 选择中间一层，执行 Layer | Time | Time Stretch 命令，弹出 Time Stretch(时间拉长)对话框，将 Stretch Factor 设置为 300，这样本素材的时间将变成原素材的 3 倍，单击 OK 按钮确认。这时发现中间素材的长度被拉长了，将上面一层素材拖到中间素材的后面，并与之相衔接，如图 3.65 所示。

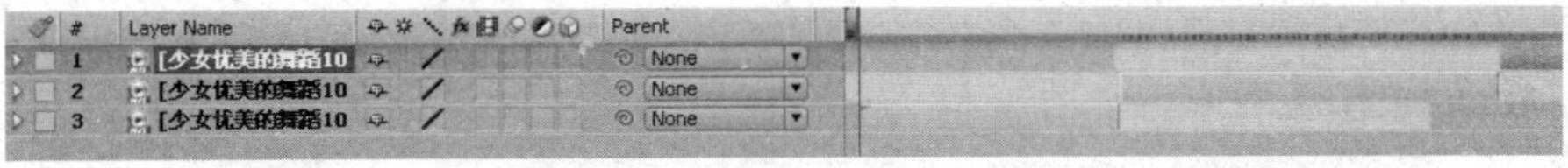

图 3.65　把中间层拉长时间

(5) 按小键盘上的 0 键进行预演，舞蹈少女的动作在第 4 秒处突然变慢了，这样就得到了期望的电影慢镜头效果，如图 3.66 所示。

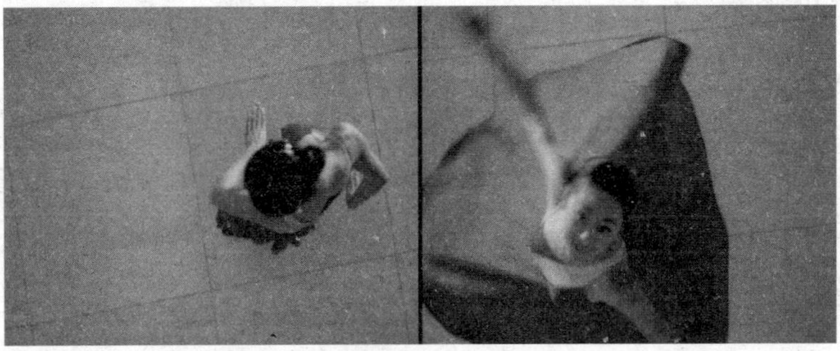

图 3.66　慢镜头

本章小结

本章可以说是动画与时间相关知识的大拼盘，可以概括为 3 个知识点：关键帧与层动画、时间特效、层的时间缩放。与此相关的知识还会在后面的实例中进一步说明。

习　题

1. 什么是关键帧？通过给层的基本属性设置关键帧来创作一个小片头。
2. 制作一个小球弹跳着向前运动，最终停止下来的小动画。
3. 制作一个箭头沿路径描绘出一个文字的动画。
4. Echo 特效的主要参数有哪些？使用 Echo 特效制作舞动的线条背景。
5. 寻找一段视频素材，把它制作成慢镜头效果。
6. 如何增加、删除、移动、复制或粘贴关键帧？
7. 如何制作一段视频的淡入、淡出效果？
8. Easy Ease、Easy Ease In、Easy Ease Out 三个命令分别对应 Gragh Editor 动画曲线编辑器中的哪三个按钮？画出它们的图标，并说明它们的作用。
9. Glow 特效的主要参数有哪些？分别说明它们的含义。

第 4 章　基础特效应用

教学内容及目标

本章通过 4 个特效实例，演示“分形噪波”、“极坐标”、“模糊效果”、“网格”、“闪电”、“镜头光斑”、“变形”等特效及“调色功能”的使用。本章为基础特效的应用章，学生应了解相关工具及参数的使用方法及应用范围，通过案例多加练习，为后面深入学习 After Effects 高级特效打下基础。

教学要求

本章以实例应用为主，理论概念为辅，着重讲解及应用 Fractal Noise(分形噪波)等特效并结合以前章节所涉及的 Mask 等工具的使用。学生不仅需要按步骤演练本章的特效实例，还需要通过大量的课下练习熟练掌握本章内容，以达到知识的融会贯通。

教学建议课时数

8 课时(根据特殊情况可做相应的调整)。

章首图　“电闪雷鸣的雨夜”最终动画效果图

After Effects 在进行影视合成中，需要制作及提供大量的场景画面，单调的图片及实物配景已无法满足当今的影视需求。After Effects 特效功能的结合使用，为获得丰富多彩的平面或动画素材添加了炫目的一笔。

对于影视素材，虽然可以借用素材库现有的素材，但自行设计的素材更能满足特定场景的需求，极具个性色彩。本章将逐一介绍不同纹理和背景的制作方法，并详细演示“晃动的舞台幕布”、“绚丽光影动态背景”、“晴空万里”、“电闪雷鸣的雨夜”和“美女变石像”等设计制作实例。

4.1 分形噪波特效案例——晃动的舞台幕布

本案例将借助 Fractal Noise 特效制作出“晃动的舞台幕布”动画效果。Fractal Noise 特效可以模拟纹理图案、烟、云、水流等。此特效功能强大，使用广泛，也是本章的重点讲解内容。本案例还使用了色彩调节特效及以前章节的 Mask 遮罩工具，最终效果如图 4.1 所示。

图 4.1 “晃动的舞台幕布”效果图

4.1.1 设置 Fractal Noise 参数

1. 创建合成项目及固态层

(1) 执行 Composition | New Composition 命令，新建一个合成项目，名称为 Cloth，PAL 制，时间为 10 秒左右，然后单击 OK 按钮。

(2) 执行 Layer | New | Solid 命令，创建一个固态层，将其颜色设置为黑色。选择该层，执行 Effect | Noise & Grain | Fractal Noise 命令，为本素材加入 Fractal Noise 特效。

2. Fractal Noise 主要参数

Fractal Noise 涉及的主要参数如图 4.2 所示。

(1) Fractal Type：各类分形算法方式。

(2) Noise Type：噪波类型。

(3) Invert：反转。

(4) Contrast：对比度。

(5) Brightness：明亮度。

(6) Overflow：溢出处理。

(7) Transform：变换设置。

(8) Complexity：复杂度。

(9) Sub Settings：噪波的子分形变化的相关设置。

(10) Evolution：控制噪波的分行变化相位。

(11) Evolution Options：控制分形变化的一些设置(循环、随机种子等)。

(12) Opacity：不透明度。

(13) Blending Mode 混合模式。

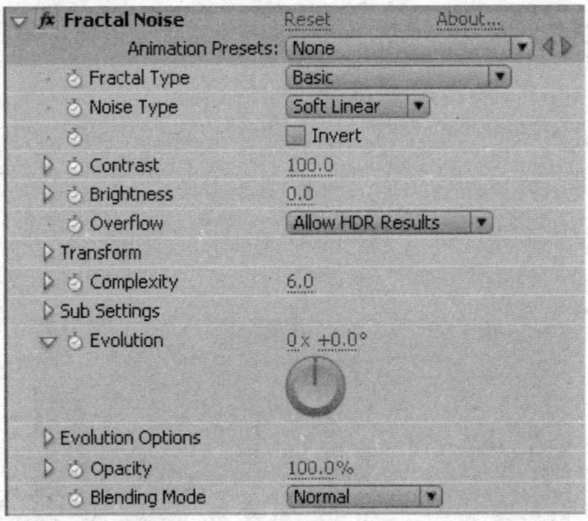

图 4.2　Fractal Noise 参数

3. 对 Fractal Noise 的参数进行虚化设置

设置如图 4.3 所示，图像效果已由原始的图 4.4 转变为图 4.5 的效果。

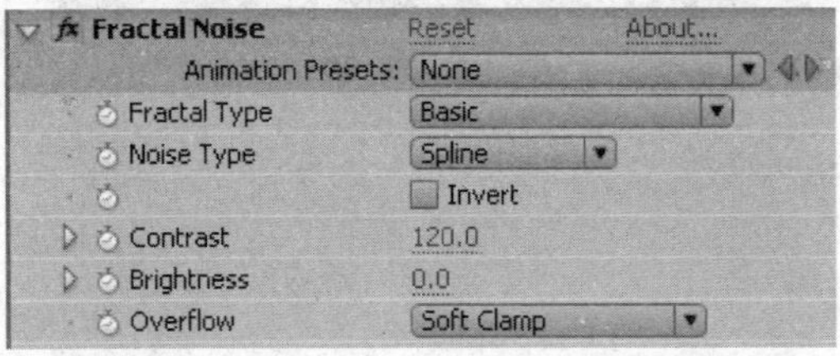

图 4.3　Fractal Noise 参数虚化设置

图 4.4　Fractal Noise 原图

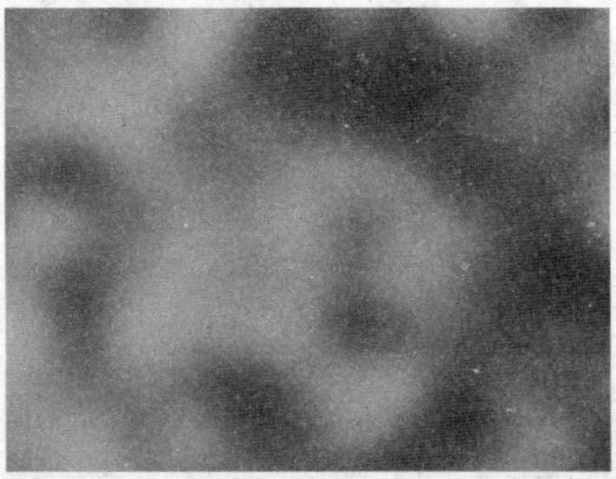

图 4.5　Fractal Noise 虚化效果图

4. 设置 Transform 参数，创建幕布初始效果

展开 Transform 属性，对其 Scale(缩放值)进行设置，取消勾选 Uniform Scaling 复选框，即取消了它的等比例缩放，将它的宽度和高度分别设成 20 和 800，设置如图 4.6 所示，效果如图 4.7 所示。

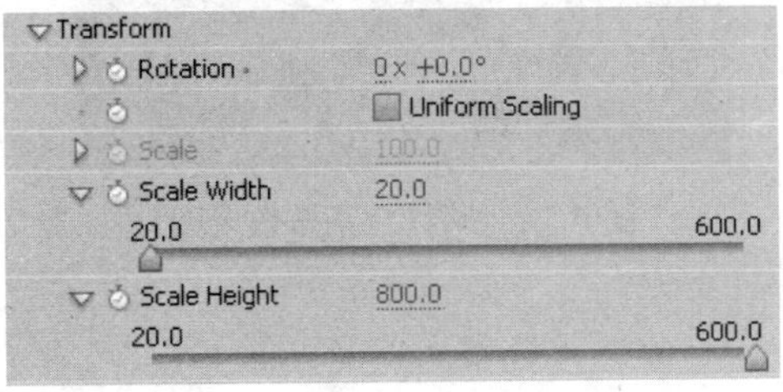

图 4.6　Fractal Noise 的 Transform 参数设置

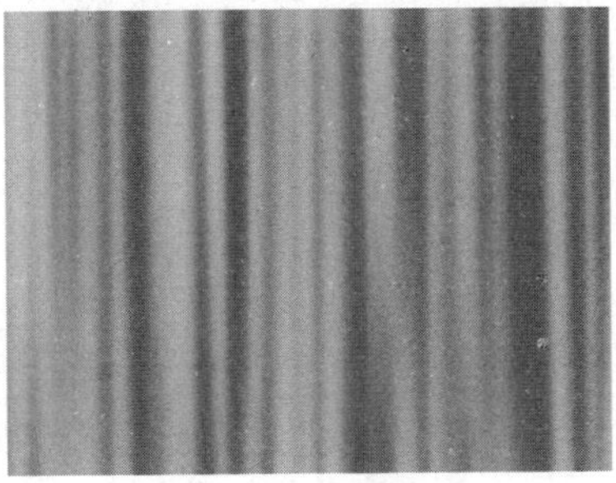

图 4.7　幕布初始造型效果图

5. 实现幕布被风吹过的动画效果

在第 0 帧处单击 Evolution 的动画记录秒表图标，然后将时间滑块移动到最后一帧处，将其相位变化数值改为 1080°，设置如图 4.8 所示。选择 Fractal Noise 特效，按 Ctrl+D 键对其进行复制，将复制出来的 Fractal Noise2 的 Transfer Mode(叠加模式)改为 Multiply，效果如图 4.9 所示。

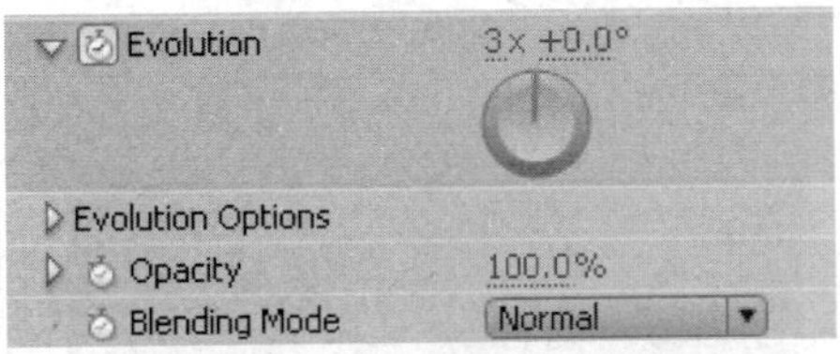

图 4.8　Fractal Noise 的 Evolution 参数设置

图 4.9　幕布微风拂过的效果图

4.1.2　为幕布注入色彩及调节对比度

选择本固态层，执行 Effect | Color Correction | CC Toner 命令，为幕布调色，将 Midtones(中间色调)改为暗红色，设置如图 4.10 所示。

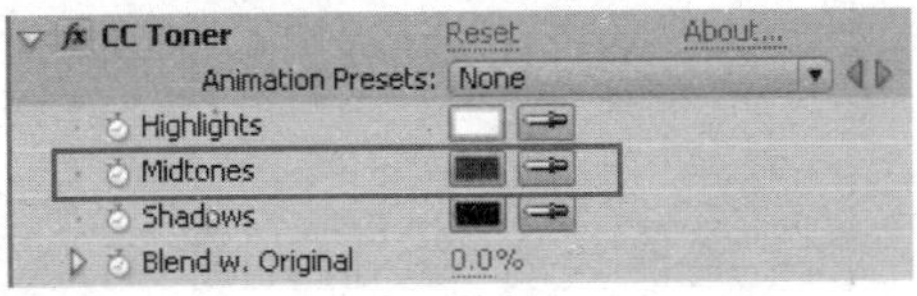

图 4.10　CC Toner 参数设置选择暗红色

这样幕布就变成了暗红色，还可以加入 Levels 特效来增加它的对比度。选择本固态层，执行 Effect | Color Correction | Levels 命令，Levels 特效的设置如图 4.11 所示，效果如图 4.12 所示。

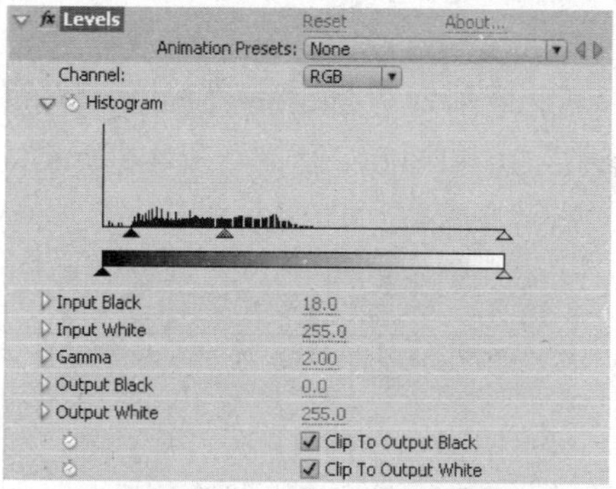

图 4.11　Levels 参数设置调节色彩对比度

图 4.12　暗红色幕布效果图

4.1.3　Mask(遮罩)羽化效果及插入字体

为了获得更有趣的效果，可再创建一个固态层，执行 Layer | New | Solid 命令，将其颜色设为黑色，放在 Fractal Noise 层的上面，使用 Ellipse Tool 工具为其绘制一个椭圆形的 Mask(遮罩)，选择 Subtract 方式将 Mask 反转，将 Mask Feather 值设置为 150，设置如图 4.13 所示，效果如图 4.14 所示。最后使用文字工具输入“Film”字样，完成本例的制作，如图 4.15 所示。

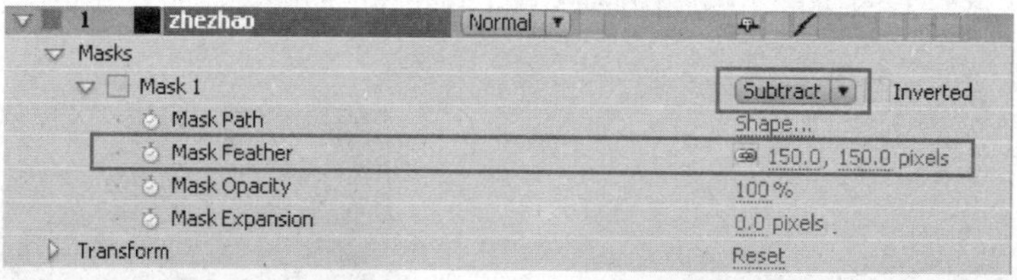

图 4.13　Mask 参数设置

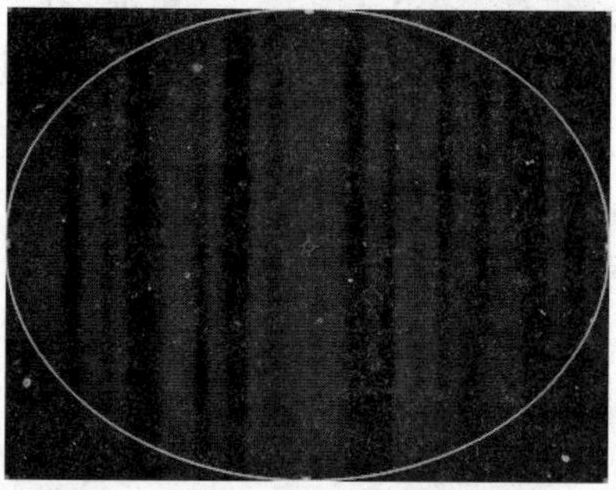

图 4.14　椭圆 Mask(遮罩)效果图

图 4.15　幕布加入字体后的最终效果图

4.2　综合案例——绚丽光影动态背景

本案例将演示 Fractal Noise(分形噪波)特效与其他特效相结合，创造出具有绚丽光影的动态背景。

本案例第一次引入了 Polar Coordinates(极坐标)特效，结合 Radial Blur(放射模糊)特效、

Colorama(彩色光影)特效和 Grid(网格)特效，制作出意想不到的放射状光影背景效果。本章再次使用了 Mask(遮罩)工具，可见其应用之广泛。最终效果如图 4.16 所示。

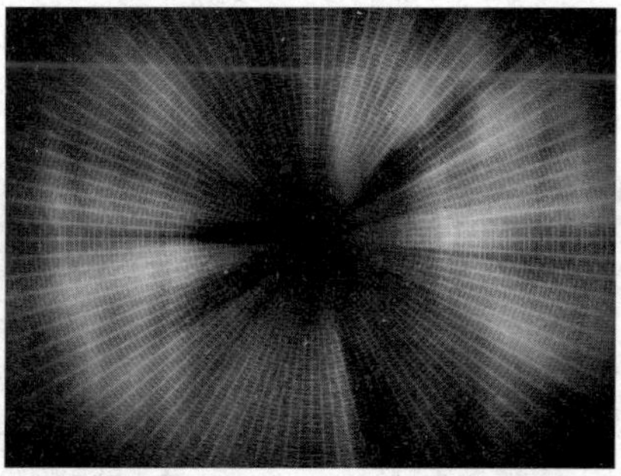

图 4.16　“绚丽光影动态背景”最终效果图

4.2.1　设置 Fractal Noise 参数

1. 创建合成项目及固态层

(1) 执行 Composition | New Composition 命令，新建一个合成项目，名称为 Lighting，PAL 制，时间为 10 秒，然后单击 OK 按钮。

(2) 执行 Layer| New | Solid 命令，创建一个固态层，命名为 Fractal Noise 1，将其颜色设置为黑色。

2. 设置 Fractal Noise 初始参数，获得“马赛克”效果

选择该层，执行 Effect | Noise & Grain | Fractal Noise 命令，为本素材加入 Fractal Noise(分形噪波)特效。

下面对 Fractal Noise 的参数进行设置。

(1) Fractal Type(各类分形算法方式)：Cloudy。

(2) Noise Type(噪波类型)：Block。

(3) Invert(反转)：勾选。

(4) Contrast(对比度)：100。

(5) Overflow(溢出处理方式)：Clip。

(6) Complexity(复杂度)：1.5。

其他设置如图 4.17 所示，这时图像效果已经从其默认的图形转变为图 4.18 所示的“马赛克”效果。

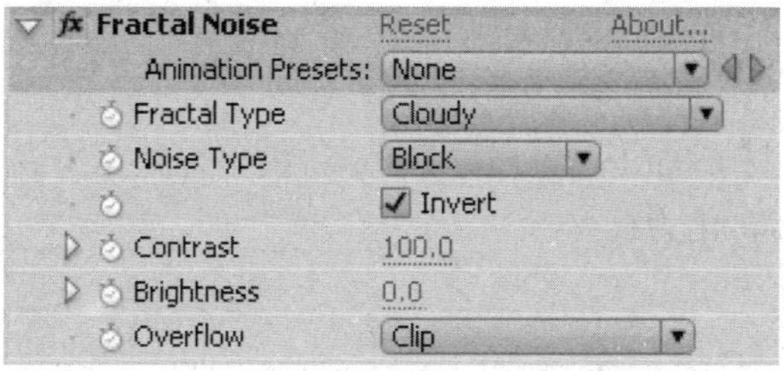

图 4.17　Fractal Noise 的初始设置

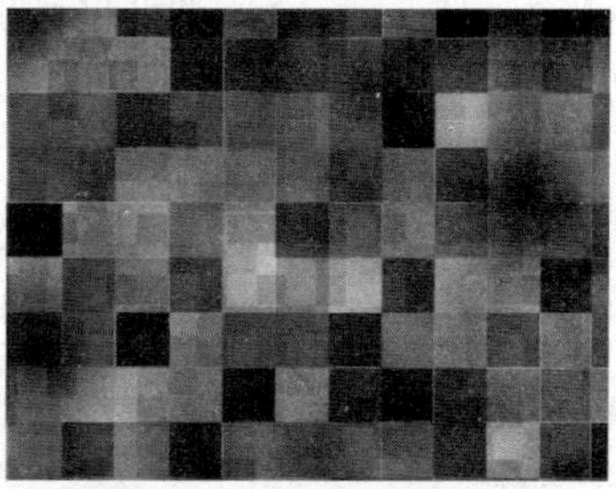

图 4.18　Fractal Noise 的“马赛克”效果图

3. 设置 Fractal Noise 的 Transform 参数，获得菱形斜纹效果

展开 Transform 属性，对其 Scale(缩放值)进行设置，取消勾选 Uniform Scaling 复选框，就取消了它的等比例缩放，将它的宽度和高度分别设成 75 和 485，将 Rotation 旋转设置为 30，Offset Turbulence 设置为 600.0，600.0，设置如图 4.19 所示，效果如图 4.20 所示。

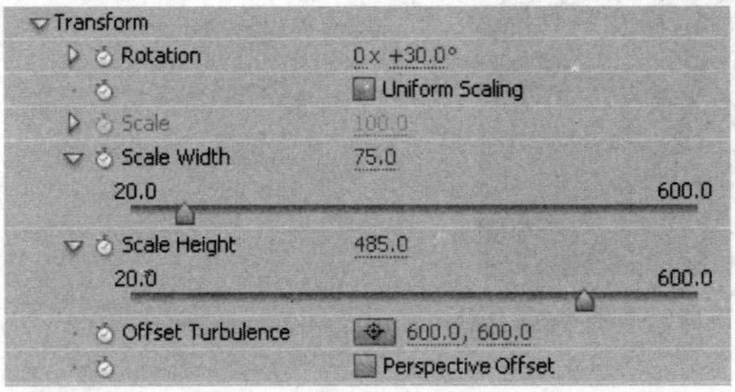

图 4.19　Fractal Noise 的 Transform 参数设置

图 4.20　Fractal Noise 的斜纹背景效果图

4. 设置 Fractal Noise 的 Evolution 参数，演示动画效果

为实现相位动画的效果，按住 Alt 键不放，在 Evolution 的动画记录秒表上右击，为本属性输入表达式“time*108”，如图 4.21 所示。按小键盘上的 0 键预演一下相位动画的效果。

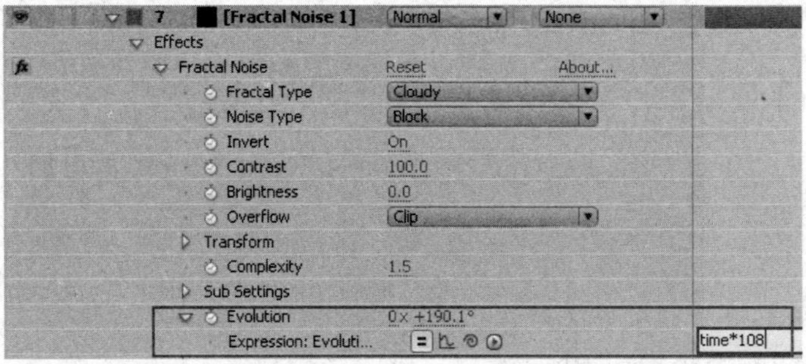

图 4.21　Fractal Noise 的 Evolution 参数设置

4.2.2　应用 Polar Coordinates(极坐标)特效实现放射效果

1. 了解 Polar Coordinates 特效

执行 Effect | Distort | Polar Coordinates 命令，继续为本固态层加入 Polar Coordinates 特效。

Polar Coordinates 称为“极坐标”，用来将图像的直角坐标转换为中心点极坐标，以产生扭曲及放射效果，其参数有以下两种。

(1) Interpolation：扭曲程度。

(2) Type of Conversion：转换类型。其中选择 Polar to Rect 选项表示将极坐标转化为直角坐标；选择 Rect to Polar 选项表示将直角坐标转化为极坐标。

2. Polar Coordinates 特效的参数设置

将 Interpolation(扭曲程度)设置为 100%，Type of Conversion(转换类型)设置为 Rect to Polar，将直角坐标转化为极坐标，设置如图 4.22 所示，效果如图 4.23 所示。

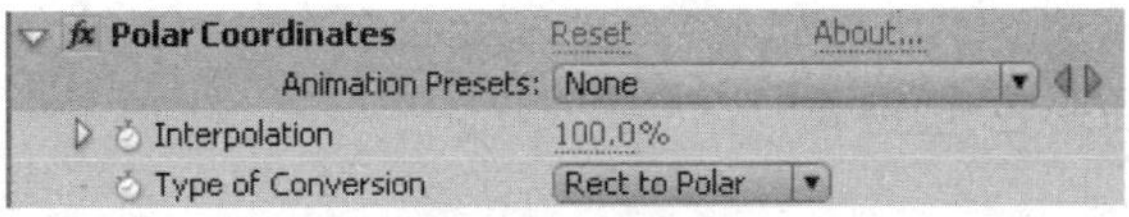

图 4.22 Polar Coordinates(极坐标)参数设置

图 4.23 Polar Coordinates(极坐标)特效应用效果图

4.2.3 应用 Radial Blur(放射模糊)特效

1. 了解 Radial Blur 特效

选择本固态层，执行 Effect | Blur & Sharpen | Radial Blur 命令，为本固态层加入 Radial Blur(放射模糊)特效。

Radial Blur 称为“放射模糊”，在指定的点产生环绕的模糊效果，越靠外模糊越强，这种效果在隔行显示的时候可能会闪烁。草稿质量时，只显示纹理。下面对其参数进行介绍。

(1) Amount：模糊程度。

(2) Center：中心位置。

(3) Type：模糊类型。选择 Spin(旋转)选项，模糊呈旋转状；选择 Zoom(变焦)选项，模糊呈放射状。

(4) Antialiasing (Best Quality)：用于设置反锯齿的作用。High 表示高质量；Low 表示低质量，这个选项只有在最高质量时才有效。

2. Radial Blur 特效的参数设置

将 Amount(模糊程度)设置为 100，Type(模糊类型)设置为 Zoom(变焦)，使图像模糊呈放射状，Antialiasing (Best Quality)设置为 High(高质量)，设置如图 4.24 所示，效果如图 4.25 所示。

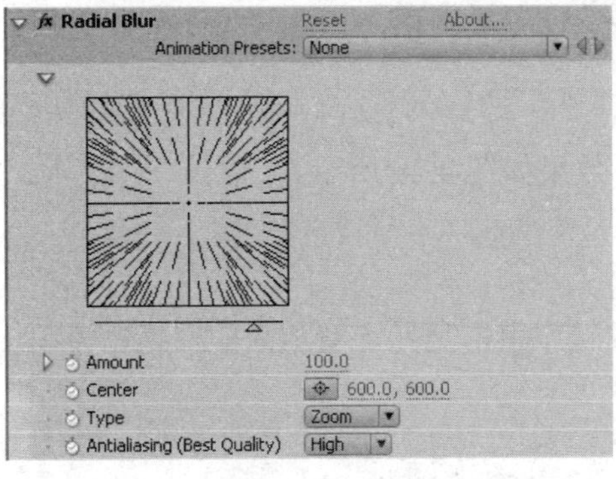

图 4.24 Radial Blur 特效的参数设置

图 4.25 Radial Blur 特效应用效果图

4.2.4 应用 Colorama(彩色光)特效

1. 了解 Colorama 特效

选择本固态层，执行 Effect | Color Correction | Colorama 命令，为本固态层调色。

Colorama 称为“彩色光”，是一个比较特别的特效，可以用来实现彩光、彩虹、霓虹灯等多种神奇的多彩效果。

2. Colorama 特效的参数设置

在 Colorama 的属性 Output Cycle 中只保留两个颜色的箭头，在箭头上双击，将颜色分别改为暗橙色与黑色即可，设置如图 4.26 所示，效果如图 4.27 所示。

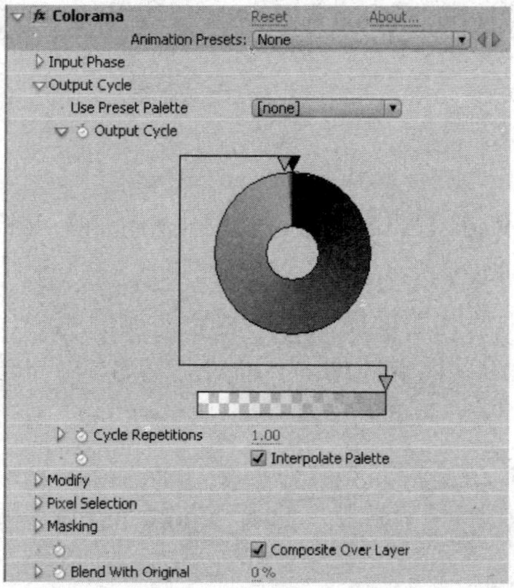

图 4.26 Colorama 特效的色彩选择设置

图 4.27 Colorama 特效的彩色效果图

4.2.5 应用 Grid(网格)特效

1. 了解 Grid 特效

执行 Layer | New | Solid 命令，创建一个固态层，命名为 Grid，将其颜色设置为黑色。选择本固态层，执行 Effect | Generate | Grid 命令，为本固态层加入 Grid 特效。

Grid 称为“网格”，作用是为本层生成一个任意设置的网格。

2. Grid 特效的参数设置

本例中 Grid 特效的参数设置如图 4.28 所示，效果如图 4.29 所示。

Grid 特效的主要参数解释如下。

(1) Size From：网格来源。

(2) Corner：角。Size From 为 Corner Point 时起作用，是界定宽和高的网格密度。

(3) Width：宽度。

(4) Height：高度。

(5) Border：边。是调节网格自身的宽度。

(6) Feather：羽化。

(7) Invert Grid：反向网格。

(8) Color：颜色。

(9) Opacity：不透明度。

(10) Transfer Mode：变换模式。

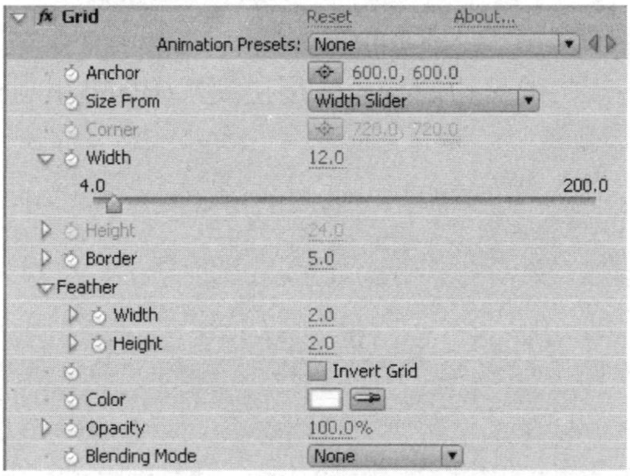

图 4.28　Grid(网格)特效的参数设置

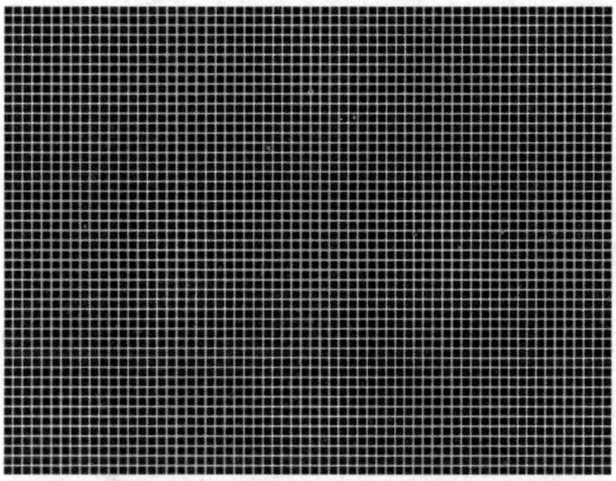

图 4.29　Grid(网格)特效的效果图

3. 为 Grid 固态层赋予一个中心极坐标

选择本固态层，执行 Effect | Distort | Polar Coordinates 命令，继续为本固态层加入 Polar Coordinates(极坐标)特效。然后将 Interpolation(扭曲程度)设置为 100%，Type of Conversion(转换类型)设置为 Rect to Polar，将直角坐标转化为极坐标，如图 4.30 所示。修改 Grid 层的混合叠加方式为 Soft Light，如图 4.31 所示，效果如图 4.32 所示。

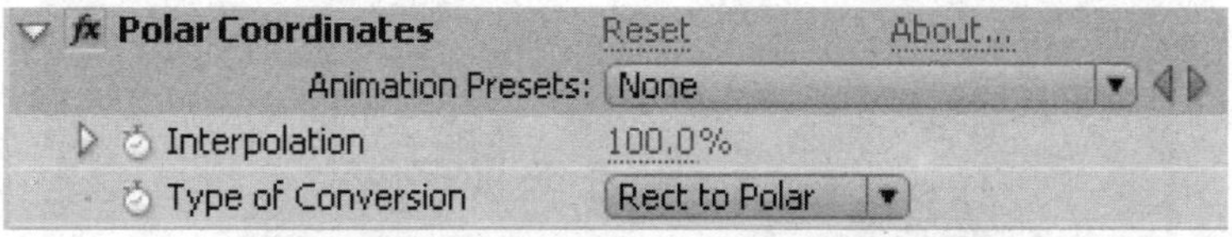

图 4.30　Polar Coordinates 极坐标设置

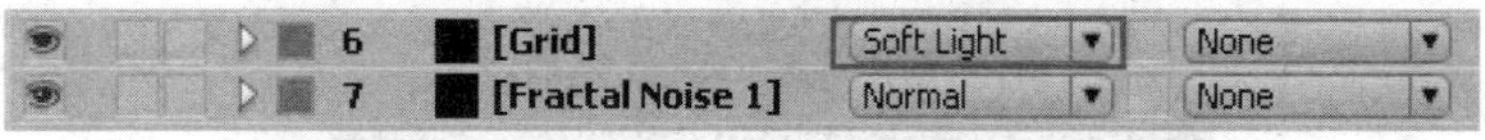

图 4.31　修改 Grid 层叠加方式的设置

图 4.32　网格与中心极坐标混合效果图

4.2.6 应用 Ramp(渐变)特效

1. 了解 Ramp 特效

新建一个合成项目，名称为 Ramp，PAL 制，时间为 10 秒，然后单击 OK 按钮。执行 Layer | New | Solid 命令，创建一个固态层，命名为 Ramp，将其颜色设置为黑色。选择本固态层，执行 Effect | Generate | Ramp 命令，为本固态层加入 Ramp 特效。

Ramp 称为“渐变”，用来创建彩色渐变，使产生的黑白渐变为应用层模式(Blend Mode)和原图像混合。

2. Ramp 特效的参数设置

Ramp 特效的主要参数解释如下。

(1) Start of Ramp：渐变起点。

(2) Start Color：起点颜色。

(3) End of Ramp：渐变终点。

(4) End Color：终点颜色。

(5) Ramp Scatter：渐变扩散。

(6) Blend With Original：与原图像混合。

本例中 Ramp 参数的设置如图 4.33 所示，效果如图 4.34 所示。将 Ramp 合成项目从 Project 窗口拖到 Lighting 合成项目中以备用。

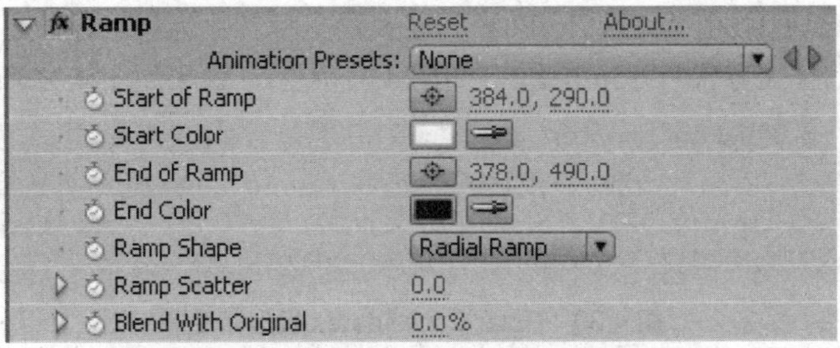

图 4.33 Ramp 渐变参数设置

图 4.34 Ramp 渐变应用效果图

4.2.7 应用 Compound Blur(混合模糊)特效

1. 了解 Compound Blur 特效

选择 Grid 层，执行 Effect | Blur & Sharpen | Compound Blur 命令，为本固态层加入 Compound Blur 特效。

Compound Blur 称为“混合模糊”，可以依据某一层画面的亮度值对该层进行模糊处理，或者为此设置模糊映射层，也就是用一个层的亮度变化去控制另一个层的模糊。层的亮度越高，模糊越大；亮度越低，模糊越小。 当然，也可以反过来进行设置。

Compound Blur 可以用来模拟大气、烟雾和火光，特别是映射层为动画时，效果更生动；也可以用来模拟污点和指印，还可以与其他特效结合使用，特别是与 Displacement(置换贴图)特效组合时效果更加显著。

2. Compound Blur 特效的参数设置

Compound Blur 特效的主要参数解释如下。

(1) Blur Layer 用来指定当前合成中的哪一层为模糊映射层，也可以选择本层。

(2) Maximum Blur：最大模糊，以像素为单位。

(3) Stretch Map to Fit：如果模糊映射层和本层尺寸不同，伸缩映射层。

(4) Invert Blur：反向模糊。

本例将 Blur Layer(模糊映射层)指定为前面刚做好的 Ramp 层，将 Ramp 层的可见性关闭，只需要它的亮度信息。将 Maximum Blur(最大模糊)设置为 2，设置如图 4.35 所示，效果如图 4.36 所示。

图 4.35 Compound Blur 特效参数设置

图 4.36 Compound Blur 特效应用效果图

4.2.8 应用 Mask(遮罩)

执行 Layer | New | Solid 命令，创建一个固态层，命名为 center，将其颜色设置为黑色。选择本层，在中心绘制一个圆形 Mask，将其羽化值设置为 100，设置如图 4.37 所示，效果如图 4.38 所示。

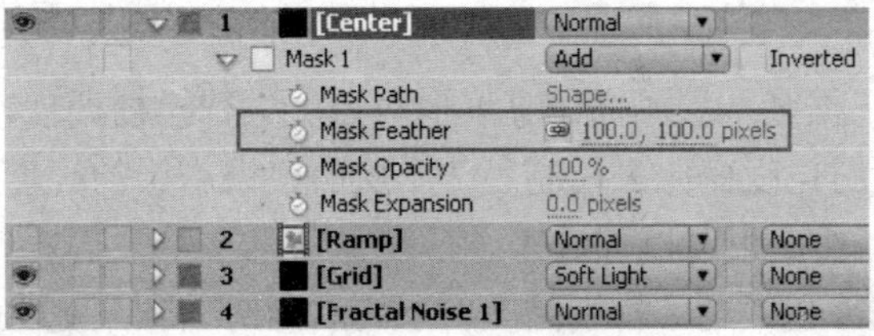

图 4.37 Mask(遮罩)羽化设置

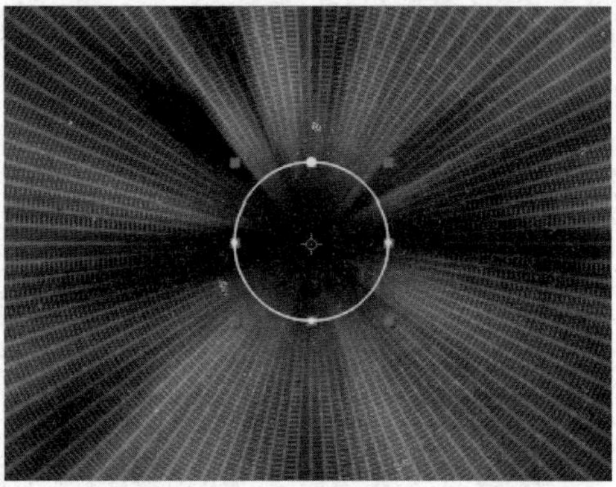

图 4.38 Mask(遮罩)羽化效果图

4.2.9 增加 Fractal Noise 层实现画面动态效果

执行 Layer | New | Solid 命令，创建一个固态层，命名为 Fractal Noise 2，将其颜色设置为黑色。选择该层，执行 Effect | Noise & Grain | Fractal Noise 命令，为本素材加入 Fractal Noise(分形噪波)特效。

下面对 Fractal Noise 的参数进行设置。

(1) Fractal Type(各类分形算法方式)：Cloudy。

(2) Noise Type(噪波类型)：Linear。

(3) Invert(反转)：勾选。

(4) Contrast(对比度)：100。

(5) Overflow(溢出处理方式)：Clip。

(6) Complexity(复杂度)：1.5。

其他设置如图 4.39 所示，这时图像效果已经从默认的初始形象变为图 4.40 所示的效果。

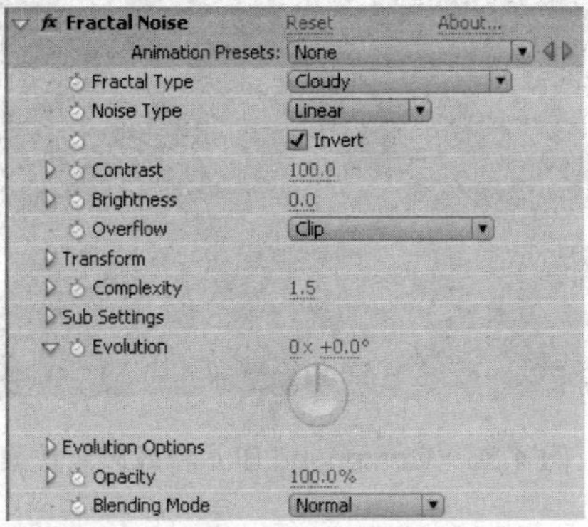

图 4.39 Fractal Noise 参数设置

图 4.40 Fractal Noise 应用效果图

下面来设置分形噪波的动态效果，按住 Alt 键不放，右击 Evolution 前面的动画记录秒表，显示出 Evolution 的表达式编辑器，输入“time*108”，使用表达式控制其相位变化数值，设置如图 4.41 所示。

将本层的混合叠加模式改为 Overlay，效果如图 4.42 所示。

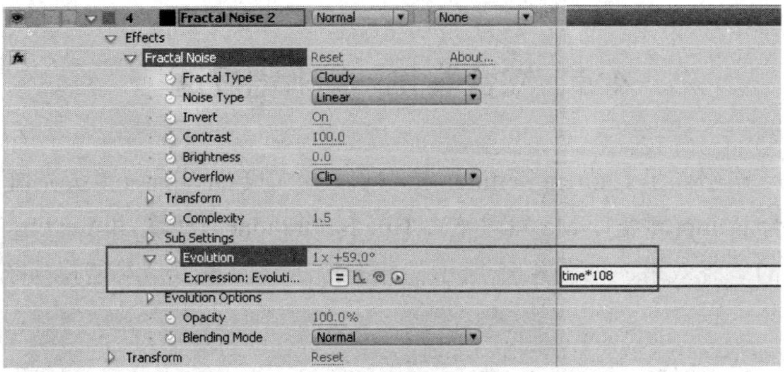

图 4.41　为 Evolution 添加表达式

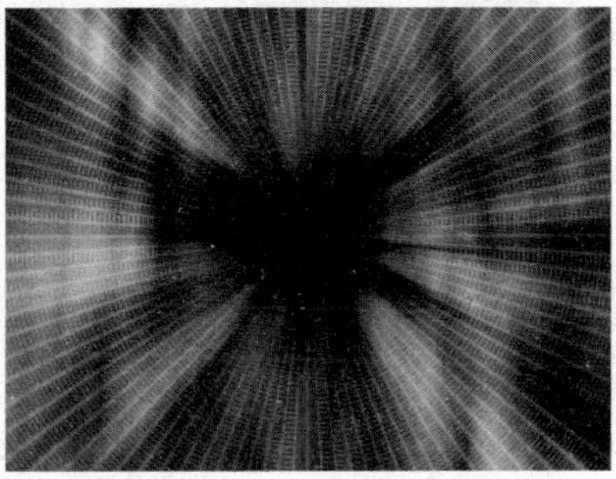

图 4.42　多层叠加后的效果图

4.2.10　再次使用 Mask(遮罩)羽化

为了获得更有纵深感的效果，可创建一个黑色固态层，放在 Fractal Noise2 层的上面。使用 Ellipse Tool 工具为其绘制一个椭圆形的 Mask(遮罩)，选择 Subtract 方式将 Mask 反转，将 Mask 的羽化值设置为 140，设置如图 4.43 所示，效果如图 4.44 所示。

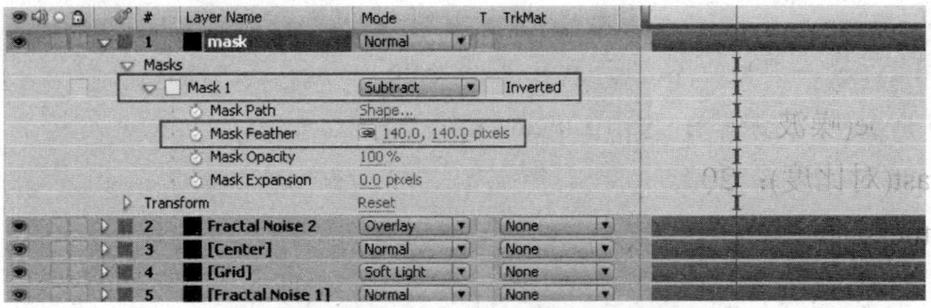

图 4.43　Mask(遮罩)羽化设置

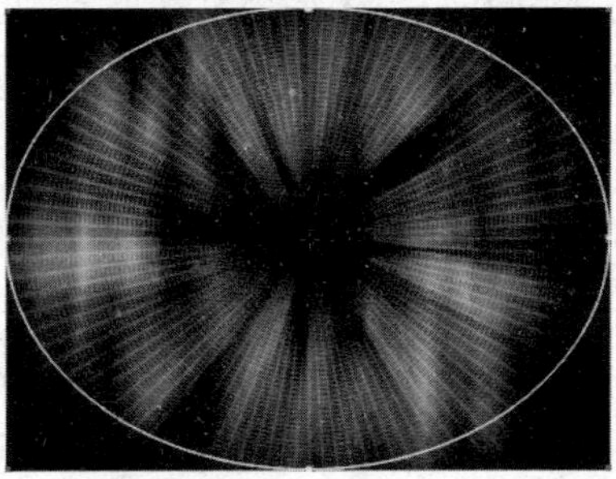

图 4.44　“绚丽光影动态背景”最终效果图

4.3 综合案例——晴空万里

本案例第一次引入了 Camera Settings(摄像机设置)、Lens Flare(镜头光斑)、Shine(扫光)等特效，另结合 Ramp(渐变)、Mask(遮罩)、Hue/Saturation(饱和度)和 Levels(色彩处理)等营造了晴空万里的最终效果，如图 4.45 所示。此案例的学习重点是其透视与眩光的处理。

图 4.45 “晴空万里”最终动画效果图

4.3.1 设置 Fractal Noise 参数

执行 Composition | New Composition 命令，新建一个合成项目，名称为 sky，NTSC 制，大小为 640×480，时间为 3 秒，然后单击 OK 按钮。执行 Layer | New | Solid 命令，创建一个固态层，命名为 Fractal Noise ，将其颜色设置为黑色。选择该层，执行 Effect | Noise & Grain | Fractal Noise 命令，为本素材加入 Fractal Noise(分形噪波)特效，设置 Fractal Noise 参数如下。

(1) Fractal Type(各类分形算法方式)：Subscale。

(2) Noise Type(噪波类型)：Soft Linear。

(3) Contrast(对比度)：200。

(4) Brightness(明亮度)：0。

(5) Overflow(溢出处理方式)：Clip。

(6) Complexity(复杂度)：10。

(7) 展开 Transform 属性，对其 Scale(缩放值)进行设置，取消勾选 Uniform Scaling 复选框，就取消了它的等比例缩放，将它的宽度和高度分别设成 200 和 100，设置如图 4.46 所示，默认的图像转变为图 4.47 所示。

(8) 进行 Evolution 参数设置，制作云层飘移的动态时空效果。在第 0 帧处单击 Evolution 的动画记录秒表图标，然后将时间滑块移动到最后一帧处，将其相位变化数值改为 180°。在第 0 帧处单击 Sub Settings 选项下 Sub Offset 的动画记录秒表图标，然后将时间滑块移动到最后一帧处，将其相位变化数值改为 400°，设置如图 4.48 所示。

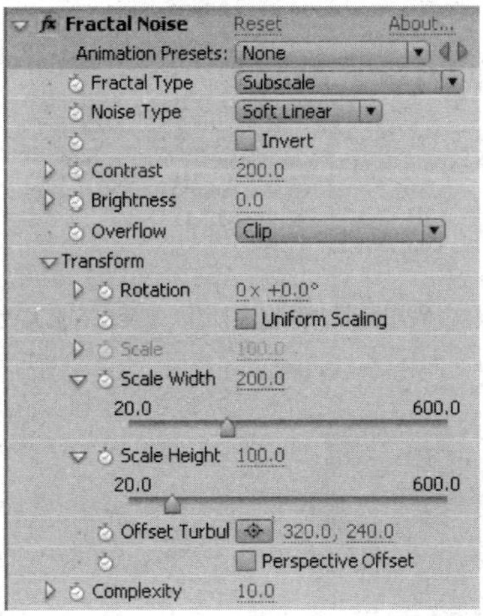

图 4.46　Fractal Noise 参数设置

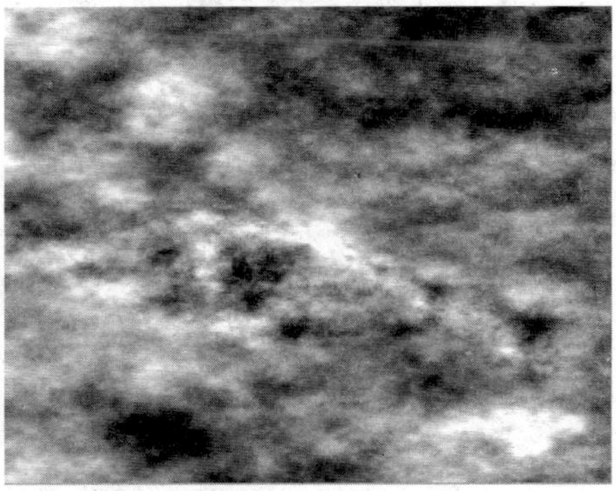

图 4.47　Fractal Noise 应用效果图

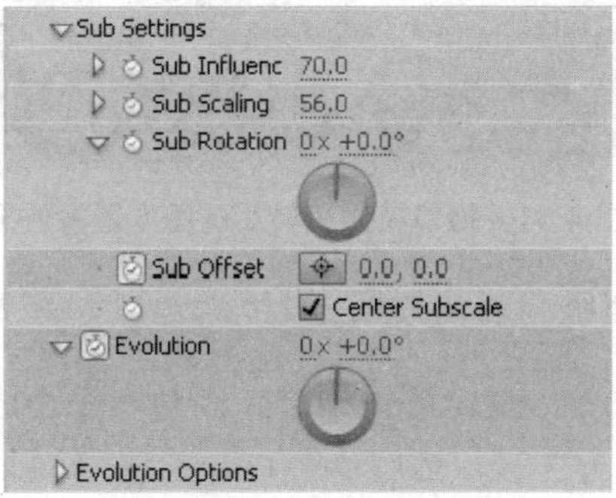

图 4.48　Evolution 参数设置

按小键盘上的 0 键预演一下，看相位动画的效果是否满意。

4.3.2　通过建立摄像机层获得图像透视效果

执行 Layer | New | Camera Settings 命令，创建摄像机层，弹出摄像机设置对话框，将 Preset 设置为 15mm，单击 OK 按钮，即在时间线窗口创建了一个摄像机层，设置如图 4.49 所示。

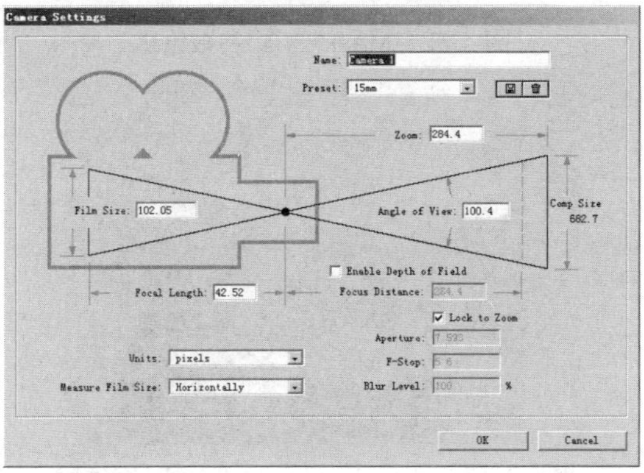

图 4.49　Camera Settings(摄像机)参数设置

将 Fractal Noise 层的 3D 属性打开，如图 4.50 所示。

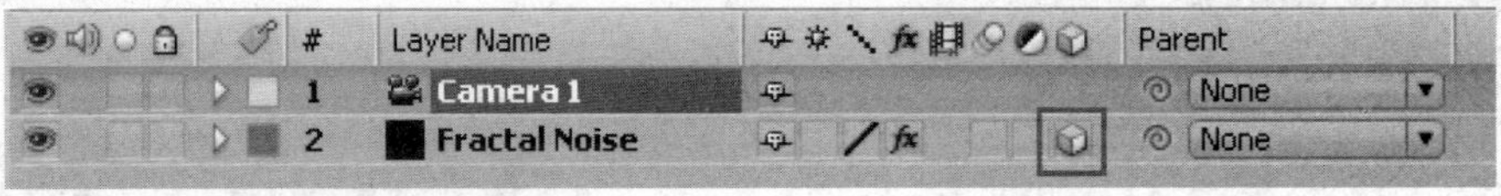

图 4.50　打开 Fractal Noise 的 3D 属性

选择摄像机层，使用 Rotation Tool 工具在合成预览视窗中旋转画面，使云层产生透视的效果，如图 4.51 所示。

图 4.51　摄像机层旋转后的图像透视效果

4.3.3　应用 Mask(遮罩)获得纵向羽化效果

执行 Composition | New Composition 命令，新建一个合成项目，名称为 sky2，NTSC 制，大小为 640×480，时间为 3 秒，然后单击 OK 按钮。将 sky 合成项目从 Project 窗口拖入 sky2 合成项目的时间线窗口，选择该层，使用矩形工具为该层绘制一个矩形的 Mask(遮罩)。打断其羽化参数在横向和纵向的链接，将纵向羽化参数设为 238，设置如图 4.52 所示，效果如图 4.53 所示。

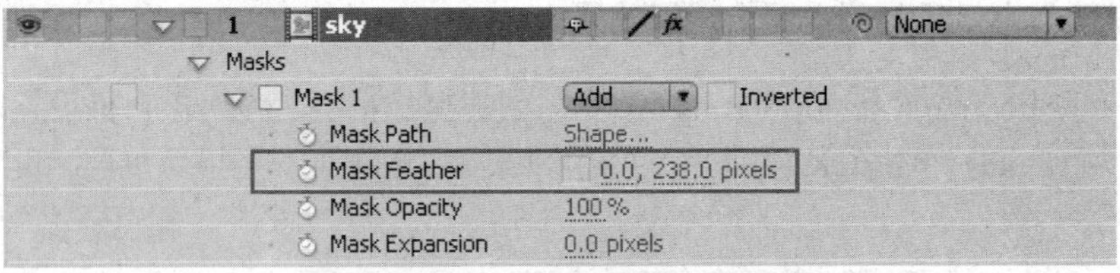

图 4.52　Mask(遮罩)参数设置

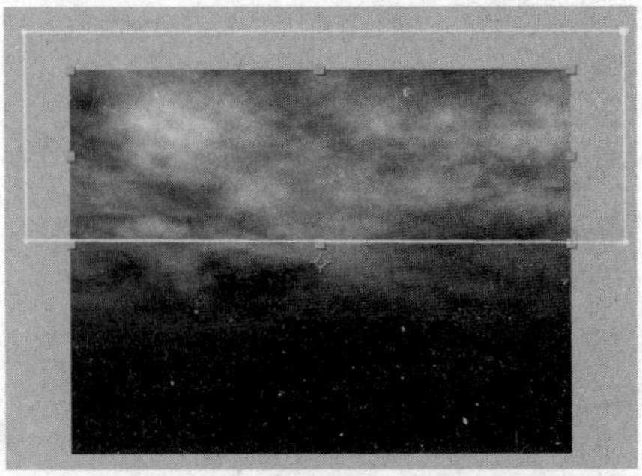

图 4.53　Mask(遮罩)纵向羽化效果图

4.3.4 应用 CC Toner 特效及 Levels 特效为天空注入颜色

1. 应用 CC Toner(调色)特效

选择该层，执行 Effect | Color Correction | CC Toner 命令，为该层加入 CC Toner(调色)特效，将其高光、中间色调、阴影的颜色分别设置为白色、天蓝色与深蓝色，设置如图 4.54 所示，效果如图 4.55 所示。

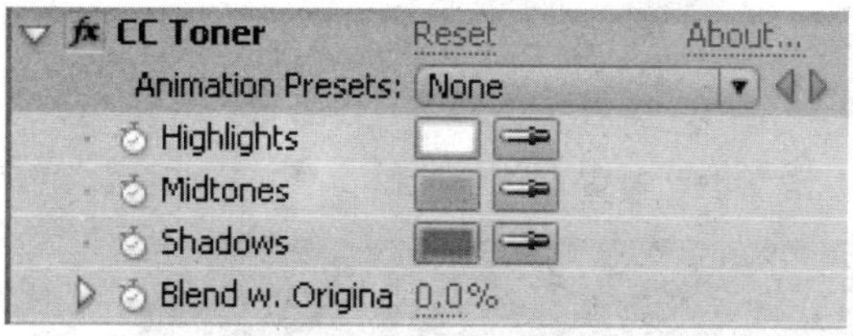

图 4.54　CC Toner(调色)参数设置

图 4.55　CC Toner(调色)效果图

2. 应用 Levels 特效调节亮度对比度

执行 Composition | New Composition 命令，新建一个合成项目，名称为 sky3，NTSC 制，大小为 640×480，时间为 3 秒，然后单击 OK 按钮。将 sky2 合成项目从 Project 窗口拖入 sky3 合成项目的时间线窗口，选择该层，执行 Effect | Color Correction | Levels 命令，为该层加入 Levels 特效，Levels 特效的设置如图 4.56 所示，效果如图 4.57 所示。

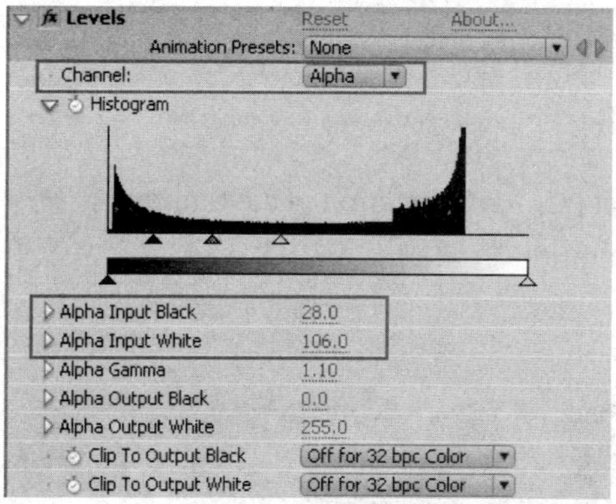

图 4.56　Levels 参数设置

图 4.57　Levels 调节亮度对比度效果图

通过 Levels 特效加大了图像的明暗对比度。

4.3.5 应用 Shine(扫光)特效

选择该层，执行 Effect | Trapcode | Shine 命令，为该层加入 Shine(扫光)特效，Shine 特效的设置如图 4.58 所示。

接下来设置动态的扫光效果，在第 0 帧处，拖动 Source Point 到视图左边的位置，单击 Source Point 的动画记录秒表图标，在最后一帧处，拖动 Source Point 到视图右边的位置，这样就产生了从左到右的扫光效果，如图 4.59 所示。

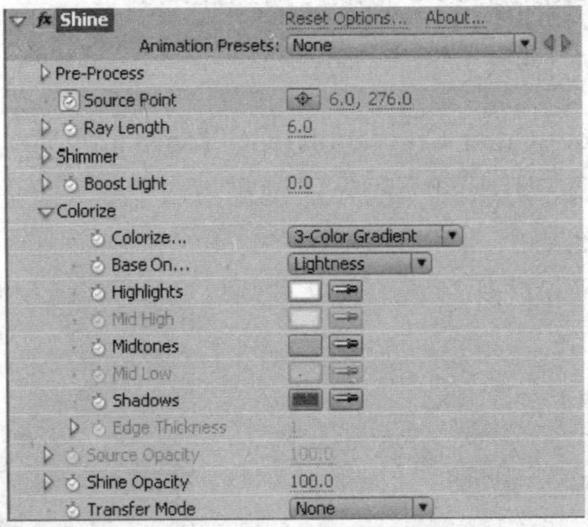

图 4.58　Shine(扫光)特效参数设置

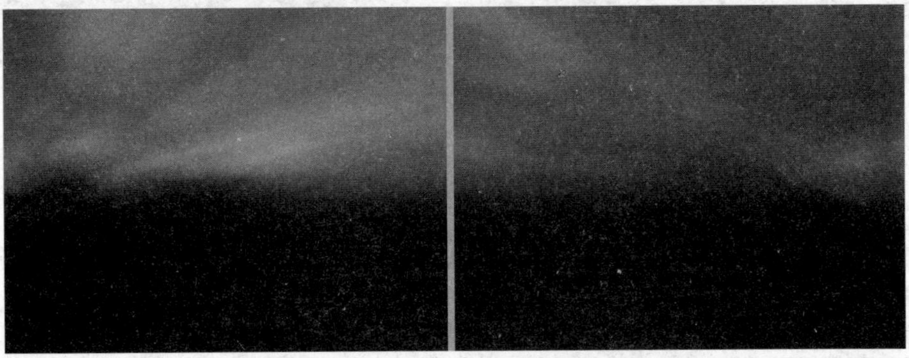

图 4.59　Shine(扫光)特效动画效果图

4.3.6　应用 Hue/Saturation 特效调节色彩饱和度

如果对当前的颜色不满意，也可以执行 Effect | Color Correction | Hue/Saturation 命令，为该层加入 Hue/Saturation(饱和度)特效，Hue/Saturation 特效的设置如图 4.60 所示，效果如图 4.61 所示。

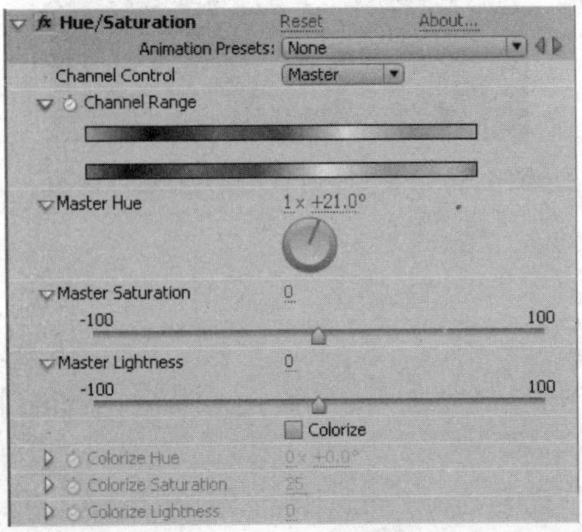

图 4.60　Hue/Saturation(饱和度)特效参数设置

图 4.61　Hue/Saturation 调色后的效果图

4.3.7 建立 Lens Flare 镜头眩光层结合 Ramp 渐变特效

(1) 执行 Composition | New Composition 命令，新建一个合成项目，名称为 Lens Flare，NTSC 制，大小为 640×480，时间为 3 秒，然后单击 OK 按钮。

(2) 执行 Layer | New | Solid 命令，创建一个固态层，命名为 Lens Flare ，将其颜色设置为黑色。选择该层，执行 Effect | Generate | Ramp 命令，为该层加入 Ramp(渐变)特效，Ramp 特效的设置如图 4.62 所示，效果如图 4.63 所示。

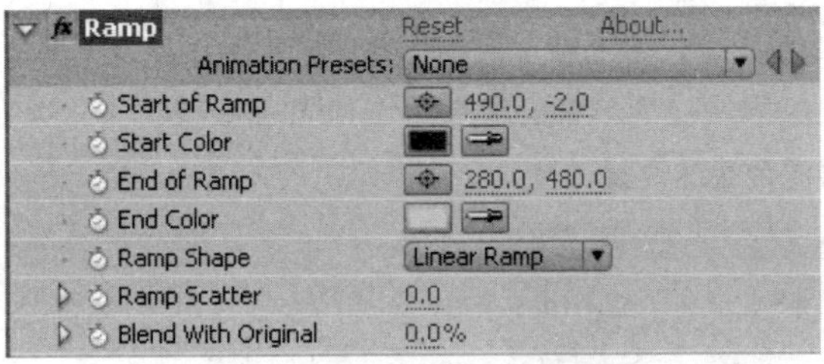

图 4.62 Ramp(渐变)特效参数设置

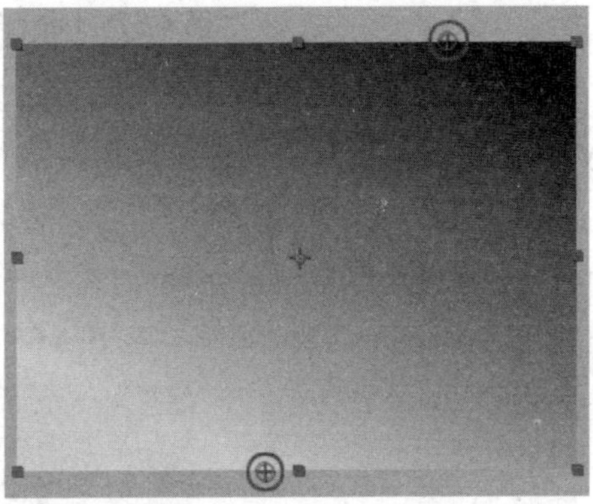

图 4.63 Ramp(渐变)效果图

(3) 选择该层，执行 Effect | Generate | Lens Flare 命令，为该层加入 Lens Flare(镜头光斑)特效，Lens Flare 特效的设置如图 4.64 所示，效果如图 4.65 所示。

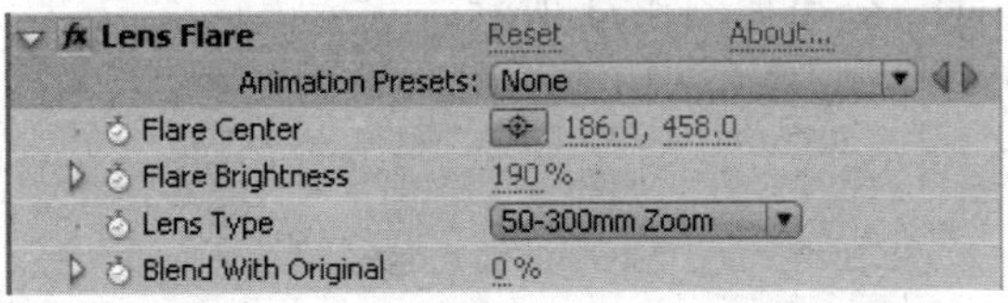

图 4.64 Lens Flare(镜头光斑)特效参数设置

图 4.65 Lens Flare(镜头光斑)效果图

(4) 执行 Composition | New Composition 命令，新建一个合成项目，名称为 Comp 1，NTSC 制，大小为 640×480，时间为 3 秒，然后单击 OK 按钮。

(5) 将 Lens Flare 和 sky3 合成项目从 Project 窗口拖入 Comp 1 合成项目的时间线窗口，将 sky3 放在 Lens flare 层的上层，将其混合叠加模式改为 Add，设置如图 4.66 所示，效果如图 4.67 所示。

图 4.66 Lens Flare 与 sky3 叠加层设置

图 4.67　Lens Flare 与 sky3 叠加层效果图

(6) 将 sky2 合成项目从 Project 窗口拖入 Comp 1 合成项目的时间线窗口，将 sky2 放在 sky3 层的上层，将其混合叠加模式改为 Multiply，设置如图 4.68 所示，效果如图 4.69 所示。

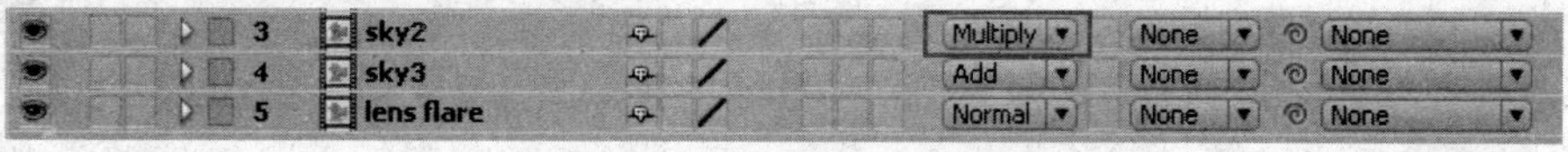

图 4.68　3 层混合叠加设置

图 4.69　3 层混合叠加后的效果图

(7) 选择 sky2 层，按 Ctrl+D 键两次，将其复制两层，改变复制出的两层混合叠加模式分别为 Screen 与 Soft Light，设置如图 4.70 所示，效果如图 4.71 所示。

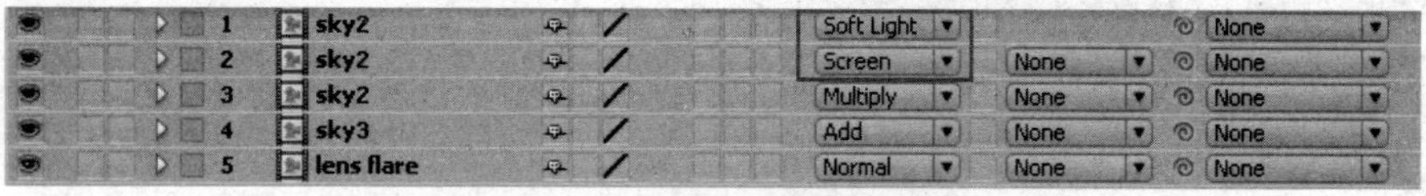

图 4.70　多层混合叠加设置

图 4.71　“晴空万里”最终效果图

可以尝试不同的混合叠加模式，以达到自己所需要的效果。按小键盘上的 0 键进行预演，欣赏晴空万里的时光变化效果。

4.4 综合案例——电闪雷鸣的雨夜

本案例结合多种特效的应用，实现以村庄为背景的阴云密布、电闪雷鸣的夜晚效果，灰黄的色调如同上演了一部老电影。此案例的学习重点是闪电、雨和光的特效处理。

本案例第一次引入了 CC Power Pin(透视)、CC Rain(下雨)和 Advanced Lightning(高级闪电)，并结合了前面所讲到的其他特效，经过多层叠加营造出“电闪雷鸣的雨夜”，动画效果如图 4.72 所示。首先准备一张普通的村庄的照片，以备后用，如图 4.73 所示。

图 4.72 “电闪雷鸣的雨夜”动画效果

图 4.73 村庄素材

4.4.1 创建乌云密布的天空

执行 Composition | New Composition 命令，新建一个合成项目，名称为 Clouds，NTSC 制，大小为 640×480，时间为 3 秒，然后单击 OK 按钮。

执行 Layer | New | Solid 命令，创建一个固态层，命名为 Fractal Noise ，将其颜色设置为黑色。选择该层，执行 Effect | Noise & Grain | Fractal Noise 命令，为本素材加入 Fractal Noise(分形噪波)特效。下面对 Fractal Noise 的参数进行设置。

(1) Fractal Type(各类分形算法方式)：Dynamic。

(2) Noise Type(噪波类型)：Soft Linear。

(3) Contrast(对比度)：200。

(4) Brightness(明亮度)：-25。

(5) Overflow(溢出处理方式)：Clip。

(6) Complexity(复杂度)：6。

(7) 展开 Transform 属性，将 Scale(缩放值)设置为 100，设置如图 4.74 所示，图像效果已经从默认的形象变为图 4.75 所示的效果。

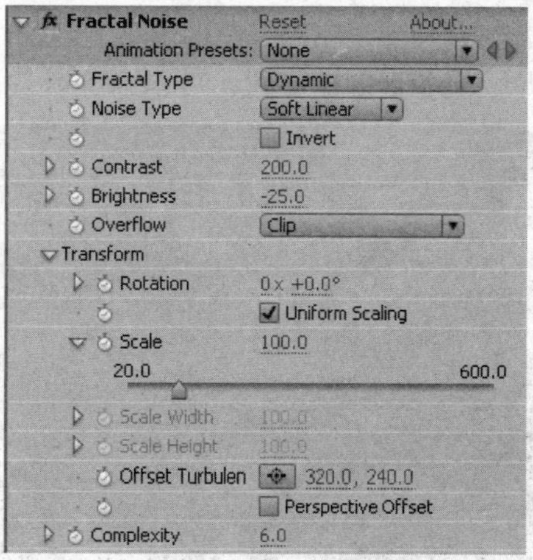

图 4.74　Fractal Noise 参数设置

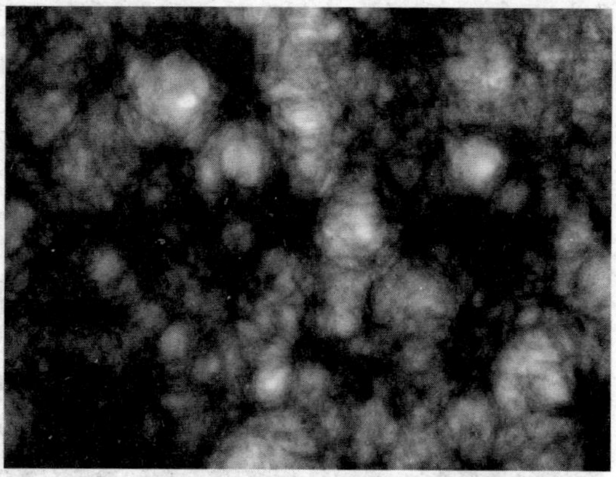

图 4.75　Fractal Noise 特效图

(8) 应用 Evolution 特效实现乌云滚滚的动态时空效果。在第 0 帧处单击 Evolution 的动画记录秒表图标，然后将时间滑块移动到最后一帧处，将其相位变化数值改为 360° 。在第 0 帧处单击 Sub Settings 下 Sub Offset 的动画记录秒表图标，然后将时间滑块移动到最后一帧处，将其相位变化数值改为 360° ，设置如图 4.76 所示。

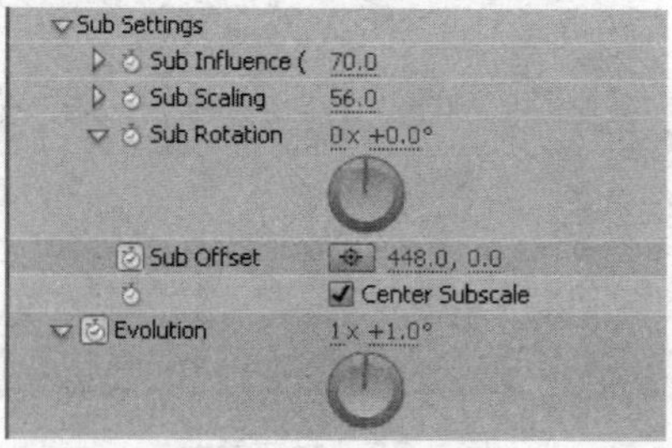

图 4.76　Sub Settings 和 Evolution 的参数设置

按小键盘上的 0 键预演一下，看相位动画的效果是否满意。

4.4.2　应用 CC Power Pin 特效获得透视效果

若要达到透视效果，可以同上例一样创建一个摄像机层，执行 Layer | New | Camera Settings 命令，创建一个摄像机层，弹出摄像机设置对话框，将 Preset 设置为 15mm，单击 OK 按钮，在时间线窗口创建一个摄像机层。然后将 Fractal Noise 层的 3D 属性打开，选择

摄像机层，使用 Rotation Tool 工具在合成预览视窗中旋转画面，使云层产生透视的效果。

本例将使用不同于上例的另一种方式让云层产生透视效果，即使用 Corner Pin 或者 CC Power Pin 特效。选择该层，执行 Effect | Distort | CC Power Pin 命令，拖动它的 4 个点就可以产生透视变形效果，设置如图 4.77 所示，效果如图 4.78 所示。

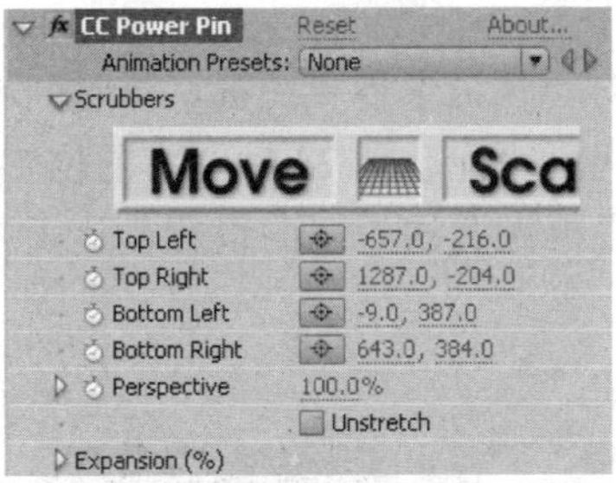

图 4.77　CC Power Pin 参数设置

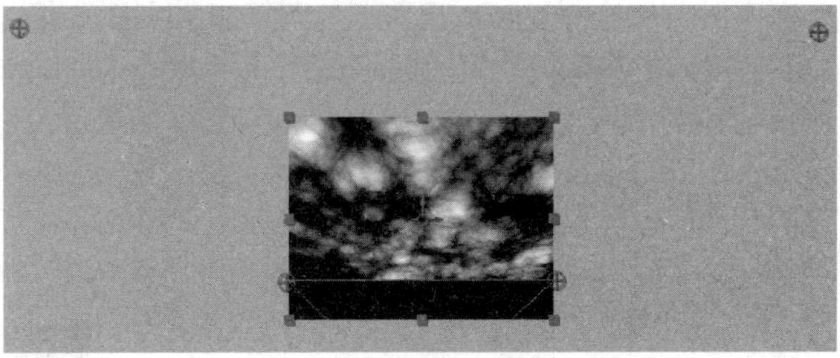

图 4.78　CC Power Pin 透视效果图

4.4.3　应用 CC Toner 色彩特效及 Levels 特效调节图像的色彩及明暗度

1. 应用 CC Toner 色彩特效

选择该层，执行 Effect | Color Correction | CC Toner 命令，为该层加入 CC Toner 色彩特效，将其高光、中间色调、阴影的颜色分别设置为白色、暖灰色与黑色，设置如图 4.79 所示，效果如图 4.80 所示。

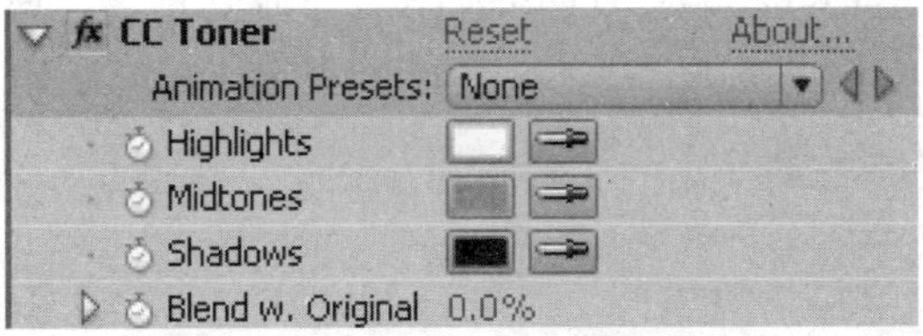

图 4.79　CC Toner 调色参数设置

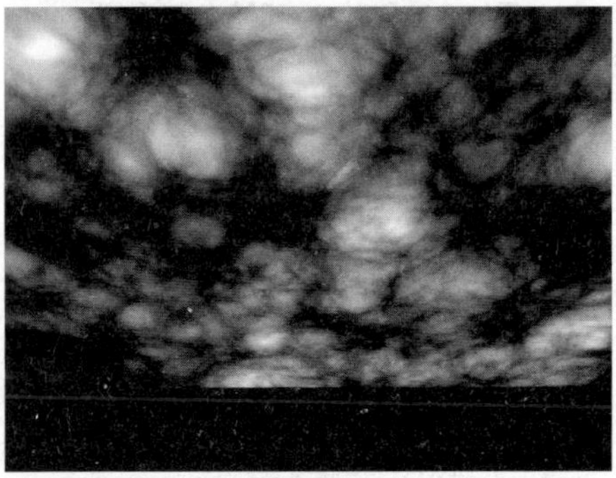

图 4.80　CC Toner 调色后的效果图

2. 应用 Levels 特效

通过 Levels 特效可制作乌云因受闪电的影响而产生的亮度变化。选择该层，执行 Effect | Color Correction | Levels 命令，为该层加入 Levels 特效。

Levels 特效用于将输入的颜色范围重新映射到输出的颜色范围。Levels 主要用于基本的影像质量调整，下面对 Levels 的主要参数进行解释。

(1) Channel：用于选择要进行调控的通道，可以选择 RGB(彩色)通道、Red(红色)通道、Green(绿色)通道、Blue(蓝色)通道和 Alpha 通道分别进行调控。

(2) Histogram：谱线图方式显示像素值在图像中的分布，水平方向表示亮度值，垂直方向表示该亮度值的像素数量。

(3) Input Black：输入黑色，用于限定输入图像黑色值的阈值。

(4) Input White：输入白色，用于限定输入图像白色值的阈值。

(5) Gamma：用于设置 Gamma 值，调整输入/输出对比度。

(6) Output Black：输出黑色，用于限定输出图像黑色值的阈值。

(7) Output White：输出白色，用于限定输出图像白色值的阈值。

本例只是利用 Levels 特效调节图像的明暗对比度。

将时间滑块拖动到 10 帧左右的位置，单击 Histogram 的动画记录秒表图标，将时间滑块拖动到 17 帧左右的位置，减少 Input White 的数值，将时间滑块拖动到 24 帧左右的位置，将 Input White 的数值恢复到原始数值 255。在不同的时间段再做两次相似的设置，让闪电多闪几次，设置如图 4.81 所示，效果如图 4.82 所示。

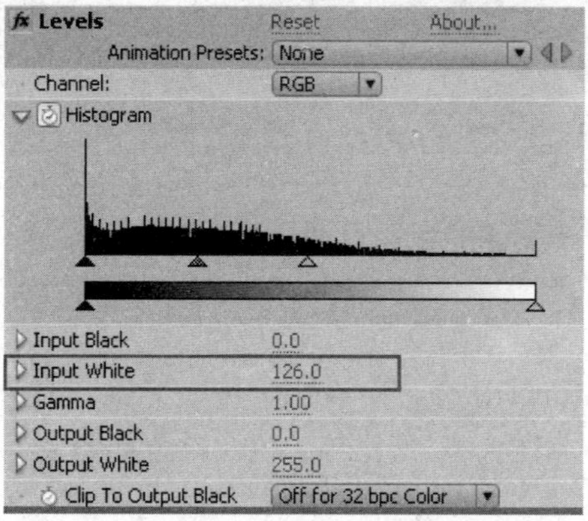

图 4.81 Levels 明暗参数设置

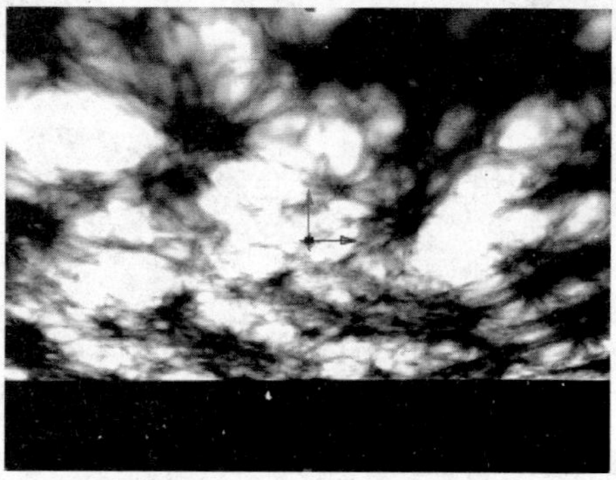

图 4.82 Levels 明暗特效图

4.4.4 应用 Mask(遮罩)获得纵向羽化效果

(1) 使用矩形工具为该层绘制一个矩形的 Mask(遮罩)。打断其羽化参数在横向和纵向的链接，将纵向羽化参数设置为 179，设置如图 4.83 所示，效果如图 4.84 所示。

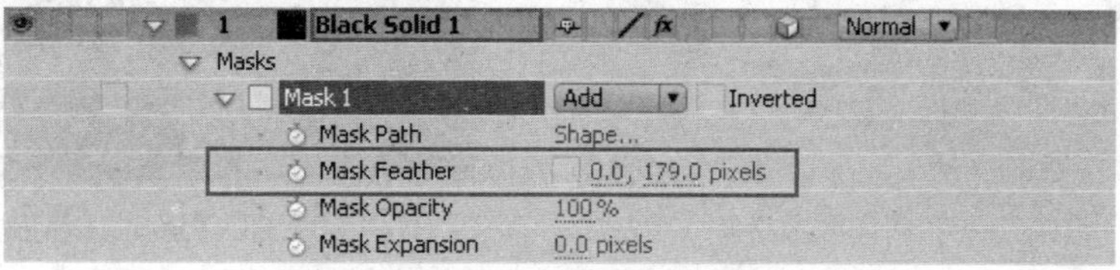

图 4.83 Mask(遮罩)羽化参数设置

图 4.84 Mask(遮罩)纵向羽化效果图

(2) 执行 Composition | New Composition 命令，新建一个合成项目，名称为 Rain，NTSC 制，大小为 640×480，时间为 3 秒，然后单击 OK 按钮。

(3) 在 Project 项目窗口中双击，导入前面准备的如图 4.73 所示的命名为“村庄”的 JPG 格式的图像文件。并将它从 Project 窗口拖入 Rain 合成项目的时间线窗口，选择该层，使用钢笔工具为该层绘制一个 Mask(遮罩)。打断其羽化参数在横向和纵向的链接，将纵向羽化参数设置为 28，设置如图 4.85 所示。效果如图 4.86 所示，只保留了下面的房屋和地面，天空部分将使用前面做好的乌云替换。

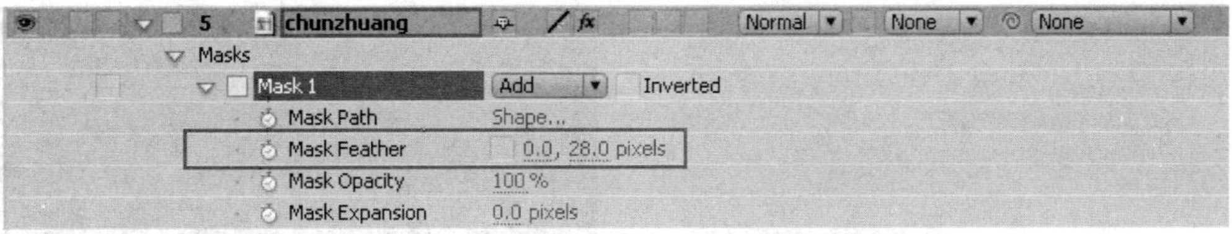

图 4.85　Mask(遮罩)羽化参数设置(村庄)

图 4.86　Mask(遮罩)纵向羽化效果图(村庄)

4.4.5　应用 Hue/Saturation 特效和 CC Toner 特效调节色调和明暗

1. 应用 Hue/Saturation 特效实现黑白明暗效果

选择本层，执行 Effect | Color Correction | Hue/Saturation 命令，为该层加入 Hue/Saturation 特效。

Hue/Saturation 特效用于调整图像中单个颜色分量的 Hue(色相)、Saturation(饱和度)和 Lightness(亮度)。其应用的效果和 Color Balance 一样，但利用的是颜色相位调整轮来进行控制。下面对 Hue/Saturation 的主要参数进行解释。

(1) Channel Control：用于选择所应用的颜色通道，选择 Master 表示对所有颜色应用，也可以选择 Reds(红色)、Yellows(黄色)、Greens(绿色)、Blues(蓝色)、Magentas(洋红)等通道。

(2) Channel Range：显示颜色映射的谱线，用于控制通道范围。上面的谱线表示调节前的颜色；下面的谱线表示在全饱和度下调整后所对应的颜色。

(3) Master Hue：调整主色调，取值范围为-180°～+180°。

(4) Master Saturation：调整主饱和度。

(5) Master Lightness：调整主亮度。

(6) Colorize：调整图像为一个色调，成为双色图，就像旧照片的棕色等颜色。

(7) Colorize Hue：调整双色图色相。

(8) Colorize Saturation：调整双色图饱和度。

(9) Colorize Lightness：调整双色图亮度。

本例只是利用 Hue/Saturation 特效为图像去色，使图像成为黑白图，只需将 Master Saturation(主饱和度)调整为-100 即可达到目的，设置如图 4.87 所示，效果如图 4.88 所示。

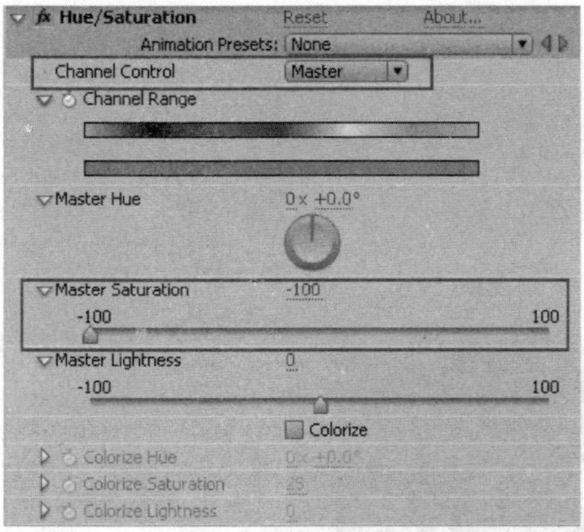

图 4.87　Hue/Saturation(饱和度)特效参数设置

图 4.88　Hue/Saturation 调节黑白明暗效果图

2. 应用 Levels 特效演绎村庄因受闪电的影响而产生的亮度变化

将时间滑块拖动到 10 帧左右的位置，单击 Histogram 的动画记录秒表图标，将时间滑块拖动到 17 帧左右的位置，减少 Input White 的数值，将时间滑块拖动到 24 帧左右的位置，将 Input White 的数值恢复到原始数值 255。在不同的时间段再做两次相似的设置，让闪电多闪几次。闪亮的时间位置要与乌云的频率相同，设置如图 4.89 所示，效果如图 4.90 所示。

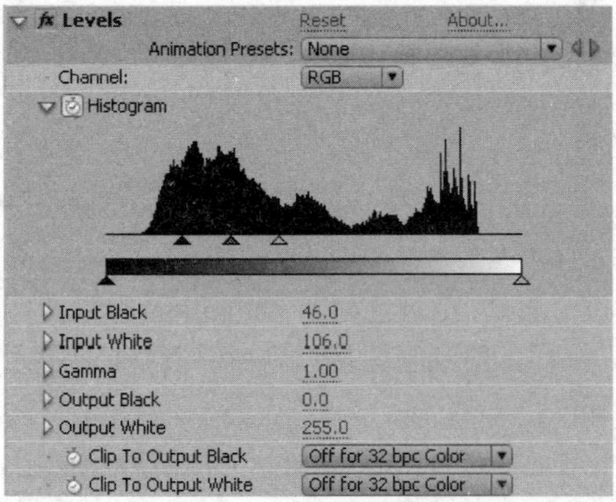

图 4.89　Levels(色阶)特效参数设置

图 4.90　Levels(色阶)特效闪电亮度效果图

3. 应用 CC Toner 特效为村庄图层加色

选择该层，执行 Effect | Color Correction | CC Toner 命令，为该层加入 CC Toner 特效，将其高光、中间色调、阴影的颜色分别设置为白色、褐色与黑色，设置如图 4.91 所示，效

果如图 4.92 所示。

将 Clouds 合成项目从 Project 窗口拖入 Rain 合成项目的时间线窗口，将该层放在村庄层的上面一层，效果如图 4.93 所示。

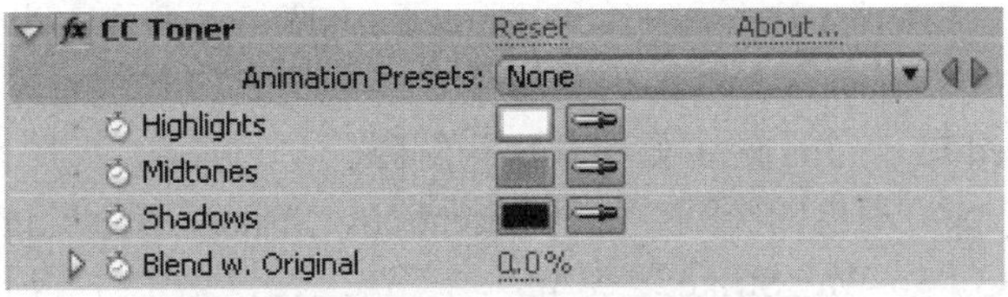

图 4.91　CC Toner 特效参数设置

图 4.92　CC Toner 特效加色效果图

图 4.93　乌云与村庄的合成效果图

4.4.6　应用 CC Rain (下雨)特效创建下雨特效层

执行 Layer | New | Solid 命令，创建一个固态层，命名为 Rain，将其颜色设置为黑色。选择该层，执行 Effect | Simulation | CC Rain 命令，为该层加入 CC Rain(下雨)特效，CC Rain 特效包括雨滴的数量、速度、倾斜度(角度)、倾斜度(角度)随机值、大小、透明度、源深度等参数。本特效无需设置关键帧即可产生动态的下雨效果，CC Rain 特效的设置如图 4.94 所示。将本层的混合叠加模式设置为 Add，效果如图 4.95 所示。

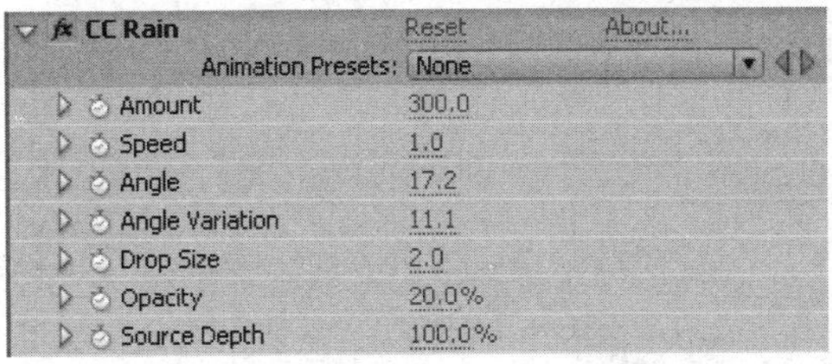

图 4.94　CC Rain(下雨)特效参数设置

图 4.95　下雨效果图

4.4.7 应用 Advanced Lightning(高级闪电)特效创建闪电特效层

执行 Layer | New | Solid 命令，创建一个固态层，命名为 Lightning，将其颜色设置为黑色。选择该层，执行 Effect | Generate | Advanced Lightning 命令，为该层加入 Advanced Lightning(高级闪电)特效。

下面对 Advanced Lightning 的主要参数进行解释。

(1) Lightning Type：闪电的类型。包括 Direction、Strike、Breaking、Bouncey、Omni、Vertical、Anywhere、Two-Way Strike 等类型。

(2) Origin：闪电起始位置。

(3) Direction：闪电结束位置。

(4) Conductivity State：状态设置。

(5) Core Settings：设置闪电主干和分支的颜色、半径、透明度等。

(6) Glow Settings：设置闪电外围辐射的颜色、半径、透明度等。

(7) Alpha Obstacle：障碍。

(8) Turbulence：混乱程度。

(9) Forking：设置闪电的分支。

(10) Decay：衰减设置。

(11) Expert Settings：高级设置。在 Expert Settings 中包含如下主要参数。

① Complexity：设置闪电的复杂程度。

② Min. Forkdistance：调整闪电分支延展长度和稀密度。

③ Termination Threshold：调整闪电分支的极限(长短、强弱)。

④ Fractal Type：分型模式。

⑤ Core Drain：设置闪电主干核心的衰减度。

⑥ Fork Strength：设置分支强度变化。

⑦ Fork Variation：设置分支变化频率。

本例中 Advanced Lightning 特效的设置如图 4.96 所示。

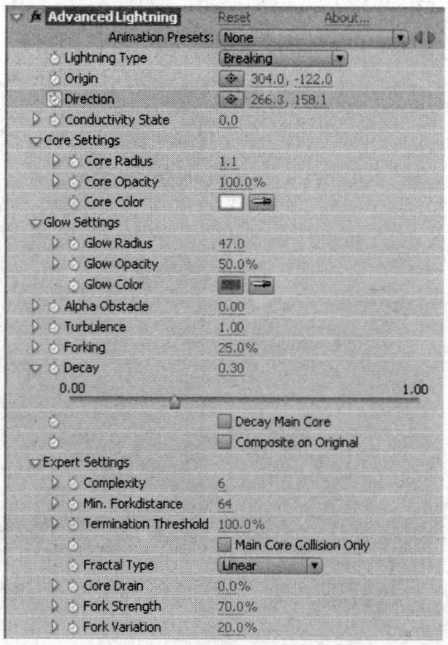

图 4.96 Advanced Lightning(高级闪电)特效参数设置

接下来设置动态的闪电效果。将时间滑块拖动到 10 帧左右的位置，将 Origin(闪电起始位置)和 Direction(闪电结束位置)都向上移动到画面之外，单击 Direction(闪电结束位置)的动画记录秒表图标，将时间滑块拖动到 17 帧左右的位置，将 Direction(闪电结束位置)向下移动到如图 4.97 所示的位置，将时间滑块拖动到 24 帧左右的位置，重新将 Direction(闪电结束位置)向上移动到画面之外。

图 4.97 Advanced Lightning(高级闪电)效果图

将本层的混合叠加模式设置为 Add，缩短本层的结束位置到与闪电的效果等长，按 Ctrl+D 键将本层进行复制，将复制出来的层拖动到不同的位置，这是在不同的时间段让闪电多闪几次。此处闪亮的时间位置要与乌云与房屋被照亮的频率相同，设置如图 4.98 所示，效果如章首图所示。

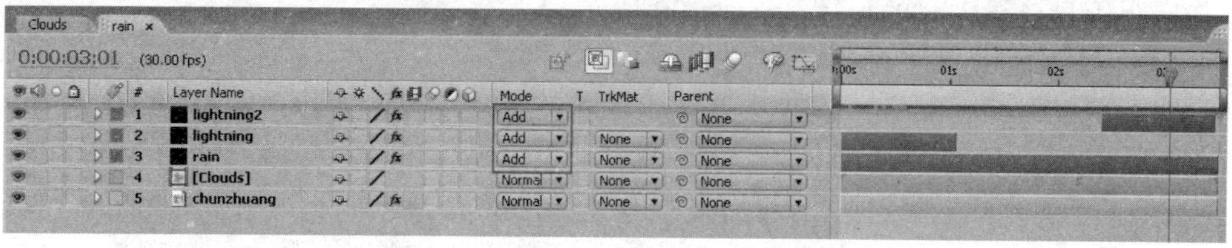

图 4.98 叠加层设置

按小键盘上的 0 键进行预演，欣赏阴云密布、电闪雷鸣的老电影效果，如果配上雷雨声效果更佳。

4.5 特别案例——美女变石像

本例将使用 After Effects 的插件 RE:Flex 将美女逐渐演变成石像。RE:Flex 同样也适合两个视频之间的演变，如图 4.99 所示。

图 4.99 “美女变石像”动画效果图

4.5.1 RE:Flex 插件的作用和特点

RE:Flex 是一个简便易用的制作视频特效的优秀扭曲变形插件集，为 After Effects 带来直观的扭曲或变形效果。

RE:Flex 包含的 3 个插件分别是 RE:Flex Warp、RE:Flex Morph 和 RE:Flex Motion Morph。它们的主要特点如下。

(1) 直接使用 After Effects 的钢笔工具绘画 Mask 曲线，产生扭曲或者变形。

(2) 可以使用非闭合的曲线。

(3) 扭曲变形效果光滑且流畅。

(4) 无需使用相同数目的 Mask 控制点来匹配图形。

4.5.2 RE:Flex 特效的实例应用

(1) 执行 File | New | New Project 命令，建立一个 After Effects 工程文件，然后执行 Composition | New Composition 命令，新建一个合成项目，名称为 Comp 1，PAL 制，时间为 3 秒左右，然后单击 OK 按钮。

(2) 在 Project 项目窗口中双击，导入命名为“Meinv”和“Shixiang’的两个 PSD 格式的图像文件。一个图像为现代美女，另一个图像是一个雕刻石像。

导入的这两个 PSD 格式的图像文件已经在 Photoshop 中去掉了角色的背景，并保留了图层与透明信息，导入时的设置如图 4.100 所示。

图 4.100 Photoshop 导入设置

(3) 将两个图像都拖入 Comp 1 的时间线窗口，让它们的长度各占整个动画时间的一半，如图 4.101 所示。

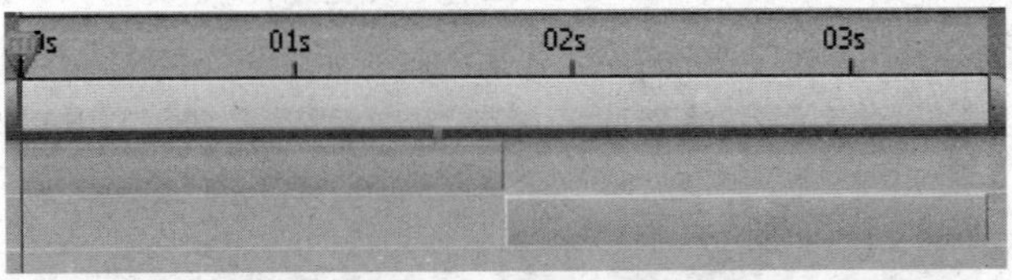

图 4.101 时间线窗口

(4) 执行 Composition | New Composition 命令，新建一个合成项目，名称为 Comp 2，PAL 制，设置同 Comp 1，然后单击 OK 按钮。将 Comp 1 从 Project 项目窗口拖入 Comp 2

的时间线窗口，选择 Comp 1 层，在第 1 帧处使用钢笔工具描绘美女的主要部位的线条，线条可以是非闭合的曲线，效果如图 4.102 所示。

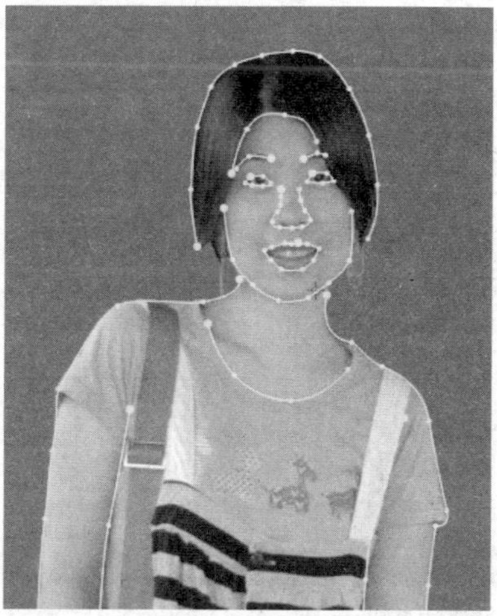

图 4.102　钢笔工具描绘美女轮廓图

(5) 选择 Comp 1 层，按 M 键，单击所有 Mask 的 Mask Path 前面的动画记录秒表图标，以进行 Mask 形状变化的动画记录，如图 4.103 所示。

(6) 将时间滑块移动到最后一帧处，调节 Mask 线条，使每条线的位置都与石像的相关位置吻合，如图 4.104 所示。

图 4.103　记录 Mask 动画

图 4.104　钢笔工具描绘石像轮廓图

(7) 选择 Comp 1 层，执行 Effect | RE:Vision | RE:Flex Morph 命令，为本素材加入 RE:Flex Morph(变形)特效，参数设置如图 4.105 所示。

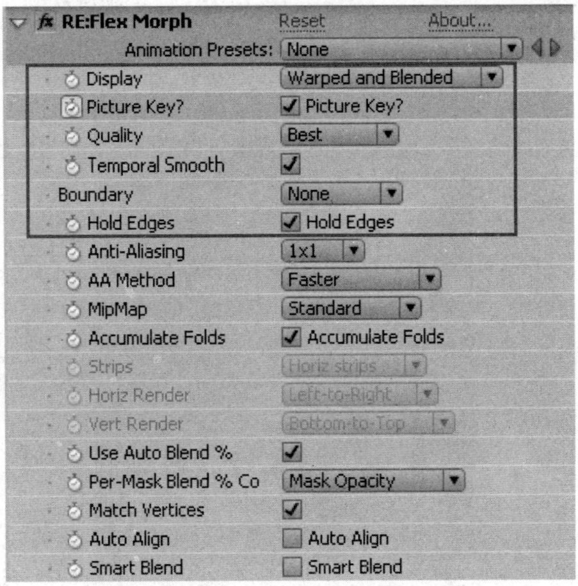

图 4.105　RE:Flex Morph 参数设置

(8) 最后对 Picture Key?参数进行动画设置，单击 Picture Key？的动画记录秒表图标，第一帧与最后一帧都为勾选开启状态，第二帧为非勾选关闭状态，如图 4.106 所示。

图 4.106　RE:Flex Morph 参数设置

现在可以按小键盘上的 0 键对所做的效果进行预览，观看神奇的变换效果。

本章小结

本章案例使用了较多的特效，并且对所用特效的主要参数进行了详细的解释。所有实例都是通过多个特效的结合使用来实现所需要的效果，要注意特效应用的先后顺序，要尝试使用本章涉及的特效去实现更多的不一样的效果。

习　题

1. 分形噪波特效的主要参数有哪些？尝试用分形噪波特效创造出不同于书中例子的其他效果，比如岩浆翻滚或者是水波荡漾。

2. 极坐标特效的作用是什么？尝试使用极坐标特效与其他特效结合创造出立体光球的效果。

3. 在 After Effects 中创造透视效果的方法有哪些？尝试运用摄像机层和层的 3D 开关创造出立体空间的效果。

4. RE:Flex 包含了哪 3 个插件？它们的作用分别是什么？
5. 使用两位同学的照片及 RE:Flex Morph 变换特效，把一位同学变成另一位同学。
6. Radial Blur 特效的主要参数有哪些？说明它们的含义。
7. Colorama 特效一般用来实现什么样的效果？
8. Grid 特效的主要参数有哪些？说明它们的含义，并尝试使用它来创造出多种效果。
9. 说明 Compound Blur 特效的工作原理，以及它可以模拟的效果。
10. Compound Blur 特效的主要参数有哪些？说明它们的含义。
11. CC Toner 特效的作用是什么？它有哪些主要参数？
12. Advanced Lightning 特效的主要参数有哪些？尝试用它创造一些科幻效果。

第5章　光效制作

教学内容及目标

本章通过 4 个 After Effects 的光效实例，演示 Trapcode 公司出品的 Shine(扫光)、Starglow(星晕)、Form(形态)、3D Stroke(勾边)等特效插件的应用，逐个讲解各个光学特效的参数定义、特点及其使用方法。本章除了重点讲解光效插件等新知识点，还多次复习使用前面章节涉及的 Shine(扫光)、Lens Flare(镜头光斑)、Ramp(渐变)、Grid(网格)等特效，从而帮助学生更好地学习和记忆。

教学要求

因为本章的知识点和概念较难理解，仅仅通过理论概念的讲解很难达到好的教学效果。所以本章仍采用实例应用的方式，通过实践与理论相结合，以便学生能够更好地理解。要求学生重点学习和练习发光特效的制作方法。

教学建议课时数

8 课时(根据特殊情况可做相应的调整)。

章首图　“无线电波探测仪”最终效果图

光效是影视制作中最常见的元素之一，因为它具有最引人注目的璀璨效果，所以被广泛应用于影视片头、电视广告、电影特效等很多视频设计领域。在影视屏幕上可以看到各种千变万化的发光效果，这些熠熠发光的特效看似神奇，但并非遥不可及。本章将通过 4 组案例来学习视频设计中一些主要光效的制作方法，相信同学在这些例子的基础上可以触类旁通，制作出更多不一样的光影效果。

在 After Effects 中制作光效，如果想获得更高的效率和质量，通常的做法是在使用 After Effects 内置效果的基础上结合第三方插件来实现。本章中就运用 Trapcode 公司出品的 Shine、Starglow、3D Stroke 等插件，这些插件长久以来被广泛应用，使 After Effects 的特效制作更加丰满。

5.1 “极光”案例

5.1.1 案例说明

(1) 本例将使用最简化的流程来实现一个类似于极光的效果，主要制作了 3 个合成文件，一个是背景星空，另外两个是相类似的发光效果，将它们相叠加得到了本例的效果，如图 5.1 所示。

(2) 本例不仅使用以前章节学到的 Radial Blur(放射模糊)特效、Camera Setting(摄像机)特效、Lens Flare(镜头光斑)特效、Shine(扫光)特效、Glow(辉光)特效，还第一次引入了 Form(形态)特效、CC Star Burst 2.5(星团)特效等。

(3) 本例重点讲解了 Form 特效的应用。Form 是 Trapcode 公司发布的基于网格的三维粒子与流体插件，可以用来制作液体、复杂的有机图案、几何学结构和涡线动画等。它可以将其他层作为贴图，满足设计师无限的想象力。此外，Form 特效还可以用来制作音频可视化效果，让画面跟随音律而变化出惊人的视觉效果。

图 5.1 “极光”最终效果图

5.1.2 案例步骤

1. 应用 Form(形态)特效

执行 Composition | New Composition 命令，新建一个合成项目，名称为 Form1，NTSC 制，大小为 640×480，时间为 3 秒，然后单击 OK 按钮。执行 Layer | New | Solid 命令，创建一个固态层，命名为 Form1，将其颜色设置为黑色。选择该层，执行 Effects | Trapcode | Form

命令，为本素材加入 Form(形态)特效。

本例可以使用其预置的效果 tf_LeviathanFlow1_loop8s，然后稍做修改即可，设置如图 5.2 所示，效果如图 5.3 所示。

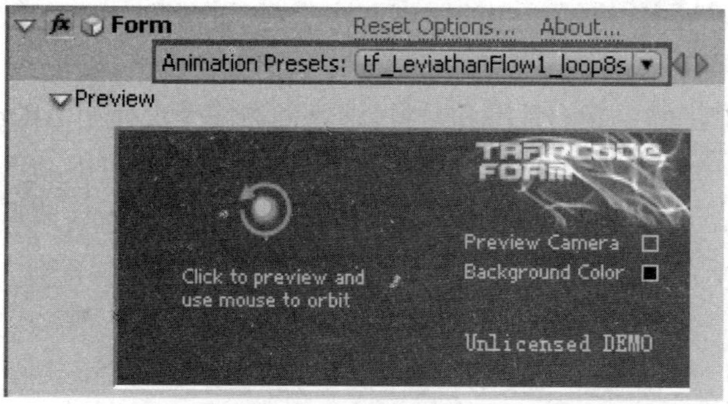

图 5.2　Form 设置

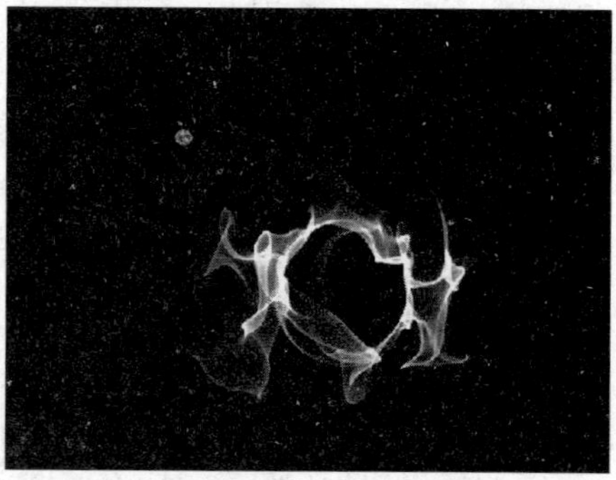

图 5.3　Form 预置效果图

下面对其参数进行修改。首先修改其 Base Form(基础形态)和 Particle(粒子)以及 Quick Maps(快速映射)板块的参数，设置如图 5.4 所示。

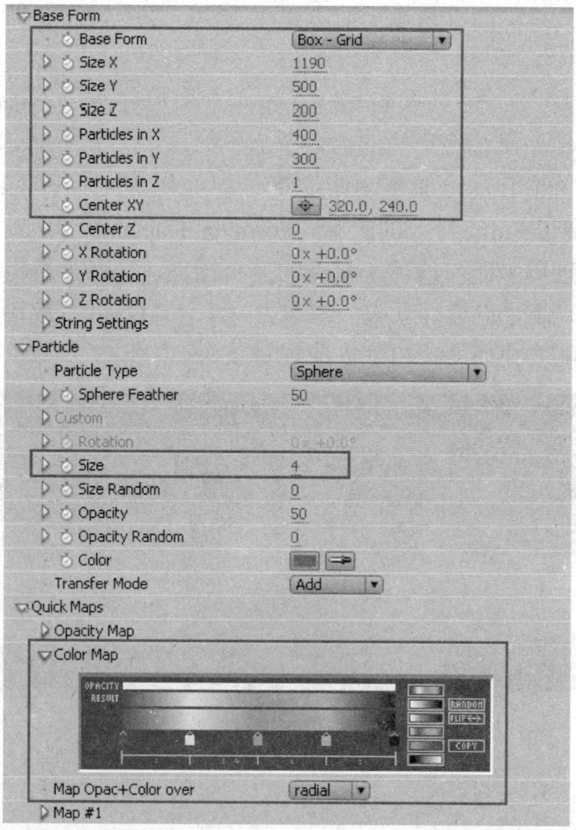

图 5.4　Base Form、Particle 和 Quick Maps 的参数设置

接下来设置 Fractal Field(分形场)和 Spherical Field(球形场)板块的参数，分别如图 5.5 和图 5.6 所示，当前的效果如图 5.7 所示。

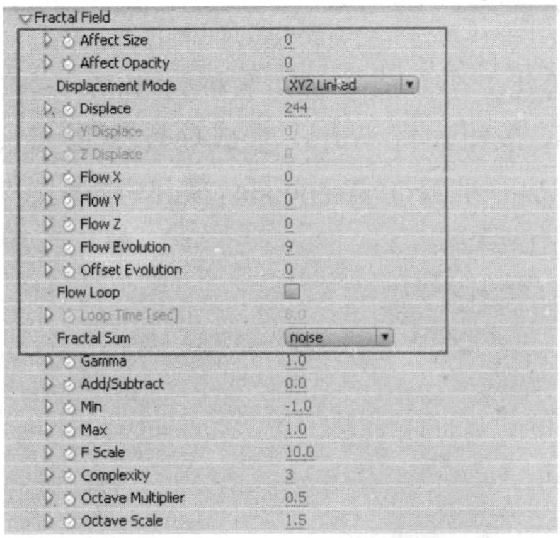

图 5.5　Fractal Field 参数设置

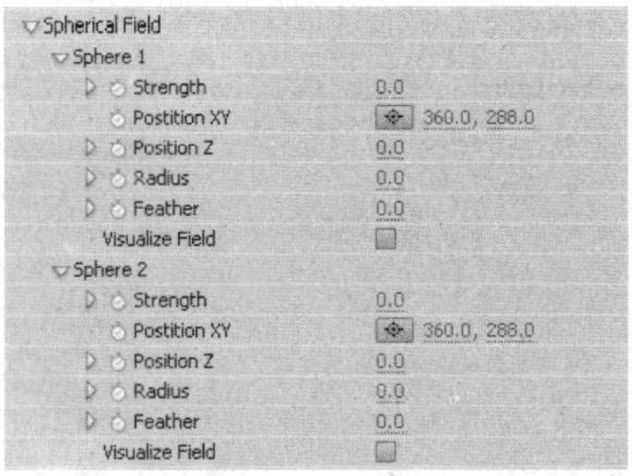

图 5.6　Spherical Field 参数设置

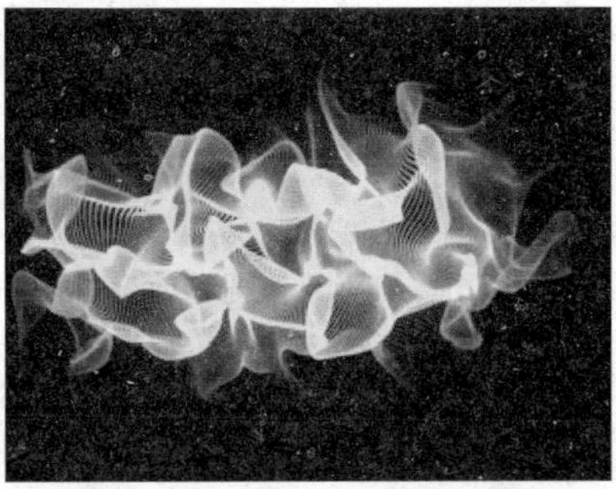

图 5.7　Form 设置后的效果图

2. 建立摄像机层

执行 Layer | New | Camera Setting 命令，创建一个 Preset 为 15mm 的摄像机层。将 Form1 层设置为 3D 层，选择摄像机层，使用旋转工具在合成视窗中对图像进行旋转，使其产生一定的透视变化(详见第 4 章摄像机特效使用)。3D 层设置如图 5.8 所示，摄像机旋转后的效果如图 5.9 所示。

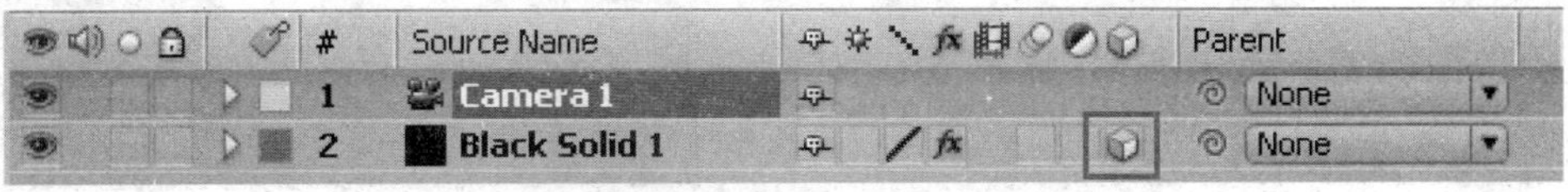

图 5.8　Form1 层设置为 3D 层

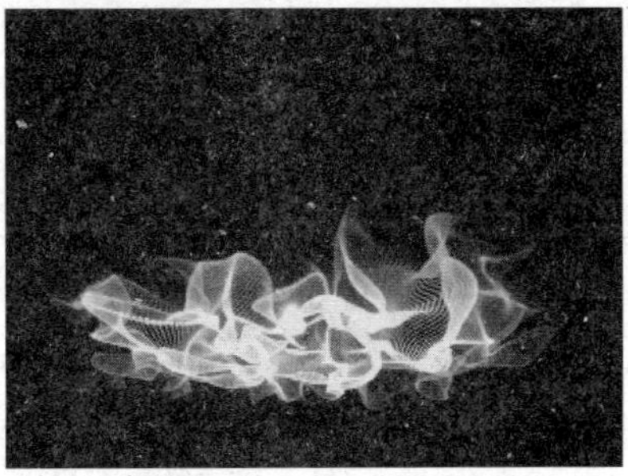

图 5.9　摄像机旋转后的效果图

3. 应用 Shine 与 Radial Blur 制作发光效果

执行 Composition | New Composition 命令，新建一个合成项目，名称为 Shine，NTSC 制，大小为 640×480，时间为 3 秒，然后单击 OK 按钮。将 Form1 合成项目从 Project 窗口拖入 Shine 合成项目的时间线窗口。选择该层，执行 Effect | Tropcode | Shine 命令，为该层加入 Shine(扫光)特效，Shine 特效的设置如图 5.10 所示。

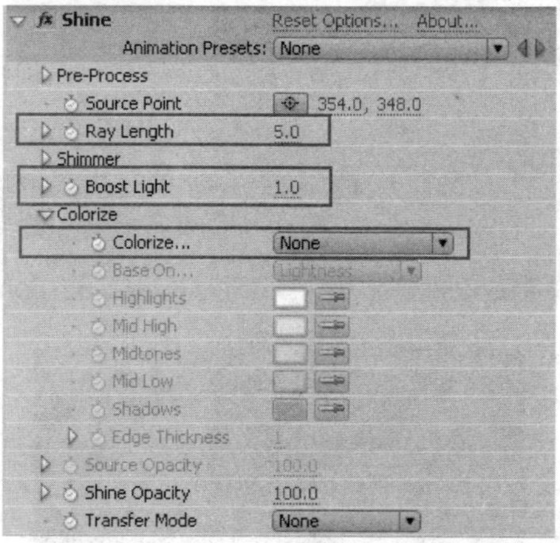

图 5.10　Shine 发光特效设置

选择该层，执行 Effect | Blur & Sharpen | Radial Blur 命令，为本层加入 Radial Blur(放射模糊)特效，设置如图 5.11 所示，效果如图 5.12 所示。至此就完成了第一个发光合成层的制作。

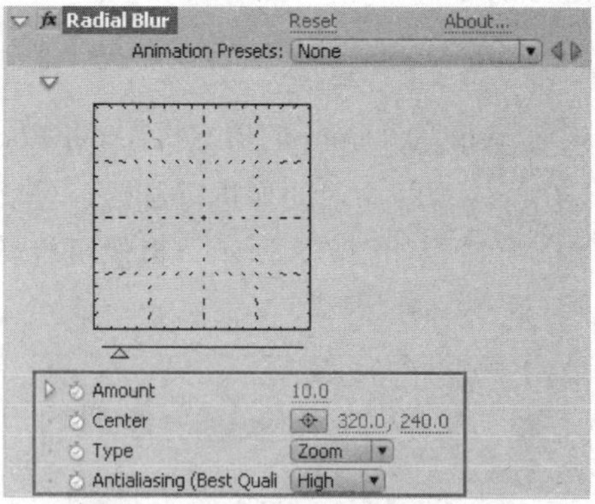

图 5.11　Radial Blur 放射模糊设置

图 5.12　放射模糊效果图

4. 再次应用 Form(形态)特效

第二个发光层的制作与第一个类似，主要是参数设置有所不同。

执行 Composition | New Composition 命令，新建一个合成项目，名称为 Form2，NTSC 制，大小为 640×480，时间为 3 秒，然后单击 OK 按钮。

执行 Layer | New | Solid 命令，创建一个固态层，命名为 Form2 ，将其颜色设置为黑色。

选择该层，执行 Effects | Trapcode | Form 命令，为本层加入 Form 特效。

下面设置其 Base Form(基础形态)和 Particle(粒子)板块的参数，设置如图 5.13 所示。

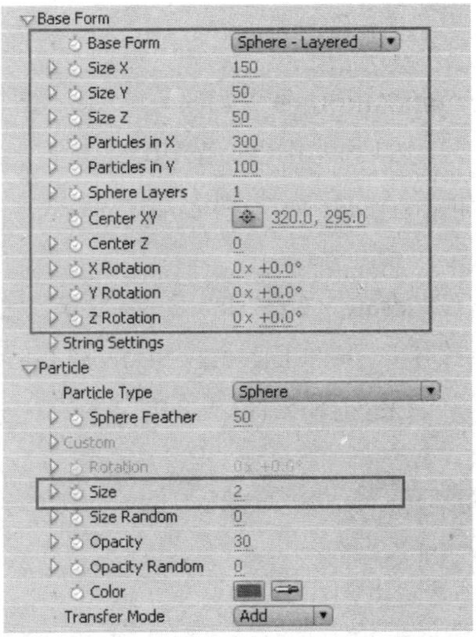

图 5.13　Base Form 和 Particle 参数设置

接下来设置 Fractal Field(分形场)和 Spherical Field(球形场)板块的参数如图 5.14 和图 5.15 所示。

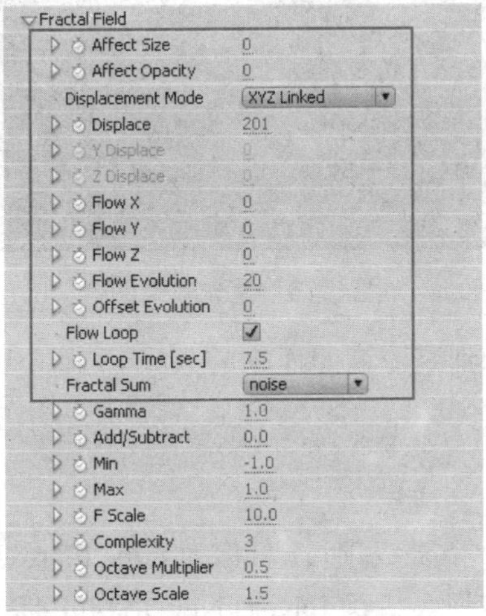

图 5.14　Fractal Field 参数设置

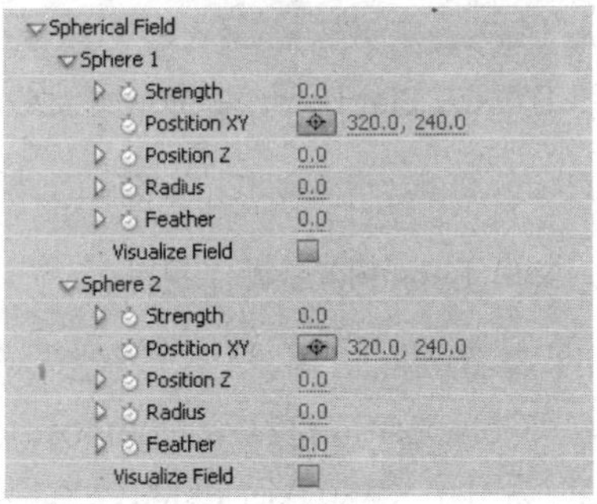

图 5.15　Spherical Field 参数设置

5. 应用 Shine 与 Radial Blur 制作发光效果(同步骤 3)

继续为该层加入 Shine(扫光)特效与 Radial Blur(放射模糊)特效，设置与第一个发光合成层完全一样，加入 Shine(扫光)特效与 Radial Blur(放射模糊)特效前后的效果如图 5.16 所示。

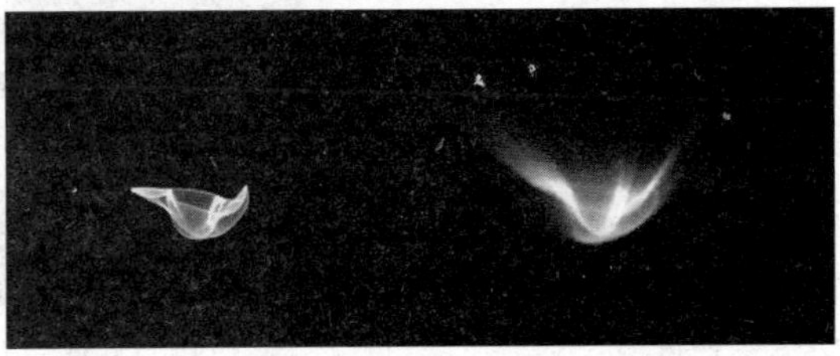

图 5.16　发光特效效果图

6. 星空背景制作

执行 Composition | New Composition 命令，新建一个合成项目，名称为 Star，NTSC 制，大小为 640×480，时间为 3 秒，然后单击 OK 按钮。

执行 Layer | New | Solid 命令，创建一个固态层，命名为 Deep Blue Solid 1，将其颜色设置为深蓝色。

选择该层，执行 Effects | Generate | CC Star Burst 2.5 命令，为本层加入 CC Star Burst 2.5(模拟星团效果)特效。选择该层，执行 Effects | Stylize | Glow 命令，为本层加入 Glow(光晕)特效，设置如图 5.17 所示，效果如图 5.18 所示。

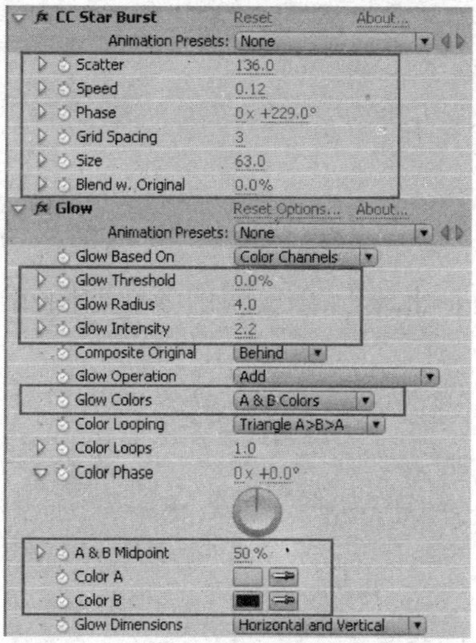

图 5.17　CC Star Burst 和 Glow 参数设置

图 5.18　星光效果图

CC Star Burst 无需创建关键帧，播放动画即可看到星团迎面而来的效果。

7. 应用 Lens Flare 制作镜头光斑效果

为了丰富画面效果，还需要建立一个镜头光斑的合成层。

执行 Composition | New Composition 命令，新建一个合成项目，名称为 Lens Flare，NTSC 制，大小为 640×480，时间为 3 秒，然后单击 OK 按钮。执行 Layer | New | Solid 命令，创建一个固态层，将其颜色设置为黑色。选择该层，执行 Effects | Generate | Lens Flare 命令，为本层加入 Lens Flare(镜头光斑)特效，设置如图 5.19 所示，效果如图 5.20 所示。

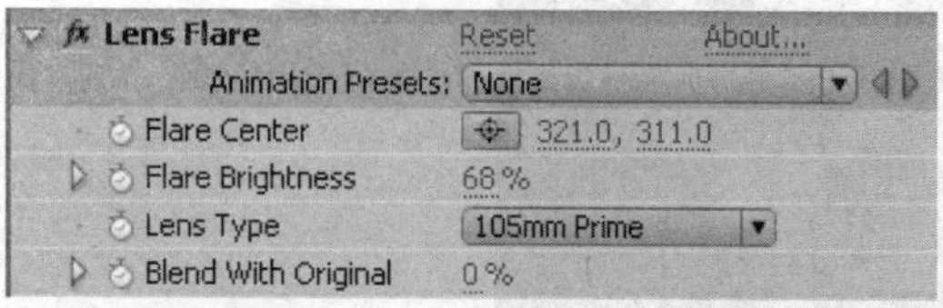

图 5.19　Lens Flare 参数设置

图 5.20　Lens Flare(镜头光斑)效果图

最后执行 Composition | New Composition 命令，新建一个合成项目，名称为 Comp1，NTSC 制，大小为 640×480，时间为 3 秒，然后单击 OK 按钮。

8. 图层合成最终效果

把前面做好的 4 个合成项目 Shine、Form2、Star 以及 Lens Flare 全部拖入 Comp1 中，各层的排列顺序以及混合叠加模式，设置如图 5.21 所示。

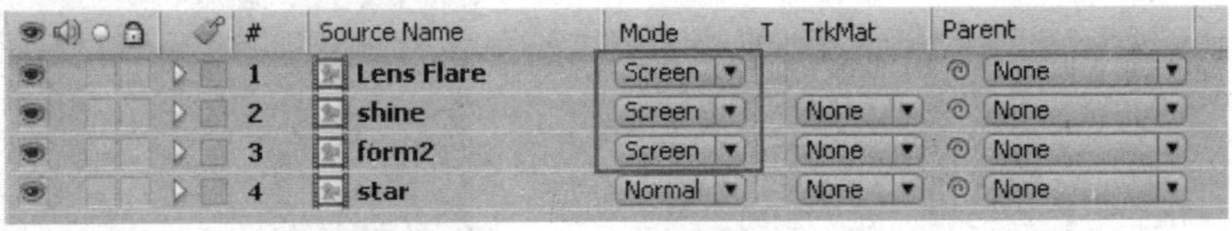

图 5.21　层合成设置

按小键盘的 0 键进行预演，即可看到流动的极光效果，如图 5.22 所示。

图 5.22　“极光”的最终效果图

5.2　“飞旋的光线”案例

5.2.1　案例说明

本例主要利用 Trapcode 公司的插件 Starglow 与 3D Stroke 来制作飞旋的光线。其光影交错的视觉效果非常炫目，飞速划过的光带与文字完美结合，可制作成为极具特色的片头效果。最终动画效果如图 5.23 所示。

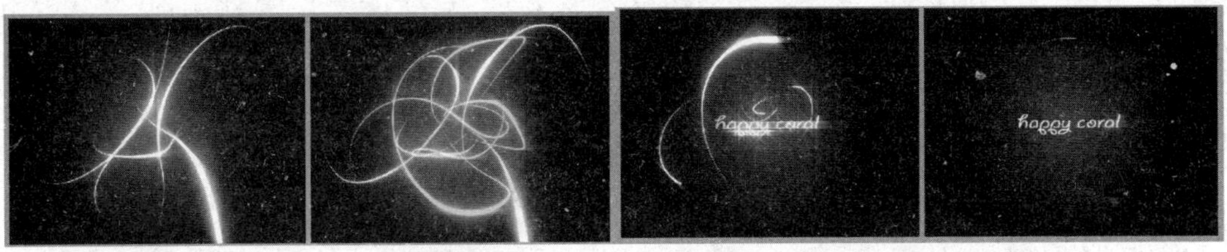

图 5.23　“飞旋的光线”最终效果图

5.2.2　案例步骤

1. Ramp(渐变)效果制作

执行 Composition | New Composition 命令，新建一个合成项目，名称为 Comp1，NTSC

制，大小为 640×480，时间为 4 秒，然后单击 OK 按钮。执行 Layer | New | Solid 命令，创建一个固态层，命名为 Background，将其颜色设置为黑色。

选择该层，执行 Effect | Generate | Ramp 命令，为该层加入 Ramp(渐变)特效，将开始颜色设置为深红，结束颜色设置为黑色，Ramp Shape(渐变形状)为 Radial Ramp(放射渐变)。Ramp 特效的其他设置如图 5.24 所示，效果如图 5.25 所示。

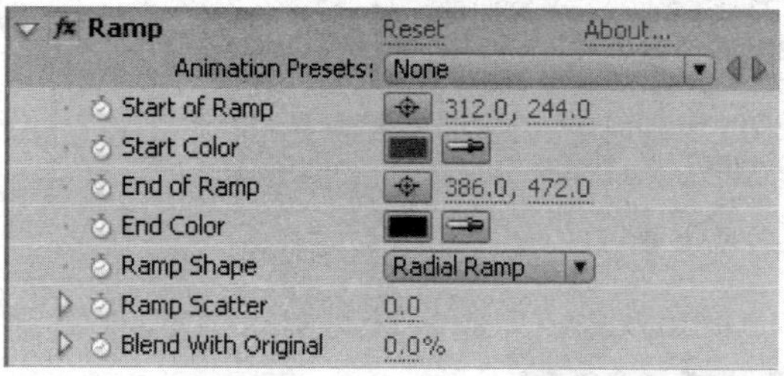

图 5.24　Ramp 参数设置

图 5.25　Ramp 特效图

2. 3D Stroke(描边)特效应用

(1) 执行 Layer | New | Solid 命令，创建一个固态层，命名为 Stroke1，将其颜色设置为黑色。选择该层，使用 Ellipse 圆形工具绘制一个 Mask，并调节其形状，如图 5.26 所示。

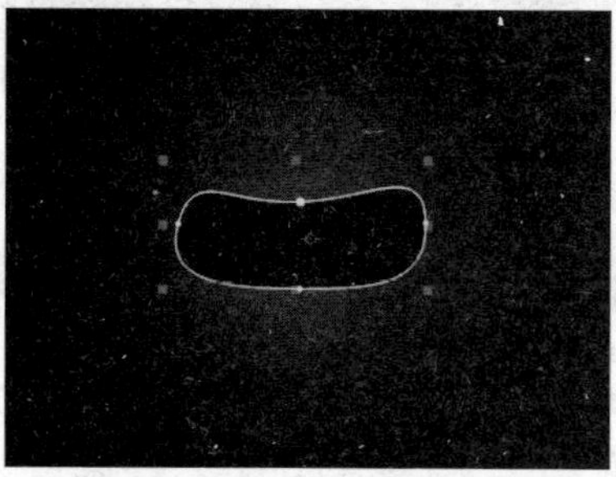

图 5.26　Mask(遮罩)效果图

(2) 选择该层，执行 Effect | Trapcode | 3D Stroke 命令，为本层加入 3D Stroke(三维描边)特效。首先对本特效的基本参数进行设置。设置 Path(路径选择)为 Mask1，Color(描边颜色)为白色，Thickness(厚度)为 5，Offset(偏移量)暂且不动，后面将要为它设置动画。3D Stroke 设置如图 5.27 所示，效果如图 5.28 所示。

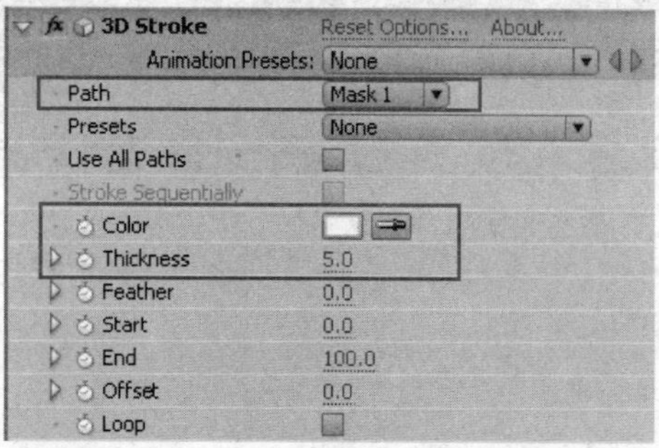

图 5.27　3D Stroke 的路径颜色设置

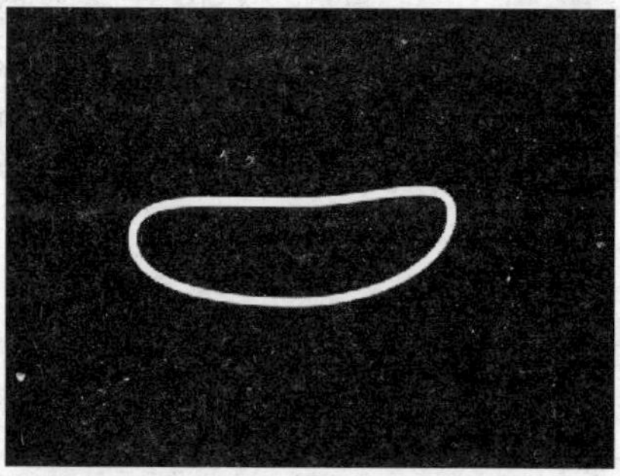

图 5.28　3D 描边效果图

(3) 下面进行 Taper(锥度)的参数的设置。将锥度开关 Enable 勾选，Start Shape(开始的形状)和 End Shape(结束的形状)都设置为 5，设置如图 5.29 所示，效果如图 5.30 所示。

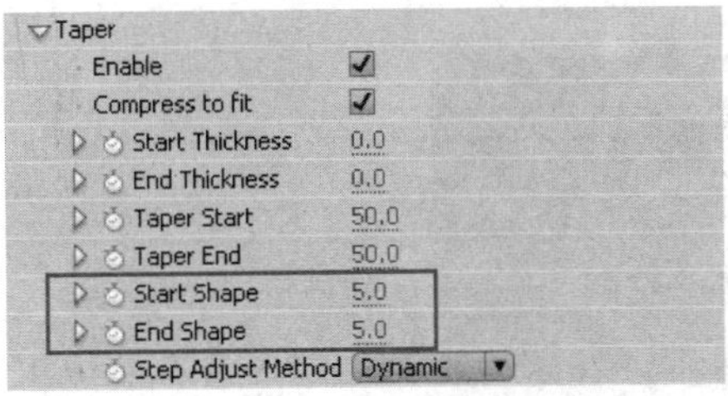

图 5.29 3D Stroke 中的 Taper 设置

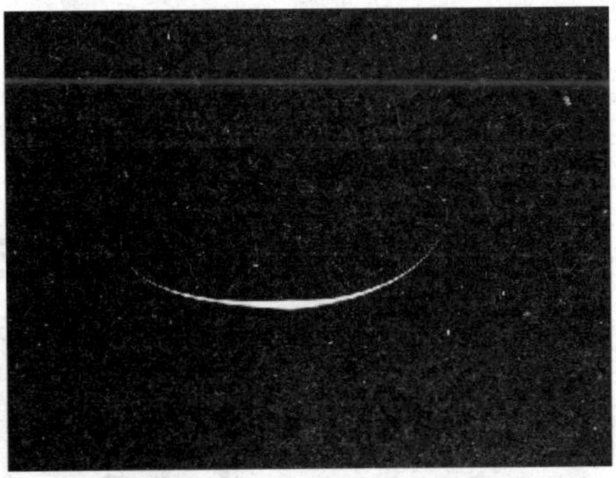

图 5.30 Taper(锥度)特效效果图

(4) 下面进行 Transform 变换参数设置。设置 Bend(弯曲)为 2，Bend Axis(弯曲角度)为 44°，Y Rotation (Y 轴的旋转)为 40，设置如图 5.31 所示，效果如图 5.32 所示。

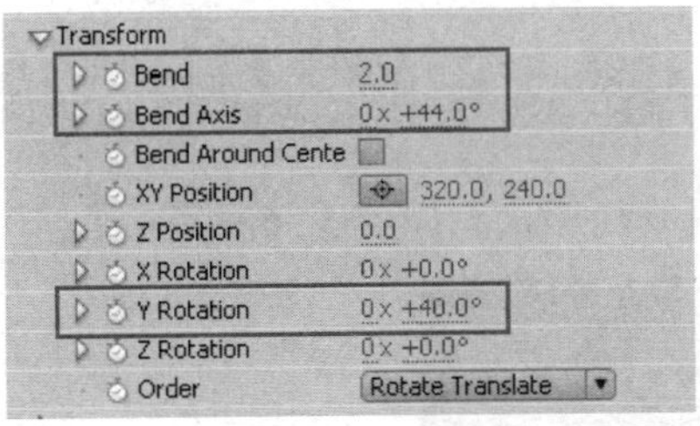

图 5.31 3D Stroke 中的 Transform 设置

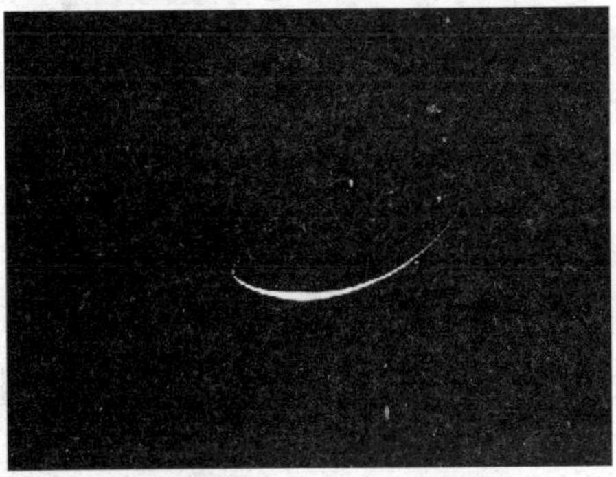

图 5.32 弯曲旋转后的效果图

(5) 下面设置 Repeater(重复)参数。将重复参数开关 Enable 勾选，设置其 Instances(重复数量)为 3，Scale(缩放)为 191，适当调节 3 个轴向上的旋转参数，设置如图 5.33 所示，效果如图 5.34 所示。

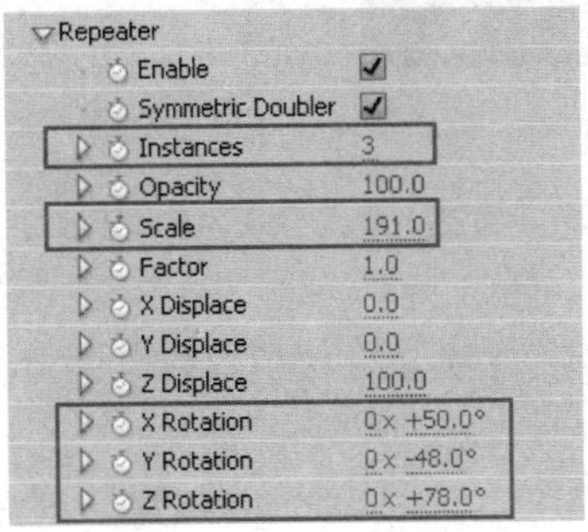

图 5.33 3D Stroke 中的 Repeater 设置

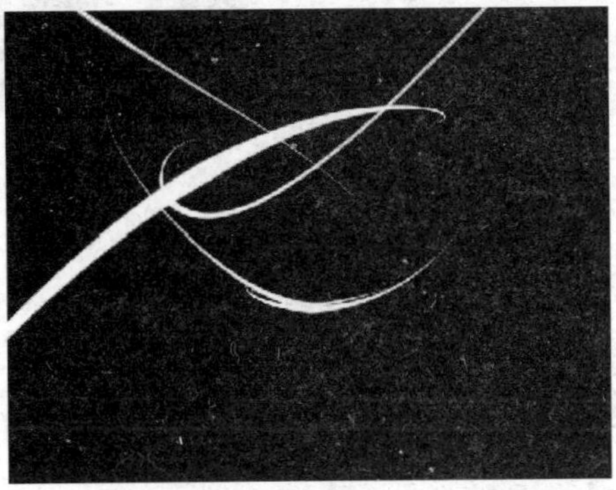

图 5.34 Repeater 设置后的效果图

(6) 最后对 3D Stroke 中的 Offset 偏移量设置动画，在第 0 帧处将其参数设置为 0，在第 1 秒 20 帧处将其参数设置为 80。这样就得到了飞速划过的光线动画效果。

3. Starglow(星状辉光)特效的应用

选择该层，执行 Effect | Trapcode | Starglow 命令，为本层加入 Starglow(星状辉光)特效。Starglow 是一个根据原图像的高光部分建立星状辉光的特效。星光的外形可以包括 8 个方向，每个方向都能被单独地赋予颜色贴图和调整强度。本例使用默认设置即可，效果如图 5.35 所示。

图 5.35 Starglow(星状辉光)特效图

4. 创建 3D Stroke 特效层 2

下面制作第二层的光线，执行 Layer | New | Solid 命令，创建一个固态层，命名为 Stroke2，将其颜色设置为黑色。

选择该层，使用钢笔工具绘制一个 Mask，并调节其形状，如图 5.36 所示。

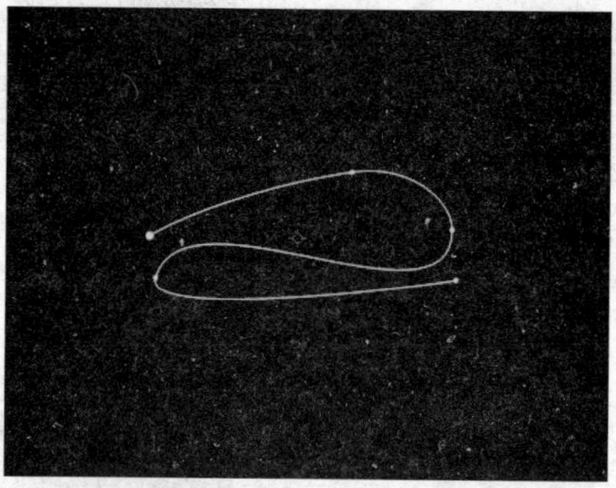

图 5.36 钢笔绘制 Mask

选择该层，执行 Effect | Trapcode | 3D Stroke 命令，为本层加入 3D Stroke(三维描边)特效，设置如图 5.37 与图 5.38 所示，效果如图 5.39 所示。

对 3D Stroke 的 Offset 偏移量设置动画，在第 1 秒 10 帧处将其参数设置为 0，在第 3 秒处将其参数设置为-80。这样就得到了线条生长的动画效果。

选择该层，执行 Effect | Trapcode | Starglow 命令，为本层加入 Starglow(星状辉光)特效。使用默认设置即可，效果如图 5.40 所示。

在第 1 秒 10 帧处设置 Stroke2 层的不透明度淡入动画，与 Stroke1 层相衔接。

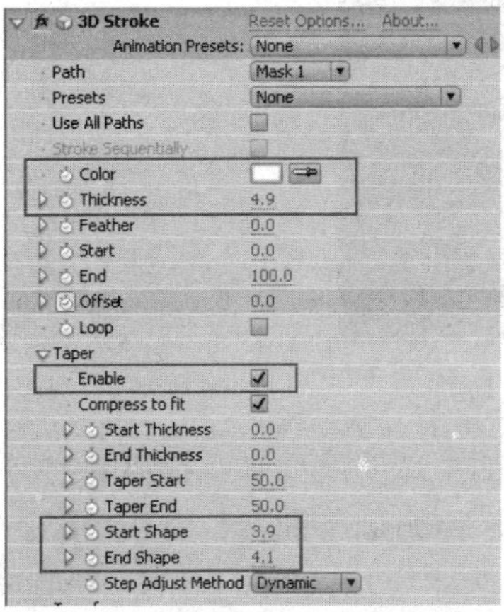

图 5.37 3D Stroke 参数设置 1

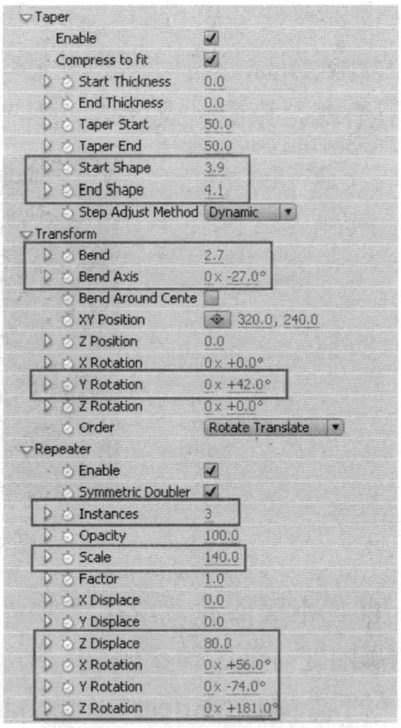

图 5.38 3D Stroke 参数设置 2

图 5.39 3D Stroke 特效图 1

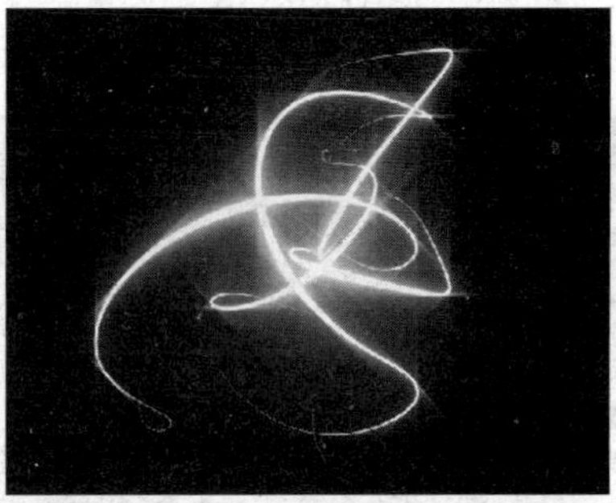

图 5.40 3D Stroke 特效图 2

5. 文字渐变效果

(1) 使用文字工具输入需要的文字，选择文字层，执行 Layer | Auto-Trace 命令，这样就得到了一个具有遮罩的文字层，如图 5.41 所示。

(2) 执行 Effect | Generate | Ramp 命令，为该层加入 Ramp(渐变)特效，将开始颜色设置为黑色，结束颜色设置为白色，Ramp Shape(渐变形状)为线性渐变。将渐变的开始点和结束点分别放在文字的左右两侧，如图 5.42 所示。

图 5.41 文字效果图

图 5.42 Ramp 开始、结束点的放置

(3) 设置渐变结束点的动画，将时间滑块移动到第 3 秒 15 帧处，单击 End Of Ramp 的动画记录秒表图标，将时间滑块移动到第 2 秒 5 帧处，将结束点移动到文字的左边，这样就产生了渐变结束点从文字左边移动到文字右边的动画，如图 5.43 所示。

图 5.43　文字色彩渐变动画

(4) 设置本层的淡入淡出动画，按 T 键设置本层的不透明度动画，在第 2 秒 5 帧处、第 2 秒 10 帧处、第 3 秒 5 帧处、第 3 秒 10 帧处分别设置 Opacity 的参数为 0、100、100、0。

选择该层，执行 Effect | Trapcode | Starglow 命令，为本层加入 Starglow(星状辉光)特效，使用默认设置即可，效果如图 5.44 所示。

(5) 将本层拖动到原始文字层的下一层，设置原始文字层的淡入动画，在第 2 秒 10 帧处、第 2 秒 20 帧处分别设置 Opacity 的参数为 0、100，效果如图 5.45 所示。

图 5.44　字体光晕特效图

图 5.45　合成最终效果图

按小键盘的 0 键进行预演，即可看到光线不断地生长又消失，最后演化出文字的效果。

5.3　“心电图光谱仪”案例

5.3.1　案例说明

电影、电视里常见的“心电图光谱”特效动画，也可以在 After Effects 中实现。本例将综合使用 Vegas 等特效制作出一个心电图光谱分析仪的屏幕动态效果。

本例结合使用了 Ramp(渐变)、Grid(网格)、Glow(光晕)等特效，另外，还引入了本章的新知识点 Vegas(另一种描边特效)来制作出屏幕上出现的蓝色光谱线。为了更真实地表现计算机或仪表屏幕的闪烁效果，本例还采用了 Strobe Light(闪白)特效来实现屏幕频闪的视觉效果。最终动画效果如图 5.46 所示。

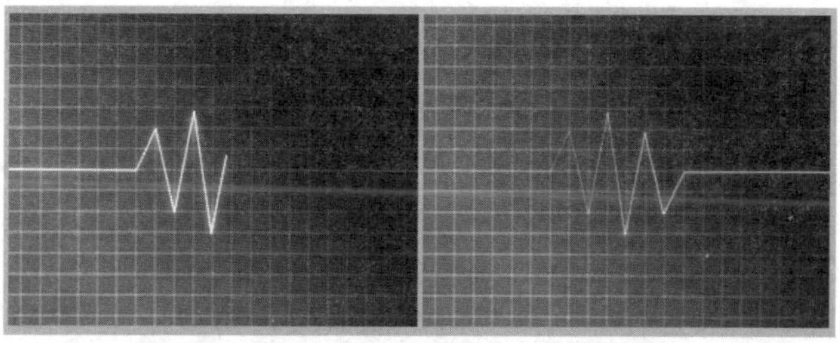

图 5.46 “心电图光谱仪”最终效果图

5.3.2 案例步骤

1. 背景制作

(1) 执行 Composition | New Composition 命令，新建一个合成项目，名称为 Comp1，NTSC 制，大小为 640×480，时间为 4 秒，然后单击 OK 按钮。

执行 Layer | New | Solid 命令，创建一个固态层，命名为 Background，将其颜色设置为黑色。

选择该层，执行 Effect | Generate | Ramp 命令，为该层加入 Ramp(渐变)特效，将开始颜色设置为深蓝色，结束颜色设置为灰绿色，Ramp Shape(渐变形状)为线性渐变。Ramp 特效的其他设置如图 5.47 所示，效果如图 5.48 所示。

(2) 执行 Layer | New | Solid 命令，创建一个固态层，命名为 Grid，将其颜色设置为黑色。选择本固态层，执行 Effect | Generate | Grid 命令，为本固态层加入 Grid(网格)特效。

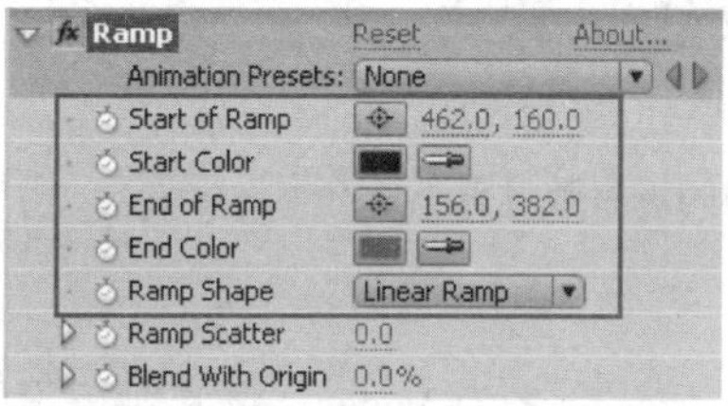

图 5.47 Ramp(渐变)参数设置

图 5.48 渐变效果图

Size From(网格来源)设置为 Width Slider，Width(宽度)设置为 32，Border(边)设置为 3，其他参数设置如图 5.49 所示。将本层的混合叠加模式设置为 Overlay，效果如图 5.50 所示。

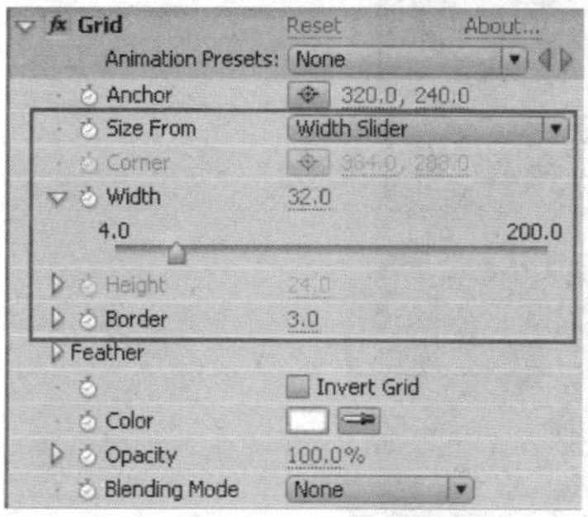

图 5.49 Grid(网格)参数设置

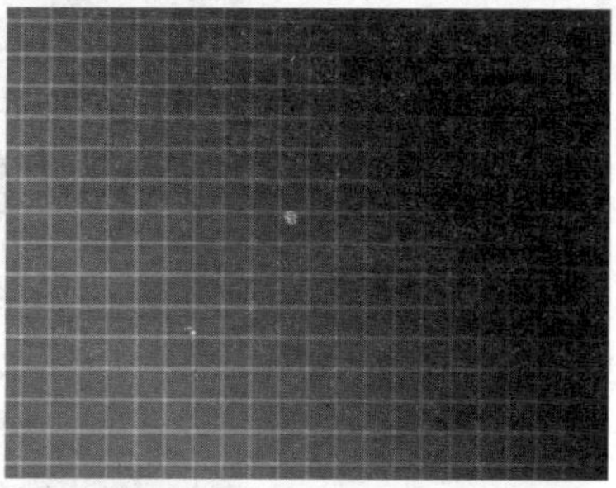

图 5.50 渐变与网格叠加效果图

(3) 接下来制作屏幕的闪烁效果。执行 Composition | New Composition 命令，新建一个合成项目，名称为 Comp2，NTSC 制，大小为 640×480，时间为 4 秒，然后单击 OK 按钮。

把前面做好的合成项目 Comp1 拖入 Comp2 中，选择 Comp1 层，执行 Effect | Stylize | Strobe Light，为本层加入 Strobe Light 特效。

Strobe Light 称为“闪白特效”，它是一个随时间变化的效果，在一些画面中间不断地加入一帧闪白或其他颜色等，使画面产生闪烁的效果，可以用来模拟计算机屏幕的闪烁。其参数说明如下。

① Strobe Color：闪白颜色。

② Blend With Original：和原图像的混合程度。

③ Strobe Duration(secs)：闪白周期。

④ Strobe Period(secs)：间隔时间。

⑤ Random Strobe Probablity：闪白随机性。

⑥ Strobe：闪白方式，可以选择 Operates On Color Only 在彩色图像上进行或 Mask Layer Transparent 在遮罩上进行。

⑦ Strobe Operator：选择闪白的叠加模式。

本例设置如图 5.51 所示。

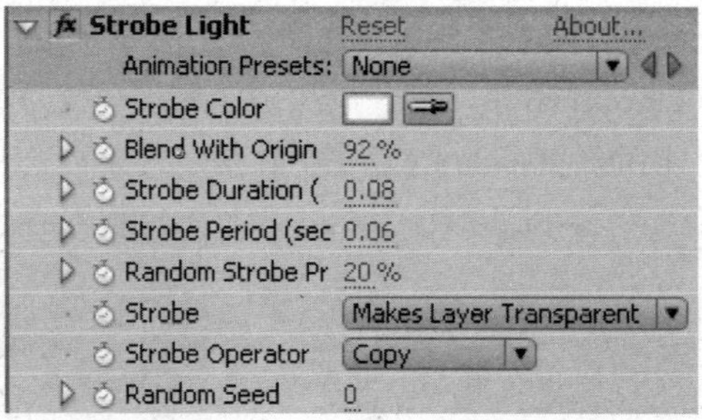

图 5.51　Strobe Light 屏幕的闪烁参数设置

2. 心电图曲线制作

(1) 执行 Layer | New | Solid 命令，创建一个固态层，命名为 Vegas，将其颜色设置为黑色。将本层的混合叠加模式改为 Add，使用钢笔工具绘制一个如图 5.52 所示的 Mask，设置如图 5.53 所示。

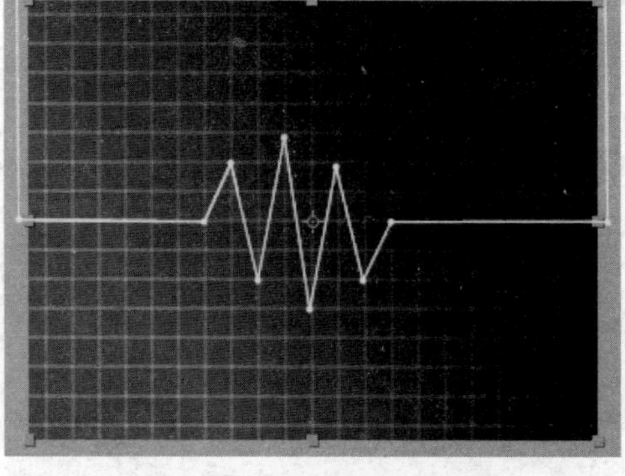

图 5.52　钢笔绘制 Mask 路径

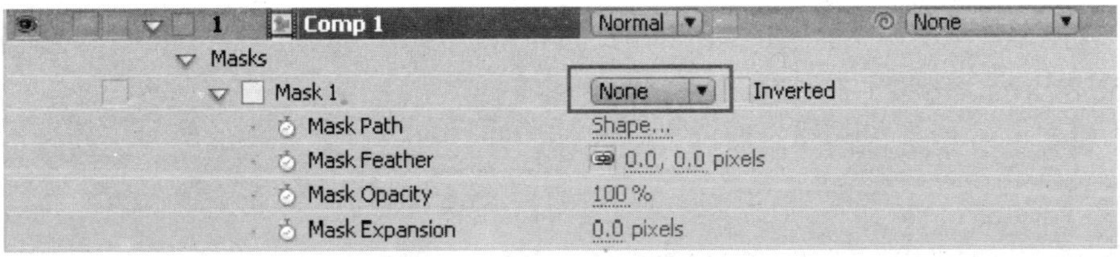

图 5.53　Mask 参数设置

(2) 选择 Vegas 层，执行 Effect | Generate | Vegas 命令，为本层加入 Vegas(描边)特效。

Vegas 是描边特效的一种，效果与 Stroke 特效相似，Vegas 特效既可以自动捕捉图像的暗亮部分作为描边的路径，也可以使用 Mask 曲线作为描边的路径，在 Stroke 后面的下拉列表中选择 Image Contours 或者 Mask | Path 选项。本例设置如图 5.54 所示。

接下来设置描边的动态效果。在第 0 帧处单击 Rotation 的动画记录秒表图标，将其参数设置为 360°，在最后一帧处将其参数设置为 0。这样就得到了心电图描边的动画效果，如图 5.55 所示。

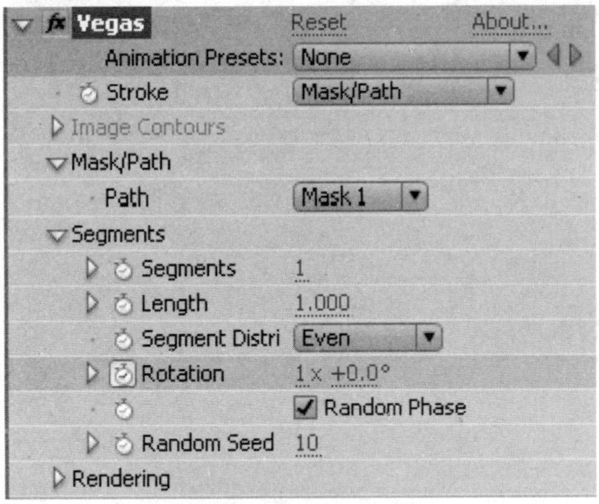

图 5.54　Vegas 参数设置

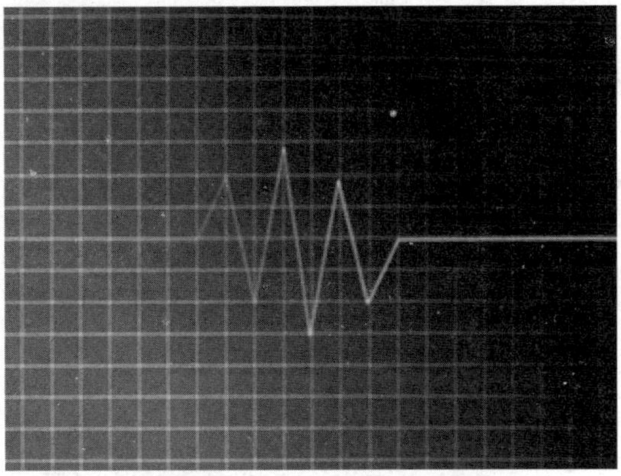

图 5.55　Vegas 特效动画

(3) 展开 Rendering 选项，将描边颜色设置为白色，描边宽度设置为 2，设置如图 5.56 所示，效果如图 5.57 所示。

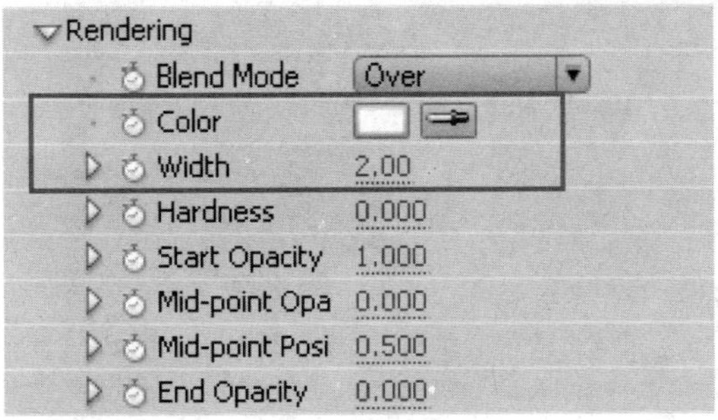

图 5.56　Vegas 中 Rendering 颜色、宽度设置

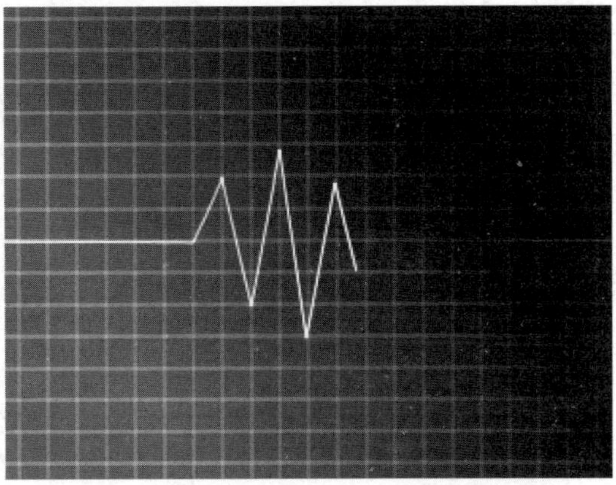

图 5.57　光谱线颜色、宽度设置后的效果图

(4) 选择 Vegas 层，执行 Effect | Stylize | Glow 命令，为本层加入 Glow(辉光)特效，设置如图 5.58 所示，效果如图 5.59 所示。

按小键盘的 0 键进行预演，即可看到闪烁的计算机屏幕以及心电图变化的效果。

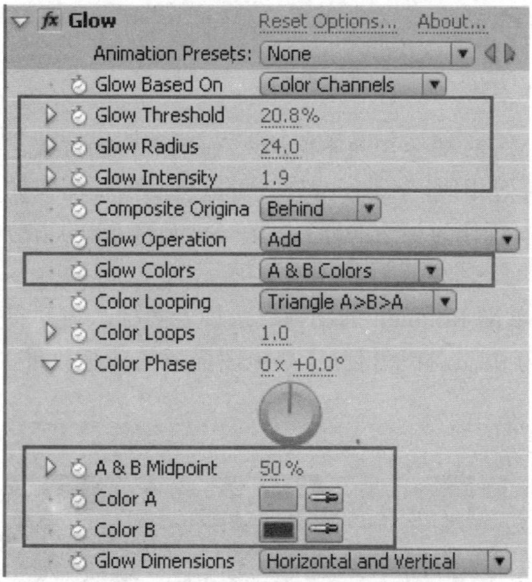

图 5.58　Glow(辉光)特效参数设置

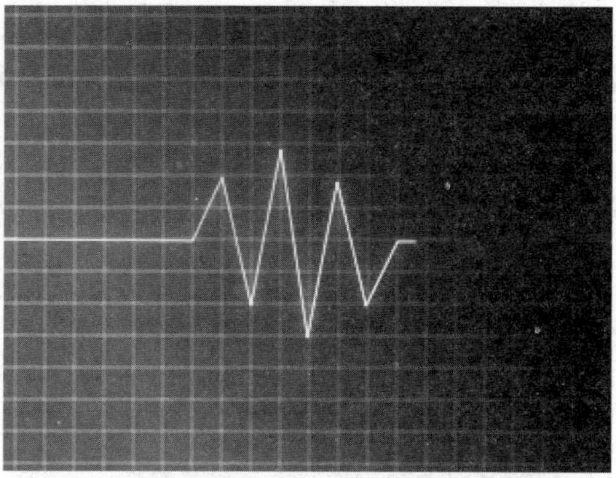

图 5.59　Glow(辉光)特效图

5.4　“无线电波探测仪”案例

5.4.1　案例说明

在一些电影中，经常会看到计算机屏幕上的闪烁的图形、曲线和脉冲信号，本节就是通过学习制作一个无线电波探测仪的屏幕来实现这种效果的。本案例引用了 Beam(激光光束)特效、Slider Controls(滚动控制)特效、Polar Coordinates(极坐标)特效、Auto-Orientation(自动定向)命令、添加表达式等新知识点。本节的制作难度较高，可选择性学习。最终效果如图 5.60 所示。

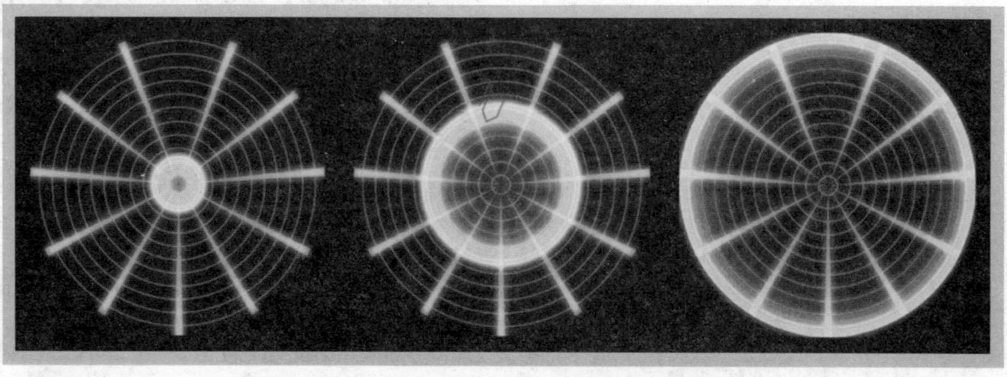

图 5.60　“无线电波探测仪”最终动画效果图

5.4.2 案例步骤

1. 网格背景制作

(1) 执行 Composition | New Composition 命令，新建一个合成项目，名称为 Radial，帧率为 25，大小为 800×800，时间为 10 秒，然后单击 OK 按钮。

(2) 执行 Layer | New | Solid 命令，创建一个固态层，命名为 Grid，将其颜色设置为黑色。选择本固态层，执行 Effect | Generate | Grid 命令，为本固态层加入 Grid(网格)特效，设置如图 5.61 所示，效果如图 5.62 所示。

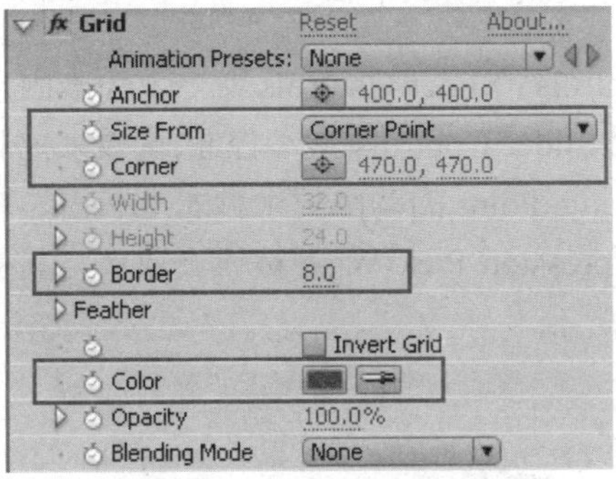

图 5.61　Grid(网格)参数设置

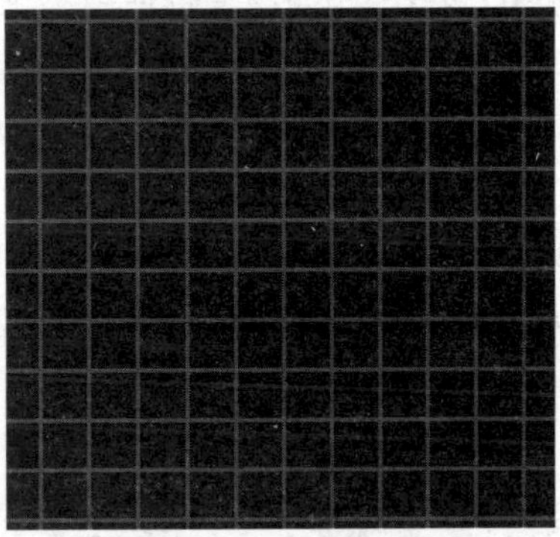

图 5.62　网格效果图

2. 制作脉冲信号

(1) 执行 Layer | New | Solid 命令，创建一个固态层，命名为 Beam，将其颜色设置为黑色。选择本固态层，执行 Effect | Generate | Beam 命令，为本固态层加入 Beam 特效。Beam 称为"激光光束"特效，用来模拟激光束的移动。

本例将 Starting Point(光束起点)设置为 0 ，将 Ending Point(光束终点)设置为 800，让光束起点和结束点在横向上贯穿整个画面，同时加大光束的厚度和边缘柔化，设置如图 5.63 所示，效果如图 5.64 所示。

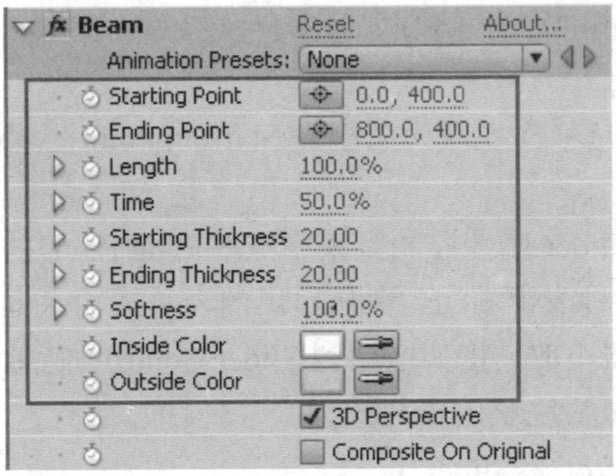

图 5.63　Beam(激光束)特效参数设置

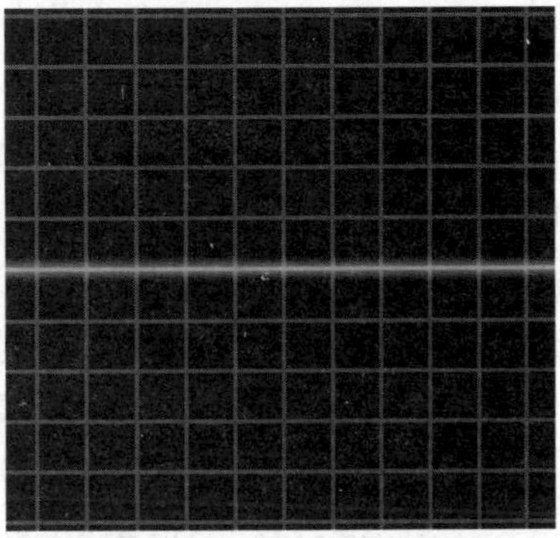

图 5.64　激光束特效图

下面对 Beam(激光束)特效的主要参数进行解释。

① Starting Point：光束起点。

② Ending Point：光束终点。

③ Length：光束长度。

④ Time：时间。

⑤ Starting Thickness：起点厚度。

⑥ Ending Thickness：结束点厚度。

⑦ Softness：边缘柔化。

⑧ Inside Color：内部颜色。

⑨ Outside Color：外围颜色。

⑩ 3D Perspective：是否使用三维纵深。

⑪ Composite On Original：是否与原画面混合。

(2) 选择 Beam 层，执行 Effect| Expression Controls | Slider Controls 命令，为本固态层加入 Slider Controls(滚动控制)特效。本案例将使用 Slider Controls(滚动控制)特效来控制光束起点与结束点的位置。按住 Alt 键不放，在 Starting Point 的动画记录秒表上右击，在显示出的表达式输入框中输入“sid =”，然后按住 Expression Pick Wipe 按钮不放，将其拖动到 Slider Controls 特效的 Slider 属性上，如图 5.65 所示。

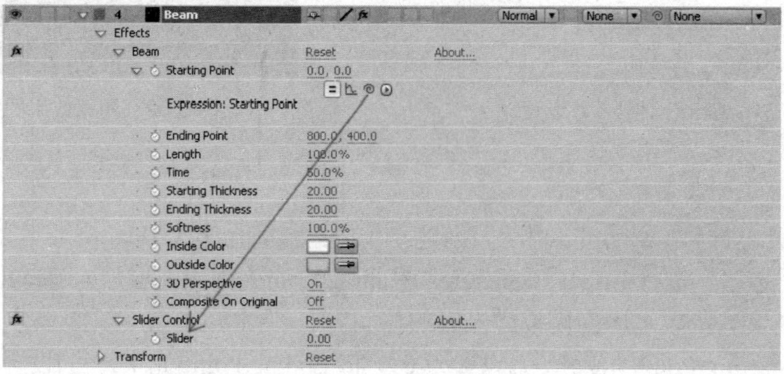

图 5.65　Slider Control 滚动控制参数设置

继续输入表达式“[0，sid]”，最后完整的表达式为

sid =effect("Slider Control")("Slider");
[0，sid];

这时改变 Slider Controls 特效的 Slider 属性的参数，发现光束起点 Starting Point 已经被控制而跟随变化了。

使用相同的方法来让 Slider Controls 特效的 Slider 属性控制光束终点 Ending Point 的运动。按住 Alt 键不放，在 Ending Point 的动画记录秒表上右击，在显示出的表达式输入框中输入“sid =”，然后按住 Expression Pick Wipe 按钮不放，将其拖动到 Slider Controls 特效的 Slider 属性上，继续输入表达式“[800，sid];”，最后完整的表达式为

sid = effect("Slider Control")("Slider");
[800，sid];

这时改变 Slider Controls 特效的 Slider 属性的参数，发现光束起点 Starting Point 与光束终点 Ending Point 都已经被控制而跟随变化了，如图 5.66 所示。

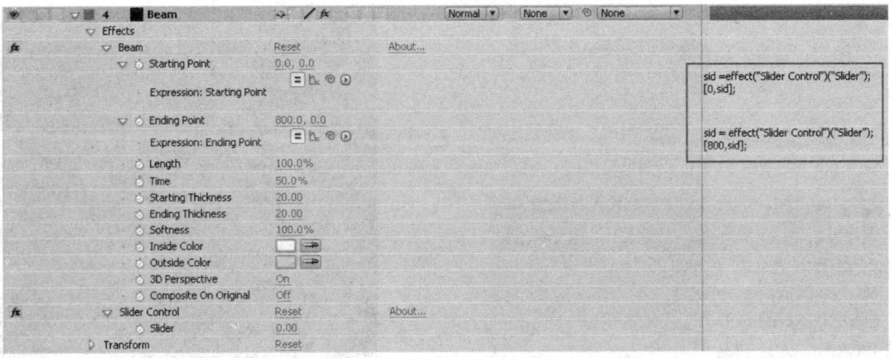

图 5.66 添加表达式

(3) 制作 Slider 属性的动画效果。将时间滑块移动到第 0 帧的位置，设置 Slider 属性的参数为-80，单击 Slider 属性的动画记录秒表图标，将时间滑块移动到第 1 秒的位置，设置 Slider 属性的参数为 900，现在播放可以看到光束从上而下的运动效果。

为了让这个动作重复运行，选择这两个关键点，为它们加入 AE 预置的表达式。按住 Alt 键不放，在 Slider 属性的动画记录秒表图标上右击，然后单击 Expression Language Menu 按钮选择一个表达式“loopOutDuration(type = "cycle"， duration = 0)”，设置如图 5.67 所示。

这时光束就可以循环运动了，效果如图 5.68 所示。

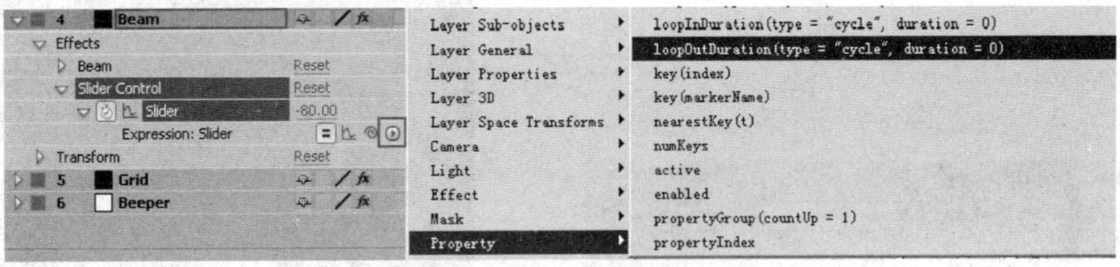

图 5.67 添加表达式

图 5.68 循环运动的光束

(4) 选择 Beam 层，执行 Effect| Time |Echo 命令，为本固态层加入 Echo(回声)特效，设置如图 5.69 所示，效果如图 5.70 所示。

(5) 使用 Adjustment Layer 与 Polar Coordinates 特效使图像由方变圆。执行 Layer | New | Adjustment Layer 命令，创建一个调节层(Adjustment Layer)，命名为 Polar。为调节层施加的特效可以对其下面所有的层都产生作用。

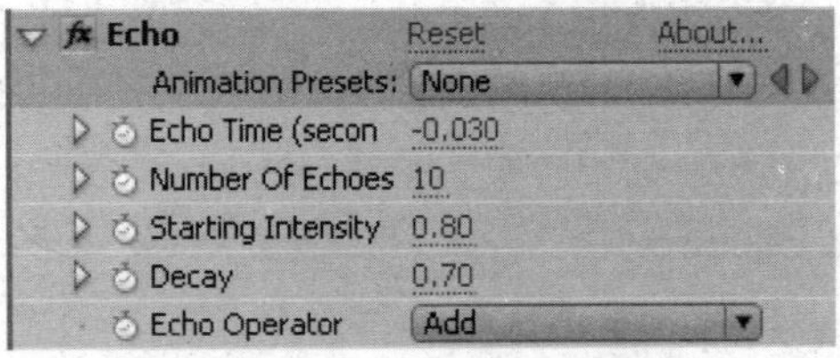

图 5.69　Echo(回声)参数设置

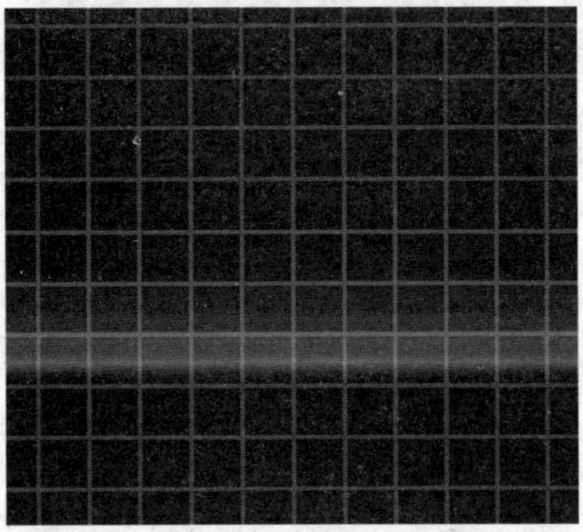

图 5.70　Echo(回声)特效图

选择本层，执行 Effect|Distort|Polar Coordinates 命令，为本层加入 Polar Coordinates(极坐标)特效，设置如图 5.71 所示，效果如图 5.72 所示。

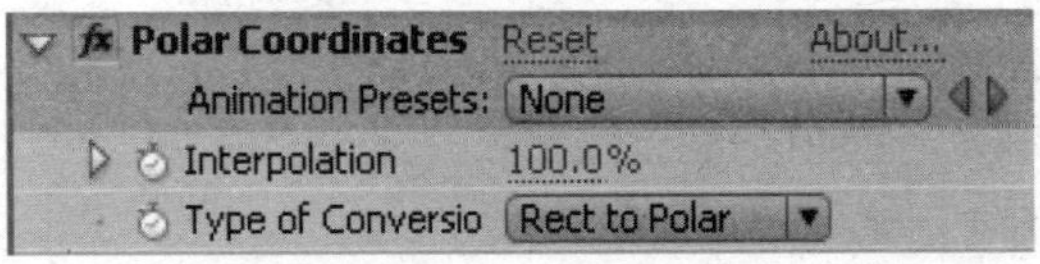

图 5.71　Polar Coordinates(极坐标)参数设置

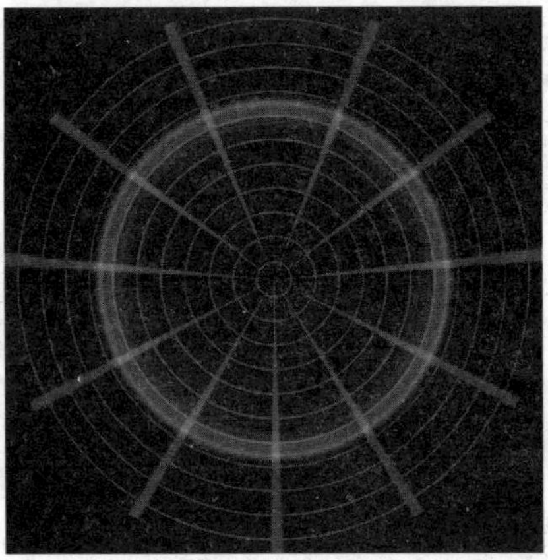

图 5.72　调节极坐标后的效果图

选择本层，执行 Effect|Stylize|Glow 命令，为本层加入 Glow(辉光)特效，设置如图 5.73 所示，效果如图 5.74 所示。

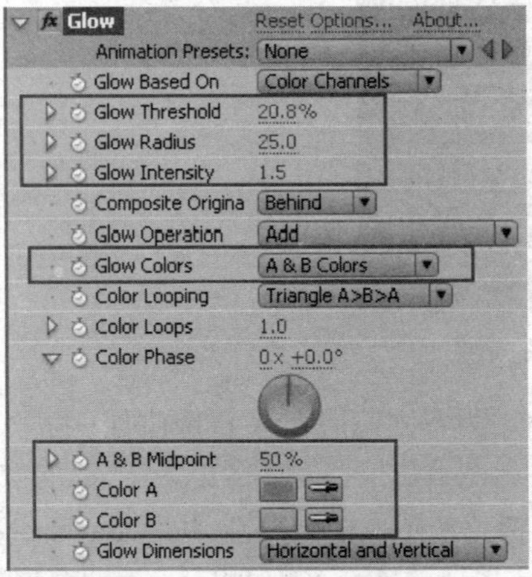

图 5.73　Glow(辉光)参数设置

图 5.74　Glow(辉光)特效图

(6) 加入箭头符号。执行 Composition | New Composition 命令，新建一个合成项目，名称为 Arrow，帧率为 25，大小为 100×100，时间为 10 秒，然后单击 OK 按钮。

执行 Layer | New | Solid 命令，创建一个固态层，命名为 Arrow，将其颜色设置为黑色。

选择本固态层，使用钢笔工具绘制一个箭头状的 Mask。执行 Effect | Generate| Stroke 命令，为本固态层加入 Stroke(描边)特效，设置如图 5.75 所示，效果如图 5.76 所示。

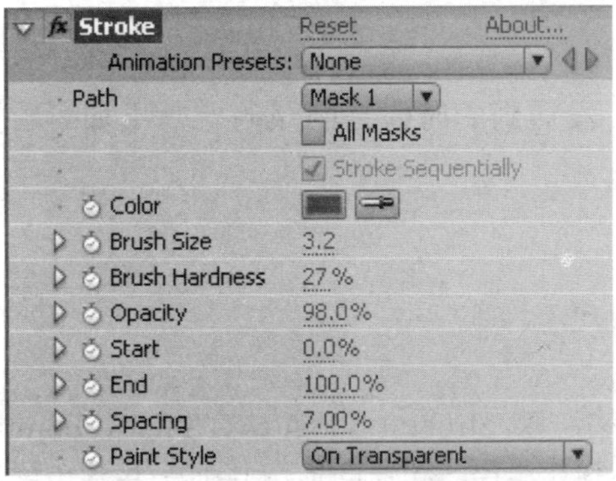

图 5.75　描边特效参数设置

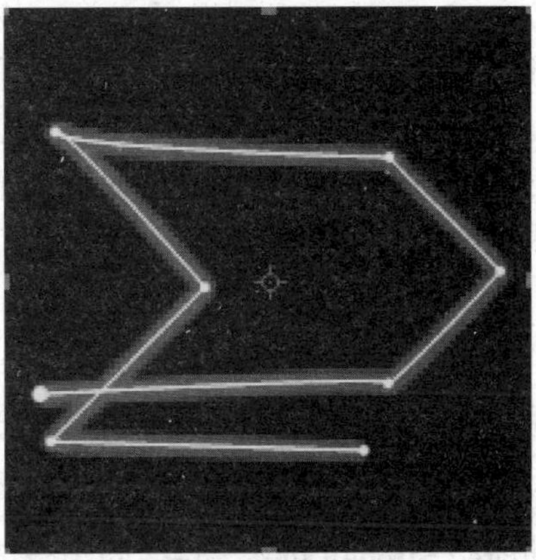

图 5.76　描边效果图

回到 Radial 合成项目，把刚才做好的合成项目 Arrow 拖入 Radial 中，选择 Arrow 层，按 P 键展开其位移属性，从 0 帧到最后 1 帧为其制作穿越光波的位移动画。为了让其箭头方向始终朝向位移的前方，选择本层，执行 Layer | Transform | Auto-Orientation(自动定向)命令，弹出“自动定向”对话框，勾选 Orient Along Path 复选框，这样可以让箭头图形自动按路径的方向运动，单击 OK 按钮，如图 5.77 所示。

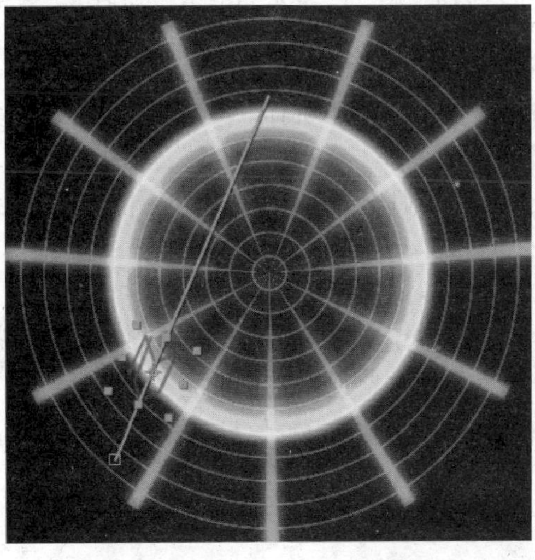

图 5.77　箭头位移效果图

(7) 设置箭头只有遇到光波的时候才显示出来。可以使用两种方法达到目的，第一种方法是为其不透明属性设置关键帧；第二种方法是为其不透明属性添加表达式。选择本层，执行 Effect | Distort | Transform 命令，为本层加入 Transform(变换)特效，按住 Alt 键不放，在 Transform 变换特效下的 Opacity 属性的动画记录秒表图标上右击，在显示出的表达式输

入框中输入以下内容。

```
dist = length(transform.position,  thisComp.layer("Grid").transform.anchorPoint);
sldval = thisComp.layer("Beam").effect("Slider Control")("Slider") | 2;
if((dist > sldval-10) && (dist < sldval + 10)){
100;
}else{
0;
}
```

这样箭头只有遇到光波的时候才显示出来，没遇到的时候是隐藏的，效果如章首图所示。

本章小结

本章学习了影视制作中常见的光效的制作方法，以 Stroke、Starglow、Shine、Form、Lens Flare、Strobe Light 等特效的结合运用为主要制作手段，并辅助使用其他一些常用的特效，实现了绚丽的光线效果。学生可以在此基础上发挥创造力，多尝试，制作出更多的光线效果。

习 题

1. 常用的制作光效的特效有哪些？在本章使用的制作光效的特效中，哪些是 After Effects 内置的特效？哪些是外挂插件？

2. 以 Stroke 和 Starglow 为主要特效，制作一个有舞动光线的小片头。制作一个科幻片中的闪烁发光的计算机屏幕效果。

3. Form 特效插件是由哪个公司出品的？它主要用来创造什么样的效果？Form 特效主要包含哪几个大的板块？

4. CC Star Burst 特效主要用来创造什么效果？

5. Strobe light 特效主要用来创造什么样的效果？它的主要参数有哪些？

6. Beam 特效的主要参数有哪些？说明它们的含义。

7. 通过互联网查找 Trapcode 公司的相关信息，了解该公司出品的其他插件及其作用。

第 6 章　粒子特效制作

教学内容及目标

本章主要学习 After Effects 中粒子特效制作，6.1 节中的案例使用 After Effects 自身的 Particle Playground 粒子特效制作雪花降落到人身上的效果。6.2 节中的案例使用 After Effects 外挂插件 Form 制作文字变成粒子散掉的效果。通过本章学习，要学会利用 After Effects 粒子功能制作出多种不同的粒子效果。

教学要求

粒子效果是相对较复杂的效果，同时又是最引人注目的效果，要先通过实例效果激发学习兴趣，才能在制作中最终理解粒子特效的众多参数，并利用它们进行自由创作。

教学建议课时数

6 课时。

粒子特效在目前影视作品中被大量应用，它除了可以模拟飘落的花瓣、龙卷风、火、雨、水、云、爆炸、破碎等各种各样的自然现象外，还可以模拟许多生活中不存在的奇异现象，可以说如果没有粒子特效，影视作品会变得平淡无奇。

粒子特效分为三维粒子和二维粒子，它们各有特点，本章案例以二维粒子为主。

粒子效果的电影特效欣赏如图 6.1～图 6.3 所示。

图 6.1　电影《木乃伊 3》中角色化成粒子散掉

图 6.2　电影《黑客帝国》中不停下落的文字粒子雨

图 6.3　电影《黑客帝国》中机器鱿鱼的粒子特效

6.1　“雪花降落”案例

6.1.1　案例说明

本案例利用 After Effects 内置的例子特效制作雪花降落到人身上的效果。

本案例首先应用部分勾边与轮廓相关的特效，对人物的边缘进行处理，然后使用 Particle Playground(粒子)特效模拟雪花飘落的动画，并与人物轮廓发生作用；产生雪花飘落到人身上的效果。

6.1.2　案例步骤

1．轮廓和边界效果

(1) 执行 Composition | New Composition 命令，新建一个合成项目，名称为 snow，NTSC 制，时间为 15 秒，帧率为 30，然后单击 OK 按钮，如图 6.4 所示。

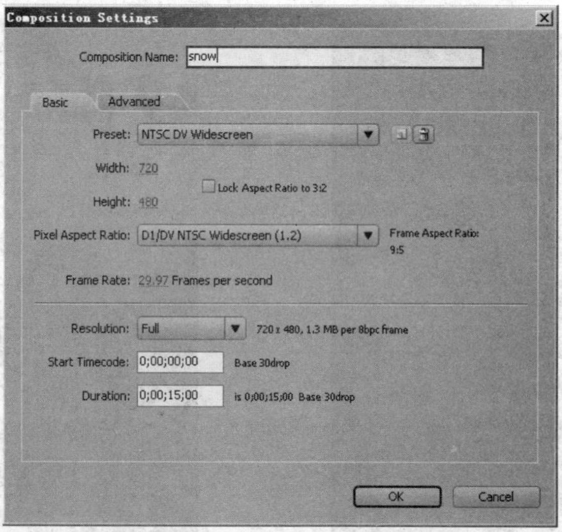

图 6.4　建立合成项目

(2) 在 Project 项目窗口中双击，导入命名为 Cold 的 AVI 格式的视频文件。这是一个因为寒冷而缩成一团的人。

将其拖入 Snow Composition 合成项目的时间线窗口中，在时间线窗口中选择 Cold 层，执行 Effect | Stylize | Find Edges 命令，为本素材加入 Find Edges 特效。Find Edges 称为“勾边”，通过强化过渡像素产生彩色线条。该特效有以下两个主要参数。

① Invert：反向勾边。

② Blend With Original：和原图像混合比例。

本例将 Blend With Original 设为 0%，如图 6.5 所示，效果如图 6.6 所示。

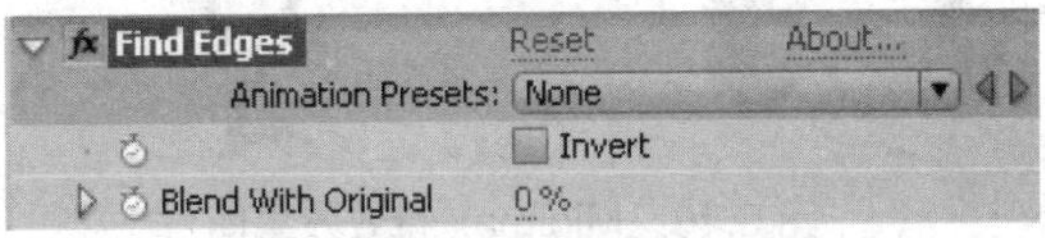

图 6.5　Find Edges 特效设置

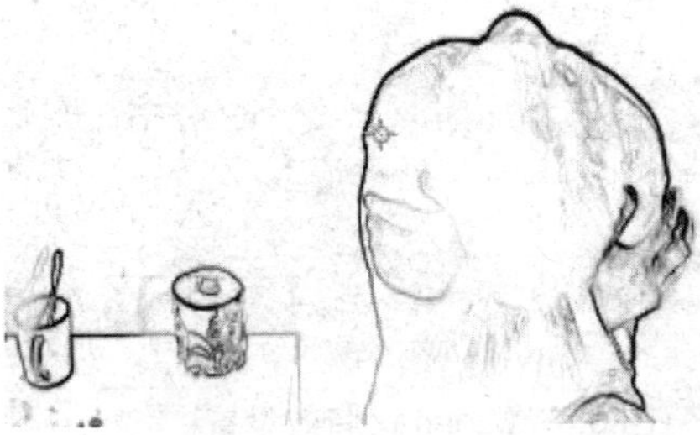

图 6.6　Find Edges 特效效果图

(3) 选择 Cold 层，执行 Effect | Stylize | Threshold 命令，为本素材加入 Threshold(勾边效果)特效。

Threshold 用于将灰度图或彩色图像转化为高对比度的黑白二进制图像，Level 用来设置阈值级别，低于这个阈值的像素转化为黑色，高于这个阈值的像素转化为白色。本例将 Level(阈值级别)设置为 156，如图 6.7 所示，效果如图 6.8 所示。

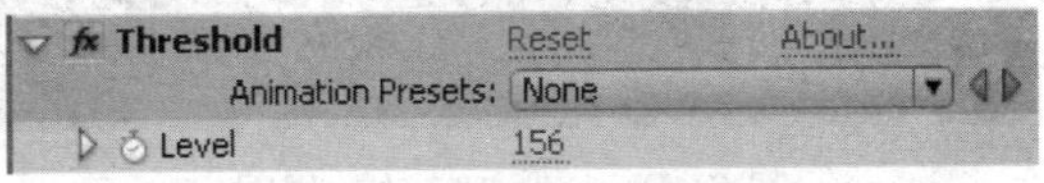

图 6.7　Threshold 特效设置图

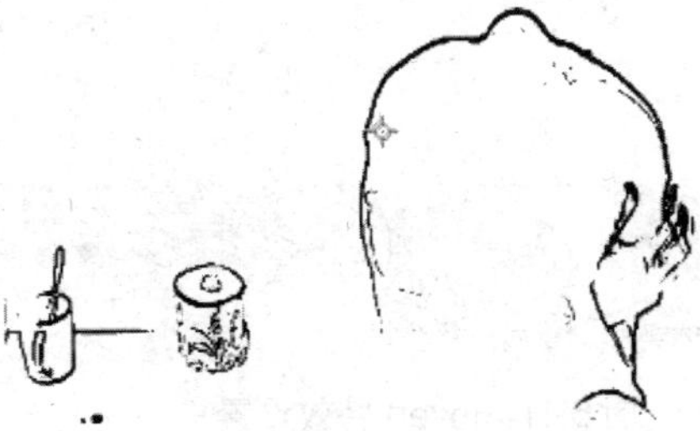

图 6.8　Threshold 特效效果图

(4) 选择 Cold 层，执行 Effect | Channel | Minimax 命令，为本素材加入 Minimax 特效。

① Minimax 称为“最大最小值效果”，用于对指定的通道进行最大值或最小值的填充。Maximum 是以该范围内最亮的像素填充；Minimax 是以该范围内最暗的像素填充。而且可以设置方向为水平或垂直，可以选择应用通道，非常灵活，效果出众。下面对其主要参数进行解释。

① Operation：作用方式。可以选择 Maximum(最大方式)、Minimax(最小方式)、Minimax then Maximum(先最小再最大)和 Maximum then Minimax(先最大再最小)4 种方式。

② Radius：作用半径，也就是效果的程度。

③ Channel：应用通道。可以对 R、G、B 和 Alpha 通道单独作用，这样可以不影响画面其他元素。

④ Direction：方向。可以选择 Horizontal＆ Vertical(水平和垂直)、Just Horizontal(仅水平方向)和 Just Vertical(仅垂直方向)等选项。

本例设置如图 6.9 所示，效果如图 6.10 所示。

图 6.9　Minimax 特效设置

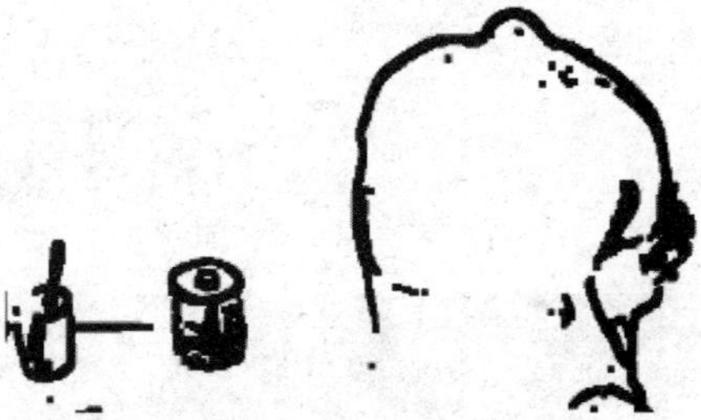

图 6.10　Minimax 特效效果图

(5) 选择 Cold 层，执行 Effect | Channel | Invert 命令，为本素材加入 Invert 特效。

Invert 称为“反转”，用于反转图像的颜色信息。该特效有如下两个主要参数。

① Channel：应用反转效果的通道。

② Blend With Original：和原图像的混合程度。

本例设置如图 6.11 所示，效果如图 6.12 所示。

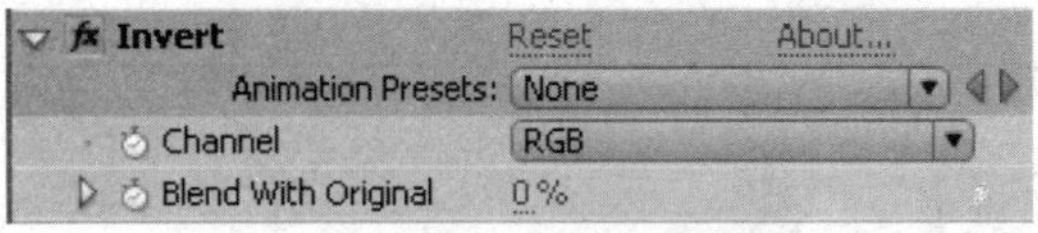

图 6.11　Invert 特效设置

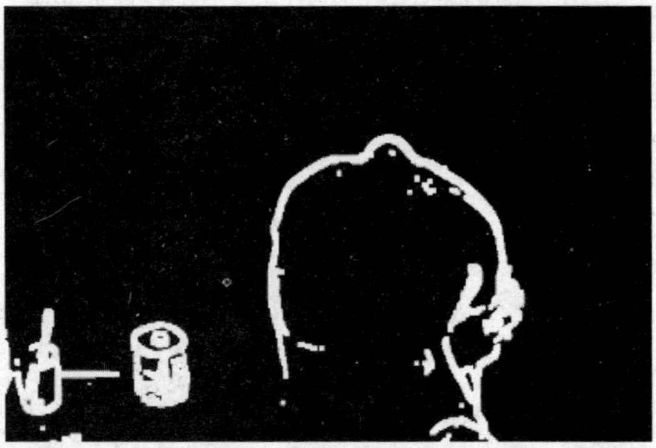

图 6.12　Invert 特效效果图

(6) 选择 Cold 层，执行 Effect | Keying | Luma Key 命令，为本素材加入 Luma Key 特效。

Luma Key 称为“亮度抠像”，对于明暗反差很大的图像，可以应用亮度抠像特效，使背景透明，Luma Key 设置某个亮度值为“阈值”，低于或高于这个值的亮度设为透明。下面对 Luma Key 的主要参数进行解释。

① Key Type：抠像类型。有 4 种类型可以选择：Key Out Brighter(把大于阈值的较亮的部分变为透明)、Key Out Darker(把小于阈值的较暗的部分变为透明)、Key Out Similar(抠除阈值附近的亮度)、Key Out Dissimilar(抠除阈值范围之外的亮度)。

② Threshold：用于设置阈值。

③ Tolerance：用于控制容差范围。值越小，亮度范围越小。

④ Edge Thin：用于调整抠像边缘。正值扩大遮罩范围，负值缩小遮罩范围。

⑤ Edge Feather：用于羽化抠像边缘。

Luma Key 抠像属于二元抠像，即抠像后的图像或者完全透明，或者完全不透明，没有半透明的区域。这主要运用于有锐利边缘的固态对象。

本例设置如图 6.13 所示。

为了使效果便于观察，在 Cold 层的下面新建了一个红色固态层，观察完毕将其删除，如图 6.14 所示。

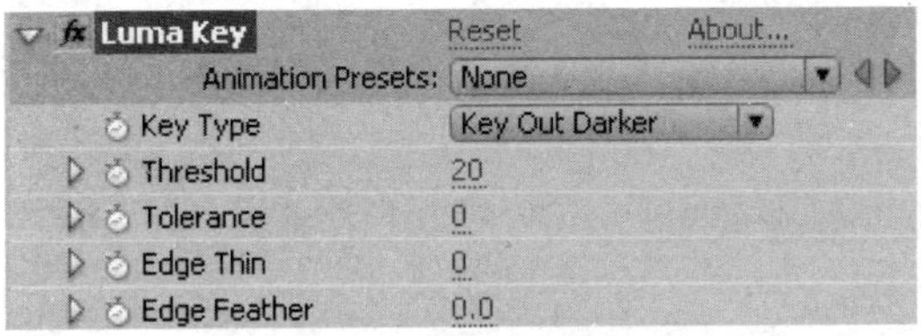

图 6.13　Luma Key 特效设置

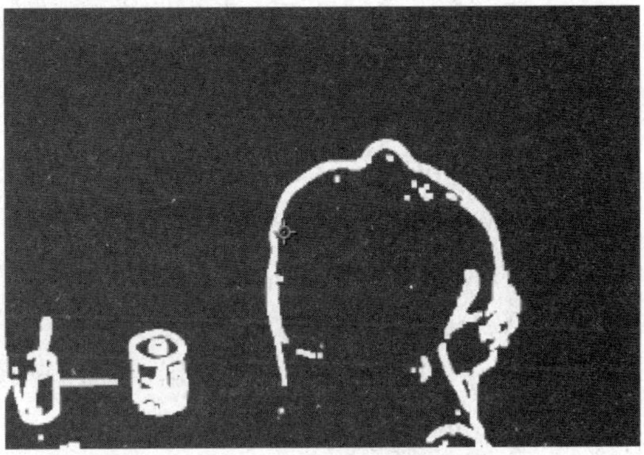

图 6.14　Luma Key 特效效果图

2. 粒子雪特效制作

(1) 执行 Composition | New Composition 命令，新建一个合成项目，名称为 snow2，NTSC 制，时间为 15 秒，帧率为 30，然后单击 OK 按钮。

将 snow 合成项目从 Project 窗口拖入 snow2 合成项目，将没有加入特效的 Cold 原始视频文件也拖入 snow2 合成项目，放在 snow 层的上面。

(2) 执行 Layer | New | Solid 命令，创建一个固态层，命名为 Particle，将其颜色设置为黑色。选择 Particle 层，执行 Effect | Simulation | Particle Playground 命令，为本固态层加入 Particle Playground 特效。

Simulation 特效中的 Particle Playground 称为“粒子效果”。粒子在后期与三维制作中的应用是十分广泛的，可以用来模拟出大量的神奇视觉效果。

下面对 Particle Playground(粒子)特效的主要参数进行解释。

Cannon 控制项，用于设置粒子发射器。

① Position：用于定位粒子发射器。

② Barrel Radius：粒子发射器半径。

③ Particles Per Second：每秒产生粒子数目。

④ Direction：粒子方向。

⑤ Direction Random：Spread 方向随机性。

⑥ Velocity：初始速度。

⑦ Velocity Random Spread：速度随机性。

⑧ Color：粒子颜色。

⑨ Particle Radius：粒子半径。

Grid 控制项，在每个网格的节点处产生新粒子，用于产生一个均匀的粒子面，产生的粒子不存在速度问题，完全由重力、斥力墙和属性映射来控制。默认的设置，由于重力打开，所以都向下运动。

① Position：用于确定网格中心的位置。

② Width：网格宽度。

③ Height：网格高度。

④ Particles Across：水平方向上产生的粒子数。

⑤ Particles Down：垂直方向上产生的粒子数。

⑥ Color：粒子颜色。

⑦ Particle Radius：粒子半径。

Layer Exploder 控制项，用于设置层爆破，从而分裂一个层作为粒子。

① Exploder Layer：设置应用粒子的层。

② Radius of New Particles：新产生粒子半径。

③ Velocity Dispersion：速度分布。

Particle Exploder 选择项，用于对粒子场应用爆破效果。

① Radius of New Particles：新产生粒子半径。

② Velocity Dispersion：速度分布。

Layer Map 控制项，用新的物件代替由 Cannon、Grid Layer Exploder 和 Particle Exploder 产生的粒子。

① Use Layer：用于指定作为映射的层。

② Time Offset Type：时间位移类型。

Gravity 控制项，用于设置重力场。

① Force：重力大小。

② Force Random Spread：重力随机性。

③ Direction：重力方向。

④ Affects：影响属性。

Repel 选择项，设置斥力。

① Force：斥力大小。

② Force Radius：斥力半径。

③ Repller：斥力控制器。

④ Affects：影响属性。

Wall 选择项，设置墙属性。

① Boundary：选择封闭遮罩作为边界。

② Affects：影响属性。

Persistent Property Mapper 选项卡，用于指定持久的属性映射器。

① Use Layer As Map：选择一个层修改粒子属性。

② Affects：影响属性。

③ Map Red/Green/Blue to：映射粒子的 RGB 通道的算法。

④ Min/Max：指定最小/最大变化范围。

Ephemeral Property Mapper 选择项，用于指定暂时属性映射器，其中的子属性和上面持久的属性映射器相同。

下面对本例进行设置：把发射器放在画面外一个比较高的位置，让粒子向下发射，设 Particles Per Second(每秒产生粒子数目)为 60，设定粒子的方向和速度，并且为方向和速度设置一定的随机参数。将 Gravity 控制项中的 Force(重力大小)设置为 60，设置如图 6.15 所示，效果如图 6.16 所示。

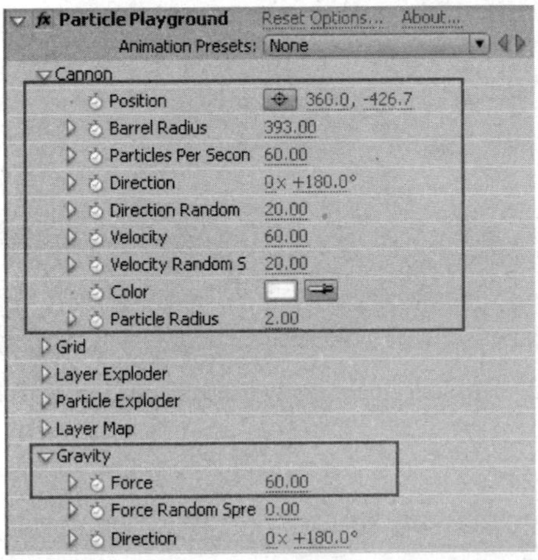

图 6.15 Particle Playground 特效设置

图 6.16 Particle Playground 特效效果

(3) 选择本固态层，执行 Effect | Blur & Sharpen | Fast Blur 命令，为本固态层加入 Fast Blur(快速模糊)特效。将 Blurriness 设置为 5，为本层加入模糊效果，以使粒子更像雪的效果，设置如图 6.17 所示，效果如 6.18 所示。

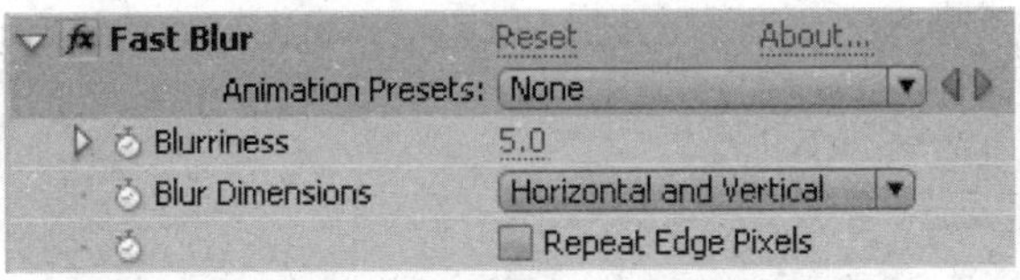

图 6.17 Fast Blur 特效设置

图 6.18 Fast Blur 特效效果图

(4) 下面要让雪落到人物的身上。打开 Persistent Property Mapper(属性映射器)进行设置：Use Layer As Map 选择 snow 层，Affects 下 Map Red to 设置为 X Speed，Map Green to 设置为 Y Speed，设置如图 6.19 所示，效果如图 6.20 所示。

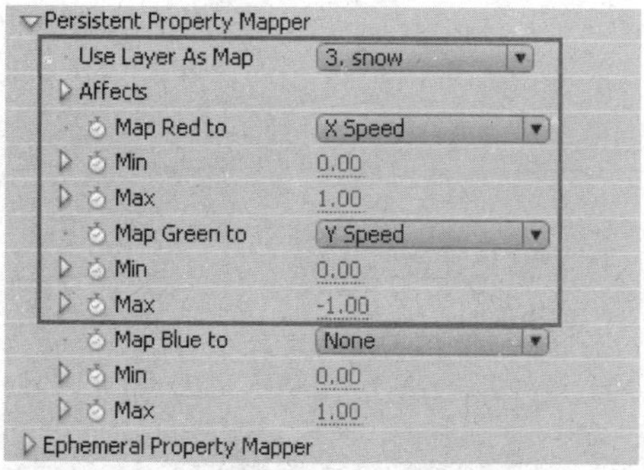

图 6.19　Persistent Property Mapper 属性设置

图 6.20　Persistent Property Mapper 属性设置效果图

6.2　“文字变粒子”案例

6.2.1　案例说明

本例使用 Form 插件，主要应用 Form 的层映射功能，并结合渐变特效实现文字变成粒子散掉的效果。最终动画效果如图 6.21 所示。

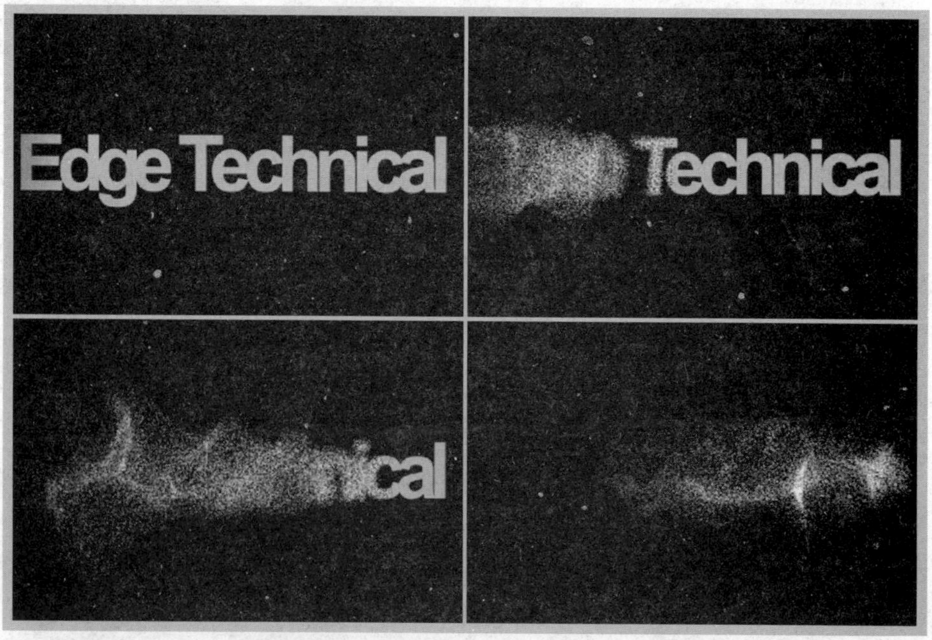

图 6.21　“文字变粒子”最终动画效果

6.2.2 案例步骤

1. 创建文字层和文字

(1) 执行 Composition | New Composition 命令，新建一个合成项目，名称为 Text，PAL 制，大小为 768×158，时间为 5 秒，然后单击 OK 按钮。

(2) 执行 Layer | New | Text 命令，创建一个文字层，在合成视窗中输入需要的文字并调节文字的字体、大小、颜色、长宽比例等属性，效果如图 6.22 所示。

图 6.22 创建文字

(3) 执行 Layer | New | Solid 命令，创建一个固态层，大小为 900×158，将其颜色设置为黑色。为其加入 Ramp 特效，设置如图 6.23 所示，效果如图 6.24 所示。

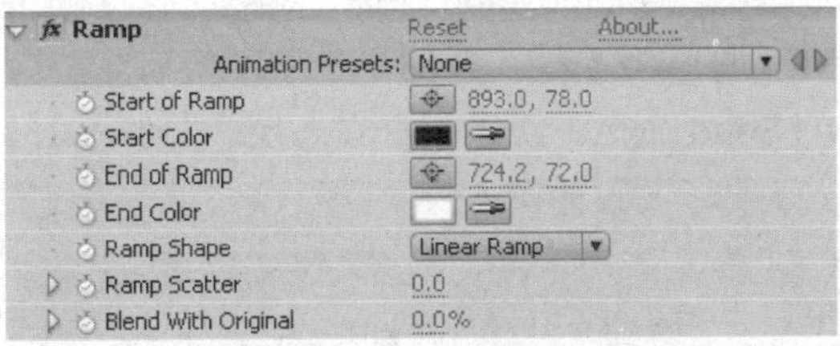

图 6.23 Ramp 特效设置

图 6.24 Ramp 特效效果图

(4) 设置该固态层在横向的位移动画，在第 1 秒与第 3 秒之间让它从左侧移动到右侧。在第 1 秒、第 2 秒、第 3 秒处的效果如图 6.25 所示。

图 6.25 渐变固态层的位移动画

(5) 设置文字层的层蒙版方式为 Luma Inverted Matte，设置如图 6.26 所示。第 2 秒处效果如图 6.27 所示。

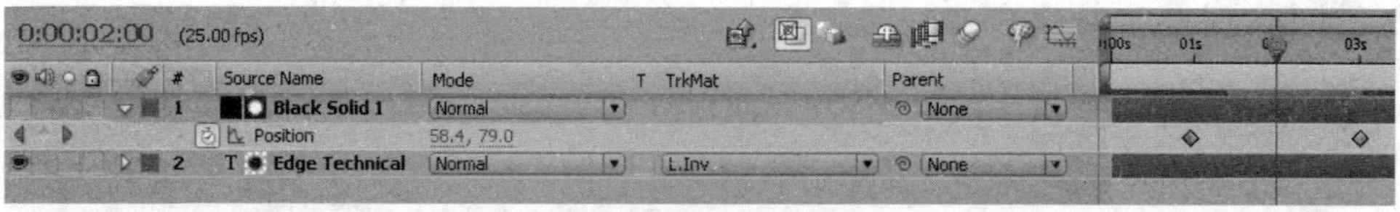

图 6.26　蒙版层设置

图 6.27　蒙版层设置效果图

2. 创建渐变蒙版

(1) 执行 Composition | New Composition 命令，新建一个合成项目，名称为 build-up，PAL 制，大小为 768×576，时间为 5 秒，然后单击 OK 按钮。

(2) 执行 Layer | New | Solid 命令，创建一个固态层，大小为 1536×576，将其颜色设置为白色。为其加入 Ramp 特效，设置如图 6.28 所示。

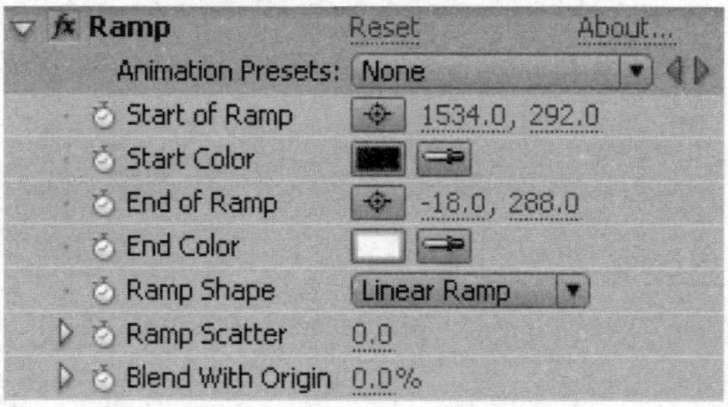

图 6.28　Ramp 特效设置

(3) 在第 0 秒与第 3 秒之间设置其位移动画，第 2 秒处效果如图 6.29 所示。

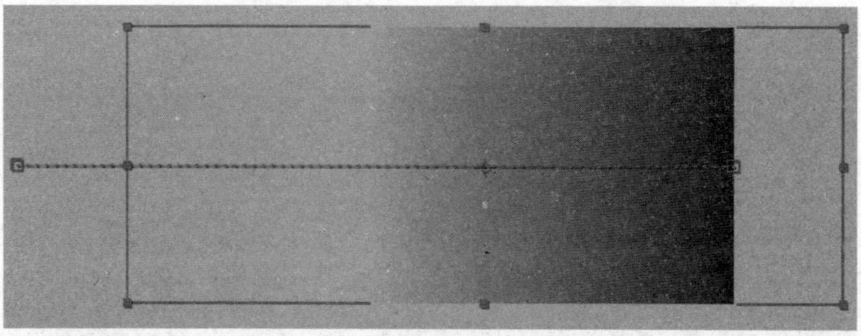

图 6.29　渐变固态层的位移动画

3. 创建粒子特效

(1) 执行 Composition | New Composition 命令，新建一个合成项目，名称为 main，PAL

制，大小为768×576，时间为5秒，然后单击OK按钮。

(2) 将前面建立的Text与build-up合成项目都添加到main合成项目中。

(3) 执行Layer | New | Solid命令，创建一个固态层，大小为768×576，将其颜色设置为白色。为其加入Form特效，Form特效基础设置如图6.30所示。

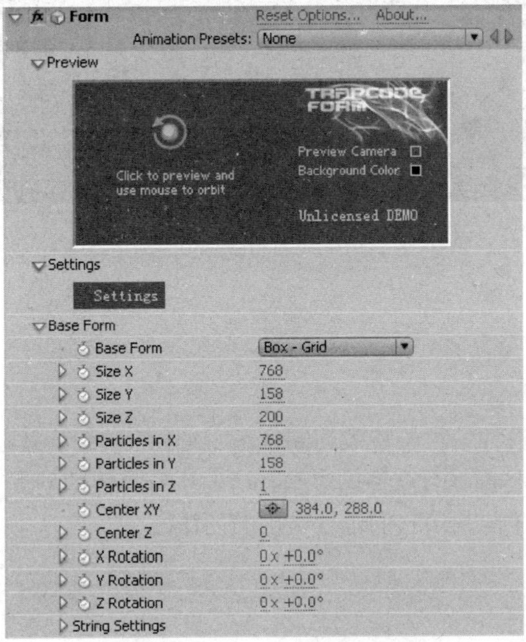

图6.30　Form特效基础设置

Layer Maps设置如图6.31所示。Form特效其他设置如图6.32所示。

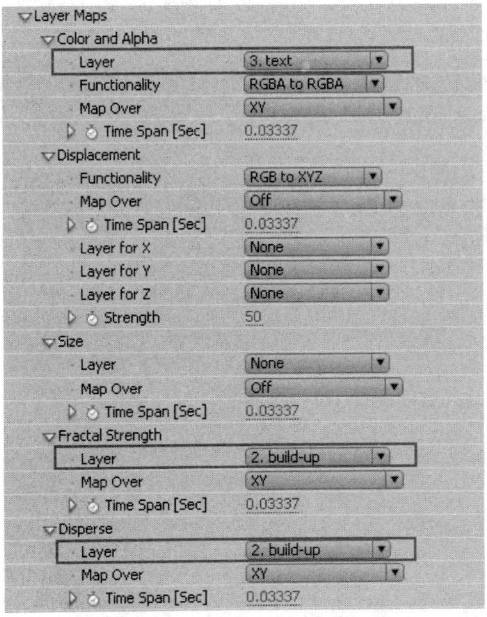

图6.31　Layer Maps设置

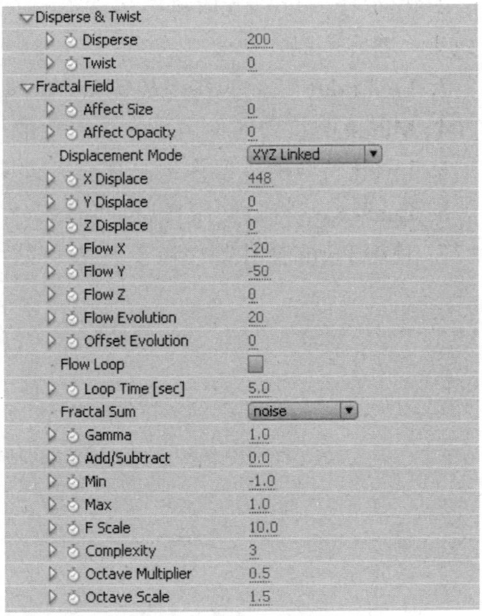

图6.32　Form特效其他属性设置

此时播放动画，会发现文字逐渐变成粒子的效果，如图 6.33 所示。

图 6.33 “文字变粒子”最终效果图

本章小结

本章通过两个案例进行了粒子特效的制作，案例中的核心特效是 Particle Playground 与 Form，它们共同的特点是都具有众多的参数，所以本章首要的问题就是理解这些参数，只有深入理解这些参数，才能利用它们进行自由的创作。

习 题

1. After Effects 内置的粒子特效叫什么名字？理解其参数的意义。
2. 粒子特效可以分成哪两大类？它们在影视作品中可以实现哪些效果？从中选取两种效果，将它们制作出来。
3. Find Edge 特效的作用是什么？它的主要参数有哪些？
4. Minimax 特效的作用是什么？它的主要参数有哪些？
5. Invert 特效的主要作用是什么？说明其参数的含义。
6. Luma Key 特效的工作原理是什么？说明其参数的含义。
7. 使用 Form 插件制作粒子聚集成文字的效果。

第 7 章　文字特效制作

教学内容及目标

本章通过 5 个 After Effects 的文字实例，演示了 Text(文字)特效组以及“文字层”的使用方法，另外还学习了使用外挂插件来实现 3D 文字的制作，弥补 After Effects 自身功能的不足。本章重点讲解文字层、描边、三维字体、三维贴图、锈斑等新知识点。

教学要求

本章的内容较为基础，但是应用非常广泛，希望学生能够熟练掌握各个特效的制作方法。

教学建议课时数

10 课时(根据特殊情况可做相应的调整)。

在影视和广告制作中，文字是必不可少的、最基本的元素之一，对文字的输入与表现形式要求也越来越高，因此 Text(文字)特效也就成为本书最基础的学习章节。After Effects 中有多种文字输入工具，通过“文字层”及文字特效组的应用，能够使呆板的文字活动起来。

7.1　“文字层”案例

7.1.1　案例说明

从 After Effects CS3 版本开始，After Effects 的文字层功能变得丰富强大起来，本节主要学习怎样通过 After Effects“文字层”功能来实现各种文字特效，而对 Effect 菜单的多种 Text 特效留待下个案例制作讲解。

“文字层”的功能非常强大，无需借助其他 Effect 菜单下的特效，其自带了足够丰富的特效处理能力，如描边、填色、位移、模糊、渐变、3D 文字、旋转等。

“文字层”案例最终动画效果如图 7.1 所示。

图 7.1　“文字层”最终动画效果图

7.1.2　案例步骤

1. 创建背景

(1) 在 Project 项目窗口中双击，导入一幅珊瑚的图片文件，并将它从 Project 窗口拖入 happy coral 合成项目的时间线窗口中，它将一直处于合成项目的最底层，如图 7.2 所示。

图 7.2　珊瑚素材图片

(2) 选择该层，执行 Effect | Blur & Sharpen | CC Vector Blur 命令，为该层加入 CC Vector Blur(矢量模糊)特效，将其 Amount(模糊数量)设置为-15，设置如图 7.3 所示，效果如图 7.4 所示。

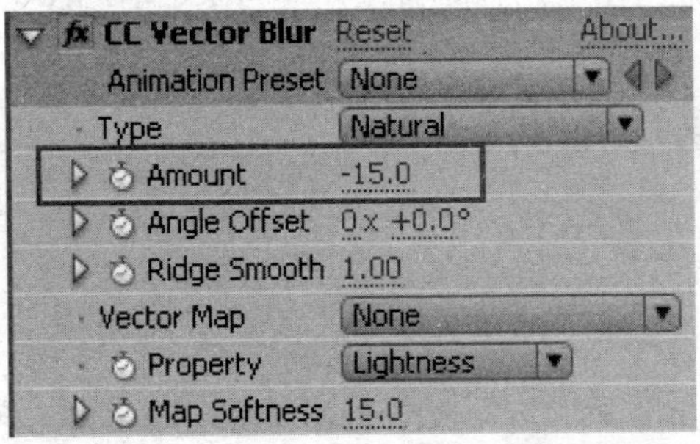

图 7.3　CC VectorBlur(矢量模糊)参数设置

图 7.4　矢量模糊后的效果图

(3) 选择该层，执行 Effect | Blur & Sharpen | Box Blur 命令，为该层加入 Box Blur(盒状模糊)特效，将其 Blur Radius(模糊半径)设置为 4，设置如图 7.5 所示，效果如图 7.6 所示。

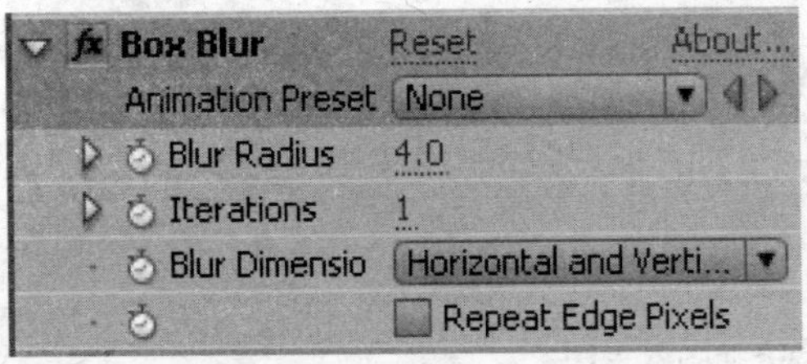

图 7.5　盒状模糊参数设置

图 7.6　盒状模糊效果图

(4) 使用 CC Coner 特效为图像调色，效果如图 7.7 所示。

图 7.7　CC Coner 调色后的效果图

2. 创建文字层和文字

执行 Composition | New Composition 命令，新建一个合成项目，名称为 happy coral，PAL 制，时间为 5 秒，然后单击 OK 按钮。

执行 Layer | New | Text 命令，创建一个文字层，在合成视窗中输入需要的文字并调节文字的字体、大小、颜色、长宽比例等属性，设置如图 7.8 所示，效果如图 7.9 所示。

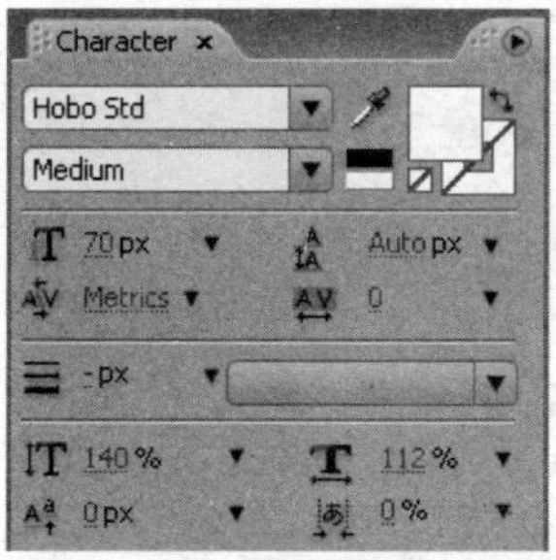

图 7.8　文字属性参数设置

图 7.9　文字效果图

3. 设置文字的描边效果

(1) 选择所有文字，双击 Stroke Color 按钮，弹出描边颜色设置对话框，设置好需要的描边颜色，设置如图 7.10 所示，效果如图 7.11 所示。

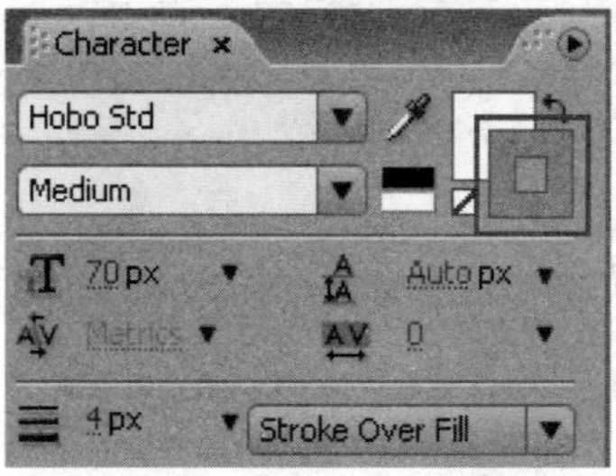

图 7.10　描边颜色设置

图 7.11　描边后的效果图

如果要取消 Stroke Color(描边颜色)或者 Fill Color(填充颜色)，只需双击 Stroke Color 或者 Fill Color 按钮，然后单击 No Stroke Color 或者 No Fill Color 按钮即可，如图 7.12 所示。

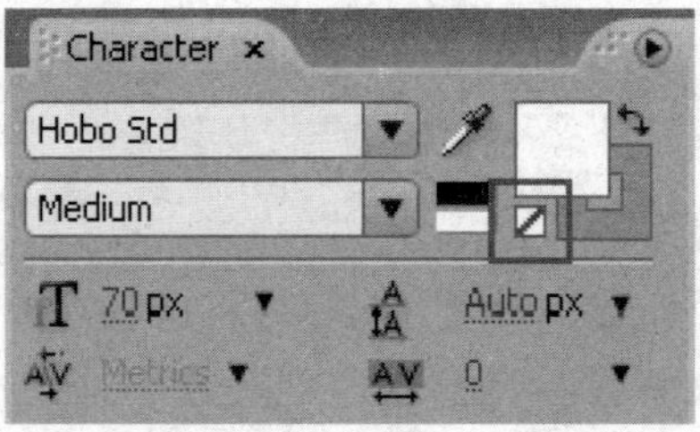

图 7.12　取消描边按钮

(2) 改变描边宽度。展开本文字层的 Text 属性，单击 Animate 旁边的小三角按钮为其添加 Stroke Width(描边宽度)属性，如图 7.13 所示。

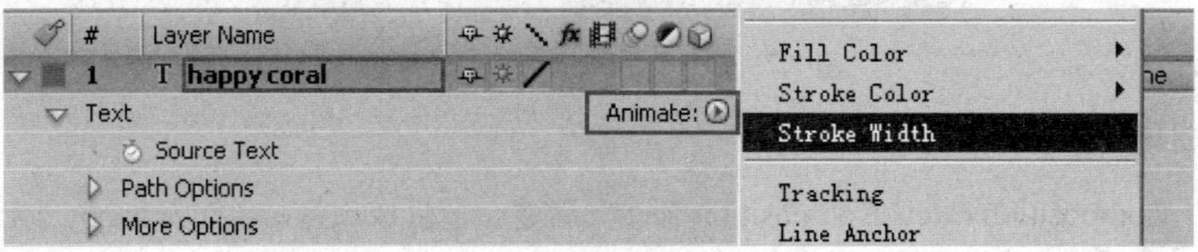

图 7.13　选择描边宽度

将 Stroke Width 修改为 4，设置如图 7.14 所示，效果如图 7.15 所示。

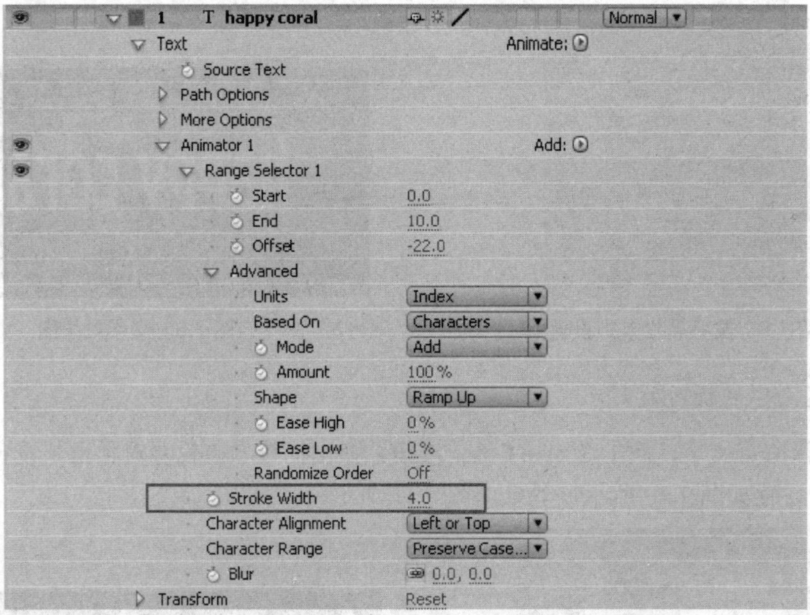

图 7.14　描边宽度设置

图 7.15　描边加宽后的效果图

4. 添加文字的填充色动画属性

单击 Animator 1 的 Add 旁边的小三角按钮为其添加 Fill Color(填充颜色)属性，如图 7.16 所示。

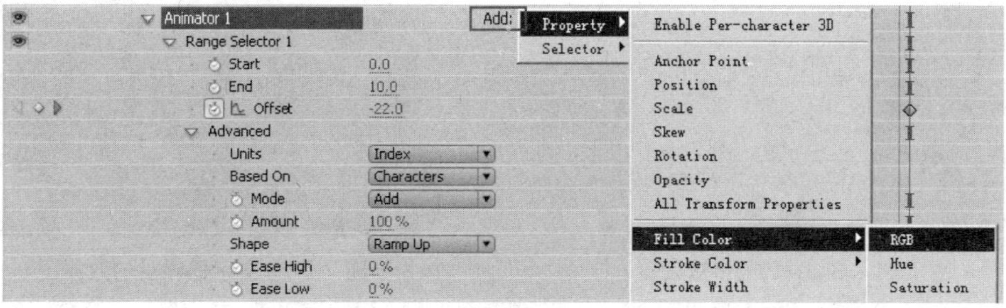

图 7.16 选择描边填充色功能

将 Fill Color 修改为蓝色，设置如图 7.17 所示，效果如图 7.18 所示。

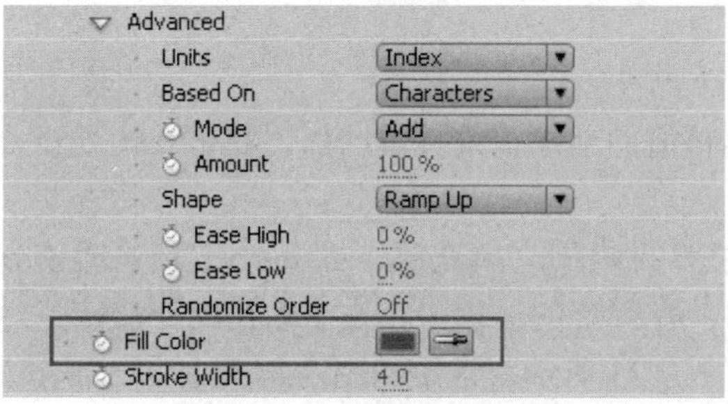

图 7.17 填充色设置

图 7.18 文字填充蓝色效果图

5. 添加文字的位移动画属性

单击 Animator 1 的 Add 旁边的小三角按钮为其添加 Position(位移)属性，将 Position 在高度方向上的位移值修改为-170，设置如图 7.19 所示，效果如图 7.20 所示。

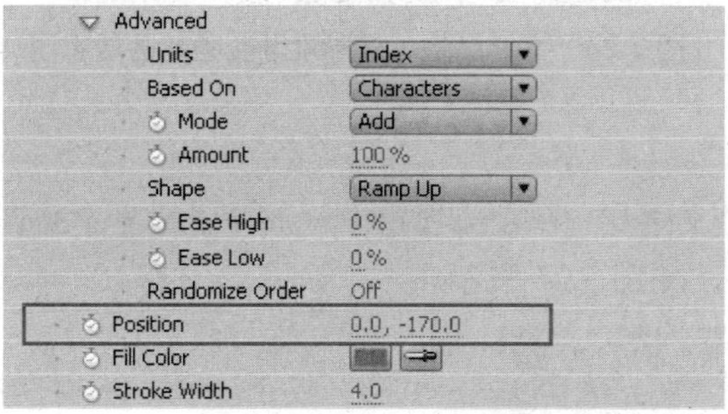

图 7.19 位移参数设置

图 7.20 位移动画效果图

6. 添加文字的模糊动画属性

单击 Animator 1 的 Add 旁边的小三角按钮为其添加 Blur(模糊)属性，将 Blur 修改为 15，设置如图 7.21 所示，效果如图 7.22 所示。

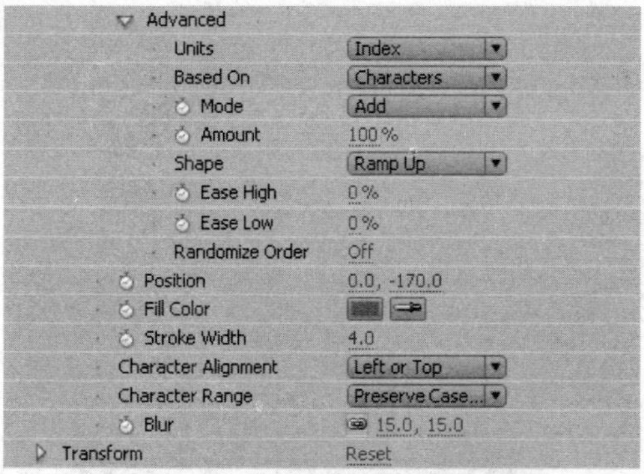

图 7.21　Blur(模糊)参数设置

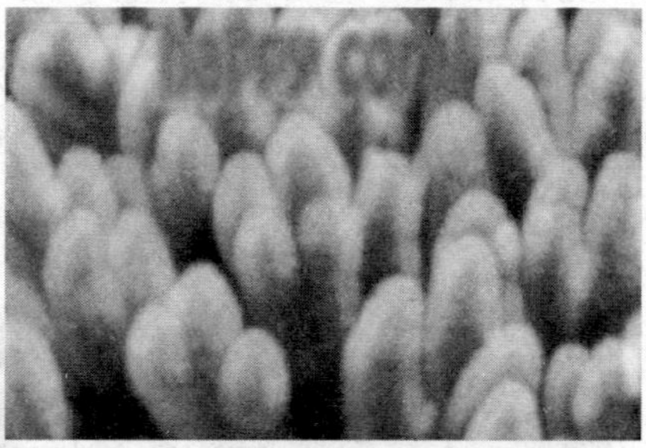

图 7.22　文字模糊后的效果图

7. 制作文字恢复初始值的动画

Range Selector(选择范围)的相关属性可以通过设置选择范围开始点或结束点的偏移值来实现恢复到初始值的动画效果。

(1) 首先将 Shape 形状设置为 Ramp Up(向上渐变)。

(2) 然后将 End 设置为 10。单击 Offset 偏移值的动画记录秒表图标，在第 0 帧处设置为-11，在第 2 秒处设置为 11。

这样就得到了所有添加进来的动画属性(位移、模糊、填充色、描边宽度)从修改值到初始值的变化效果，文字依次从上面降落下来，在降落的过程中，文字由模糊变清晰，填充色由蓝色变为白色，描边由宽变窄。设置如图 7.23 所示，效果如图 7.24 所示。

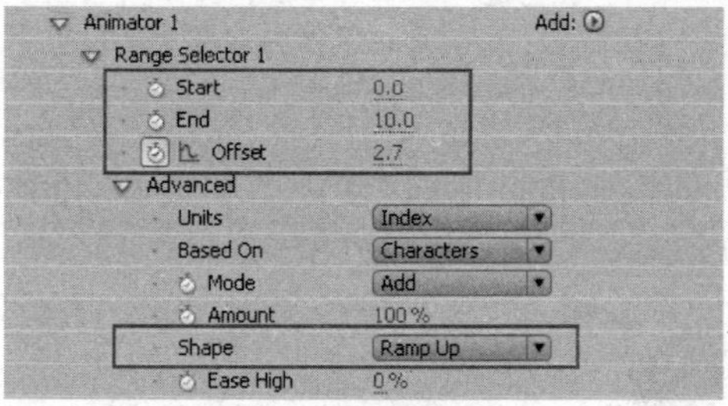

图 7.23　动画属性参数设置

图 7.24　文字颜色、清晰度渐变的动画效果图

8. 创建文字自转动画

(1) 执行 Layer | New | Text 命令，创建一个文字层，在合成视窗中输入需要的文字并调节文字的字体、大小、颜色、长宽比例等属性，如图 7.25 所示。

图 7.25　增加第二条文字

(2) 展开本文字层的 Text 属性，单击 Animate 旁边的小三角按钮，勾选 Enable Per-character 3D(开启每角色 3D 属性)选项，如图 7.26 所示。

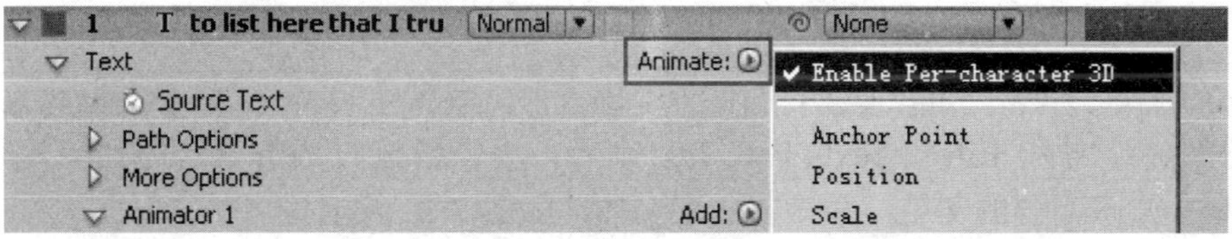

图 7.26　打开文字 3D 属性

(3) 单击 Animate 旁边的小三角按钮为其添加 Rotation(旋转)动画属性。单击 Y Rotation 的动画记录秒表图标，在第 0 帧处设置为 0，在第 2 秒处设置为 720。这样文字产生了各自按自身坐标轴旋转的动画，设置如图 7.27 所示，效果如图 7.28 所示。

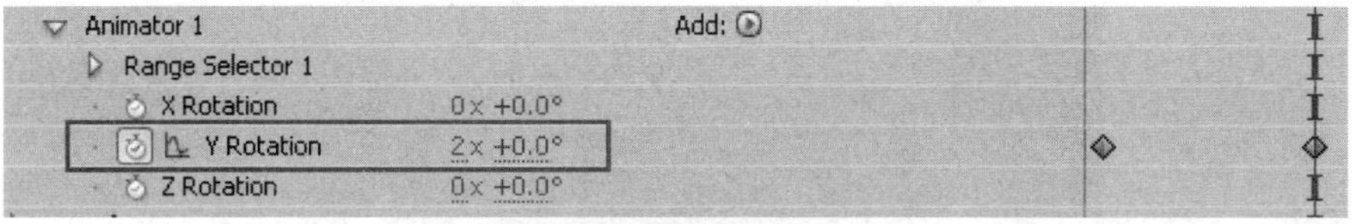

图 7.27　旋转参数设置

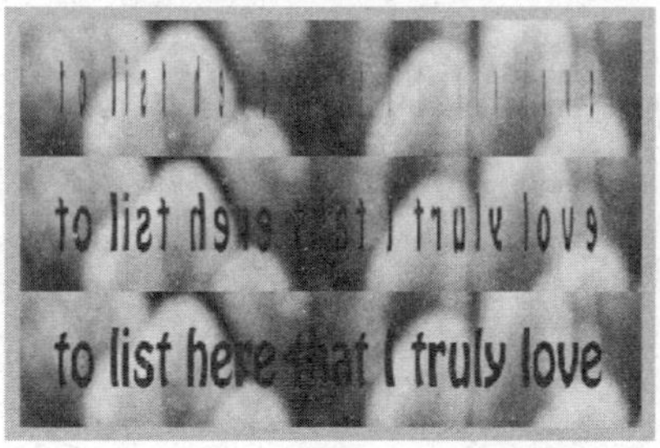

图 7.28　文字自转动画效果

7.2　“飞旋舞动的文字”案例

7.2.1　案例说明

本例利用 Effect 菜单的 Text 特效组的 Path Text 特效制作飞旋舞动的文字动画，如图 7.29 所示。此案例制作过程相对简单，但动画效果极佳。

图 7.29　飞旋舞动的文字效果

7.2.2 案例步骤

1. 创建文字

执行 Layer | New | Solid 命令，创建一个固态层，命名为 Dance，将其颜色设置为黑色。

选择该层，执行 Effect| Text | Path Text 命令，为该层施加 Path Text 路径特效。在弹出的对话框中输入需要的文字，并设置文字字体，如图 7.30 所示。

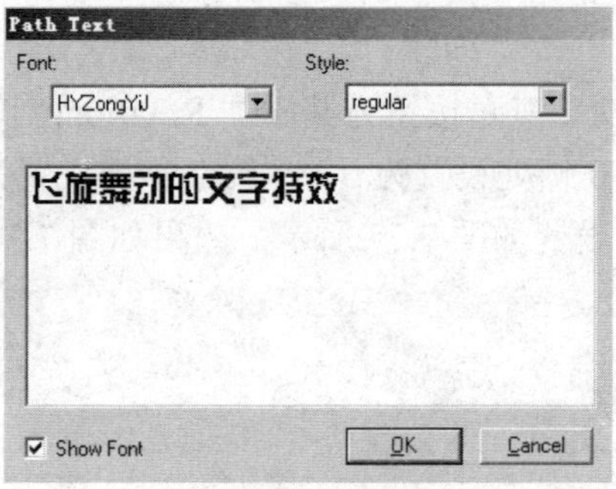

图 7.30　文字输入

2. 设置描边效果

设置 Shape Type(形状类型)为 Line(线性)，填充和描边色的 Options(类型)为 Fill Over Stroke，Stroke Width(描边宽度)为 3，其他设置如图 7.31 所示，效果如图 7.32 所示。

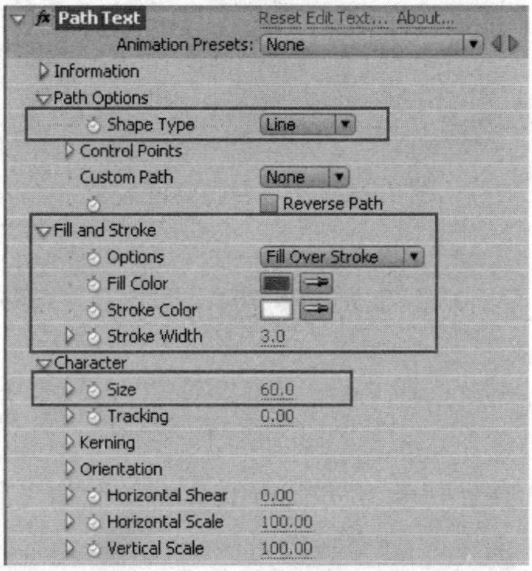

图 7.31　线性放置及描边参数设置

图 7.32　水平放置的描边字体

3. 让文字飞旋舞动

展开 Advanced(高级)选项，对 Jitter Settings(抖动设置)的 4 个属性进行设置，具体参数如图 7.33 所示，效果如图 7.34 所示。

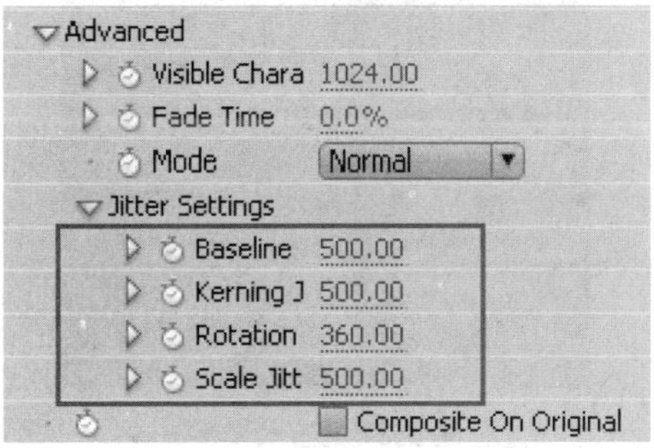

图 7.33　抖动选项设置

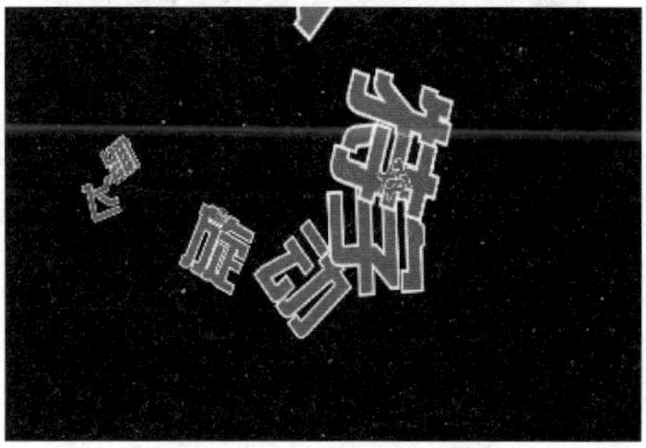

图 7.34　舞动的文字

现在对动画进行播放，文字便自动飞舞起来了。如果要让舞动平息下来，只需单击 Jitter Settings 的 4 个属性的动画记录秒表图标进行关键帧记录即可，在需要平息静止下来的时间让 4 个属性的参数归零。

7.3　“手写字”案例

7.3.1　案例说明

在电影和电视中有时会出现“自动书写”的字体特效，用 After Effects 很容易做到。

本例主要应用 Vector Paint(矢量画笔)特效，按笔画分多层制作。本例应用的特效较为单一，只是制作过程有些烦琐。最终动画效果如图 7.35 所示。

图 7.35　“手写字”最终动画效果图

7.3.2　案例步骤

1. 制作背景图片

准备一幅名为“稿纸”的 JPG 格式的图片，在 Project 窗口中双击将其导入。执行 Composition | New Composition 命令，新建一个合成项目，名称为 Paint Text，PAL 制，大小为 768×576，时间为 10 秒，然后单击 OK 按钮。将“稿纸.JPG”拖入时间线窗口，为其制作一个 Mask，增加羽化值以达到虚化背景边缘的目的，如图 7.36 所示。

2. 制作书写动画

使用文字工具输入需要制作手写字动画的文字，并设置其文字大小、字体、颜色等属性，如图 7.37 所示。

图 7.36　羽化后的稿纸

图 7.37　输入文字

首先来制作“大”字的书写动画，选择“大”字层，按 Ctrl+D 键将“大”字层复制两次，这样一共得到了 3 层“大”字层，要制作动画的文字要写多少笔就要有多少层，如图 7.38 所示。

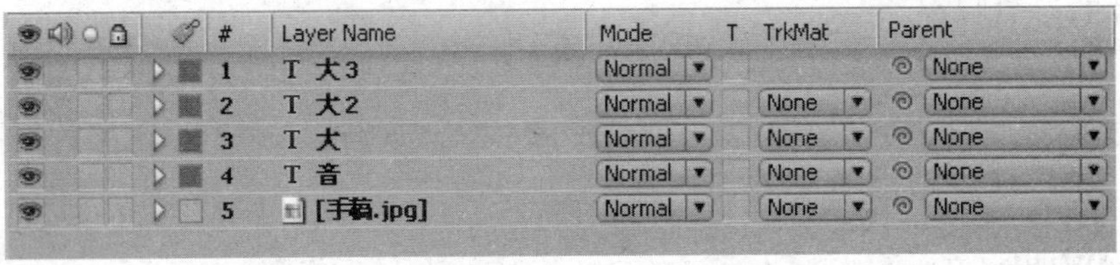

图 7.38　3 层“大”字层

接下来为每一个笔画制作 Mask。选择不同的层，使用钢笔工具分别制作出每一笔的 Mask，如图 7.39 所示。

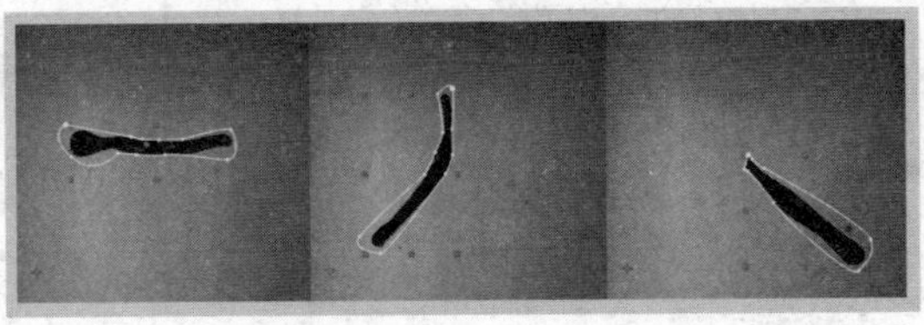

图 7.39　每层的不同笔画

选择对第 1 笔遮罩的那一层，执行 Effect | Paint | Vector Paint 命令，为本层加入 Vector Paint(矢量画笔)特效。将 Radius(笔画半径)设置为 20 左右，让笔画宽度可以超过原文字笔画的宽度，然后顺着原文字笔画在合成预览视窗中书写，设置如图 7.40 所示，效果如图 7.41 所示。

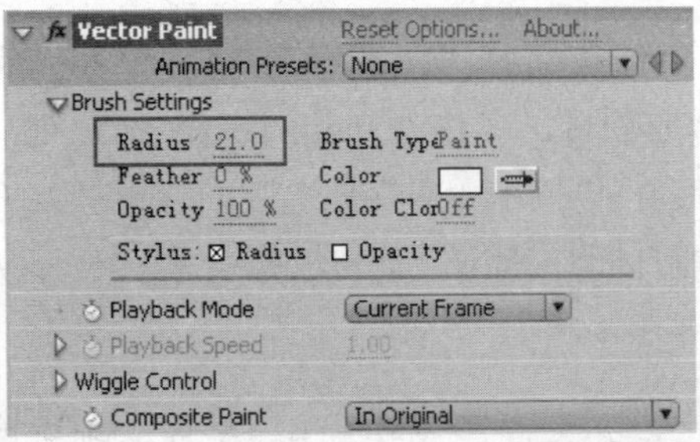

图 7.40　Vector Paint(矢量画笔)参数设置

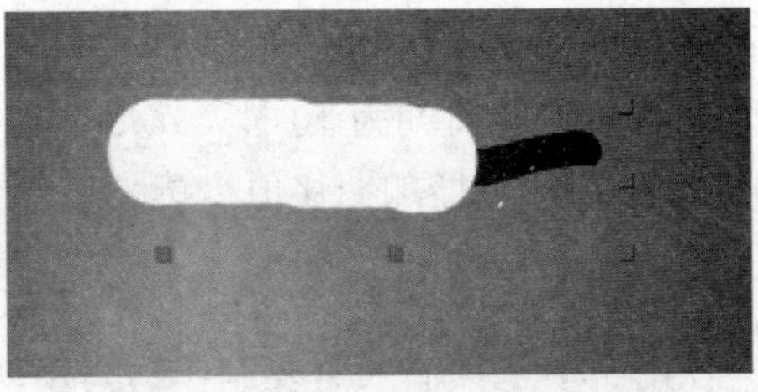

图 7.41　Vector Paint 画笔效果

设置 Playback Mode(播放模式)为 Animate Strokes(动画描边)，Playback Speed(播放速度)为 6，Composite Paint(合成画笔)为 As Matte(蒙版)方式，如图 7.42 所示。

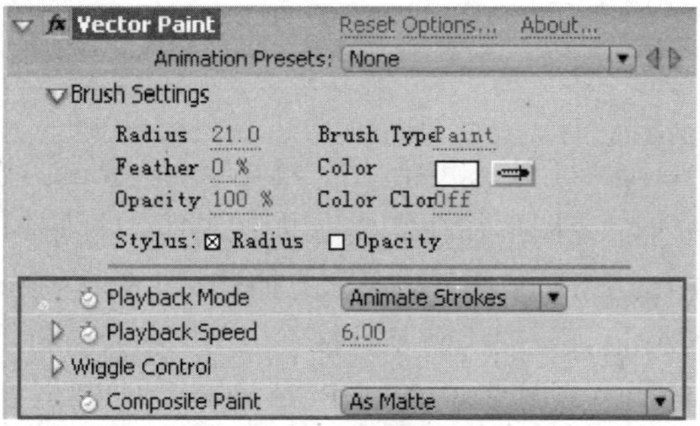

图 7.42　播放模式设置

按小键盘上的 0 键进行预演，观察书写的速度，将其调整为 1 秒钟左右书写完一笔。

将第 2 笔所在的层拖到 1 秒钟后第 1 笔写完的位置，选择对第 2 笔遮罩的那一层，执行 Effect | Paint | Vector Paint 命令，为本层加入 Vector Paint(矢量书写)特效。方法与设置同第 1 笔。

将第 3 笔所在的层拖到 2 秒钟后第 2 笔写完的位置，选择对第 3 笔遮罩的那一层，执行 Effect | Paint | Vector Paint 命令，为本层加入 Vector Paint(矢量书写)特效。方法与设置同前两笔。

设置如图 7.43 所示，效果如图 7.44 所示。

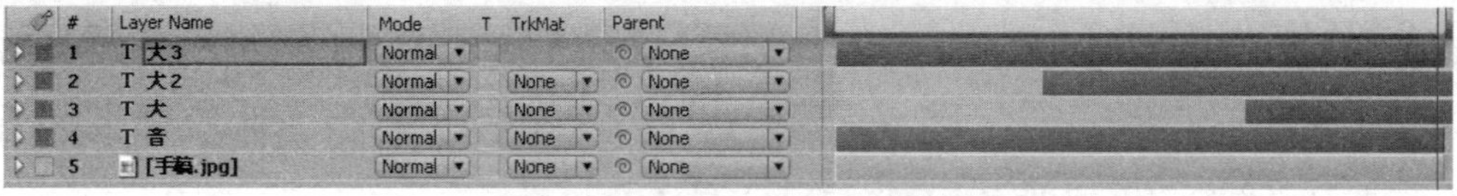

图 7.43　时间设置

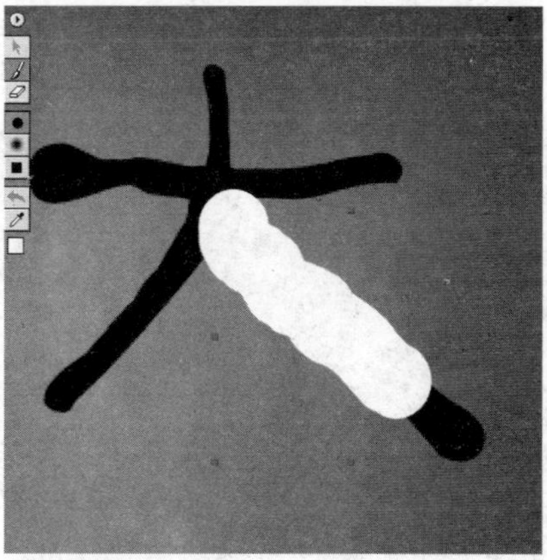

图 7.44　“大”字动画效果

使用相同的办法写完其他字。

7.4 “三维文字”案例

7.4.1 案例说明

本节主要学习如何在 After Effects 中制作三维文字与图形。由于 After Effects 自身功能的局限性，要制作 3D 的文字或图形往往需要借助于三维软件(如 Maya、3ds max 等)或者外挂程序，本例就是使用 After Effects 著名的第三方插件 Zaxwerks ProAnimator 来进行三维文字的制作。Zaxwerks ProAnimator 的优势是直接在 After Effects 的环境中进行操作，直接看到文字与其他层配合的结果，而且 Zaxwerks ProAnimator 功能强大，操作简便，具有动画功能，是非常出色的 3D 文字制作软件，效果如图 7.45 所示。

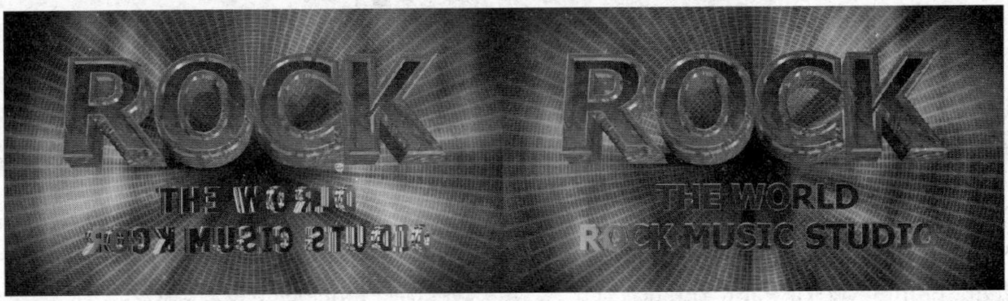

图 7.45 “三维文字制作”最终动画

7.4.2 案例步骤

1. 导入背景视频

执行 Composition | New Composition 命令，新建一个合成项目，名称为 3D Text，PAL 制，大小为 768×576，时间为 10 秒，然后单击 OK 按钮。

在 Project 项目窗口中双击，导入第 4 章制作好的“绚丽光影动态背景”视频文件，并将它从 Project 窗口拖入 3D Text 合成项目的时间线窗口中，它将一直处于合成项目的最底层，如图 7.46 所示。

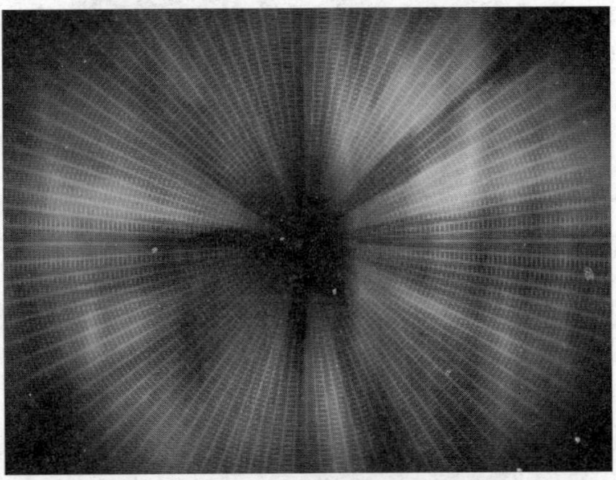

图 7.46 导入“绚丽光影动态背景”

2. 导入贴图文件

准备一幅金属纹理的贴图图片，导入项目窗口后，同样将其拖入 3D Text 合成项目的时间线窗口中。修改本层的名称为 Metal Blue，然后将本层的显示关闭，它的作用只是给 3D 文字施加纹理贴图，如图 7.47 所示。

图 7.47 金属纹理贴图

3. 加工贴图文件

因为要为 3D 文字的正面和侧面施加不同的贴图，所以先把前面导入的金属贴图另复制一层，然后把它修改成不同的颜色。将复制出的新层命名为 Metal Gold，选择该层，执行 Effect | Color Correction | CC Toner 命令，为该层加入 CC Toner 特效，将其高光、中间色调、阴影的颜色分别设置为白色、金黄色与黑色，设置如图 7.48 所示，效果如图 7.49 所示。

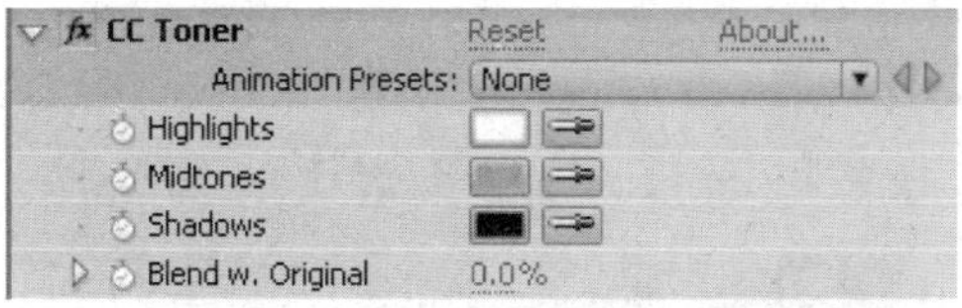

图 7.48 CC Toner 调色设置

图 7.49 调色后的效果图

4. 应用 Zaxwerks ProAnimator 创建立体字标题

执行 Layer | New | Solid 命令，创建一个固态层，命名为 Zaxwerks，将其颜色设置为黑色。

选择该层，执行 Effect | Zaxwerks | ProAnimator 命令，为该层施加 ProAnimator 特效，这时会弹出选择对话框，单击 Create 3D Text(创建三维文字)按钮，如图 7.50 所示。

在弹出的文字编辑器中输入文字，并且对文字的字体、大小、间距、长宽比例等进行调整，完成后单击 OK 按钮，场景中已经出现了 3D 文字，如图 7.51 所示。

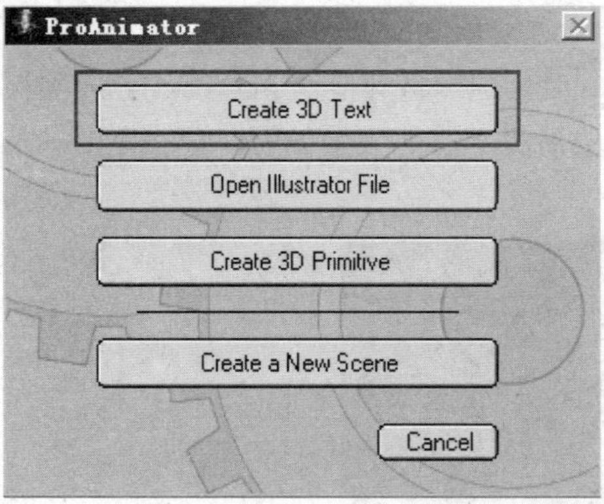

图 7.50　选择 3D 字体

图 7.51　“ROCK”3D 文字

5. 编辑立体标题文字

单击 Click To Edit 按钮对文字继续编辑，如图 7.52 所示。

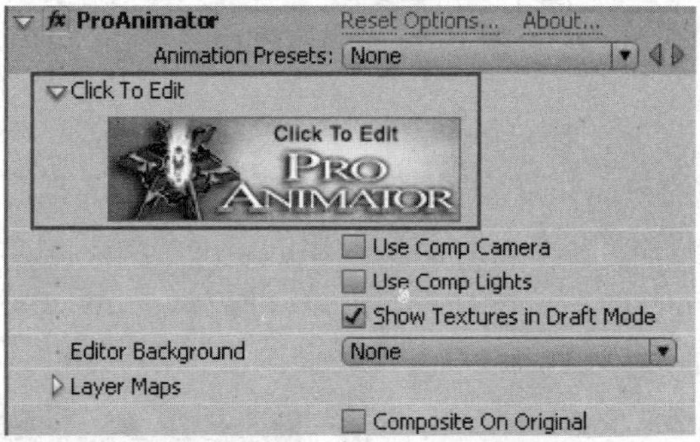

图 7.52　单击 Click To Edit 按钮

选择所有的文字，打开 Object 选项卡，对文字立体形态进行编辑。

首先编辑倒角形态，在 OUTSIDE Edges 下选择倒角形态为 Bevel，Power，设置如图 7.53 所示，效果如图 7.54 所示。

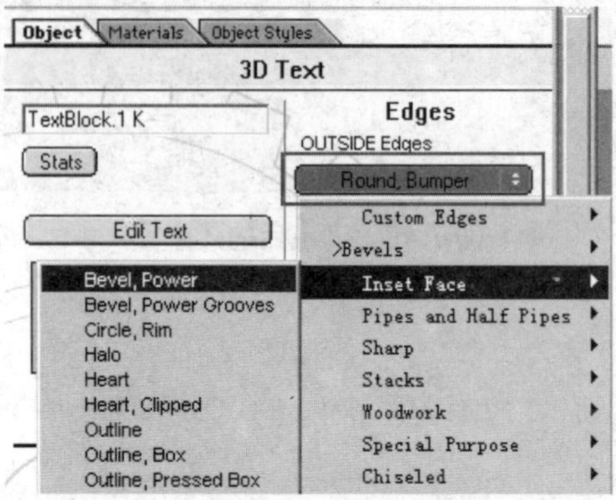

图 7.53　选择倒角类型

图 7.54　Bevel，Power 倒角默认效果

调整 Edge Scale 与 Edge Offset 让文字的倒角状态达到预想效果，设置如图 7.55 所示，效果如图 7.56 所示。

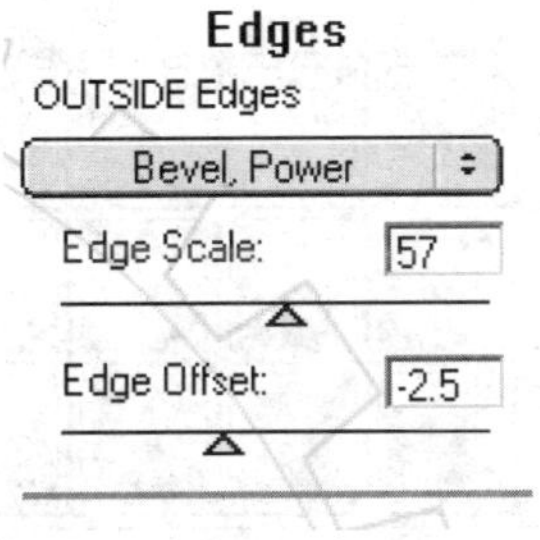

图 7.55 倒角参数设置

图 7.56 倒角调整后的效果图

使用视图操作工具对视图进行旋转、位移、推拉等操作，让文字的位置与角度符合要求，如图 7.57 所示。

图 7.57 视图操作工具图标

单击 OK 按钮完成设置，编辑完的文字形态在 After Effects 合成视窗中显示出来，如图 7.58 所示。

图 7.58 编辑后的“ROCK”文字效果

6. 编辑文字材质

展开 Layer Maps 属性，将 Layer Map 1 设为 metal_Blue，Layer Map 2 设为 metal_Gold，如图 7.59 所示。

单击 Click To Edit 按钮对文字材质进行编辑。打开 Materials 选项卡，新建一个材质，如图 7.60 所示。

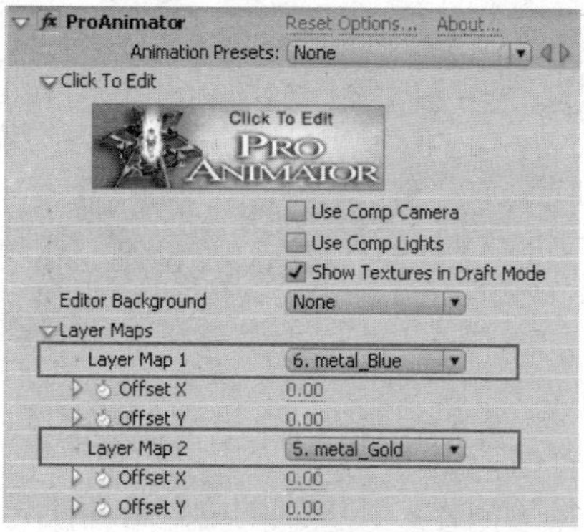

图 7.59 贴图选择设置

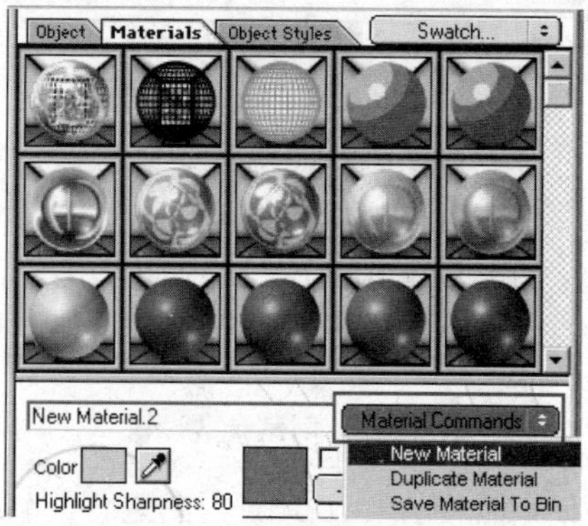

图 7.60 材质编辑选项

将 Color 后面的材质选择为 Layer Map 1，如图 7.61 所示。

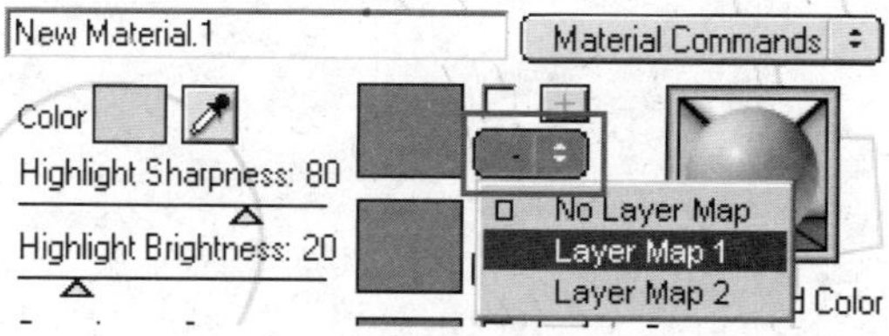

图 7.61 材质贴图选项

将设置后的材质球拖到空白的材质框中，如图 7.62 所示。

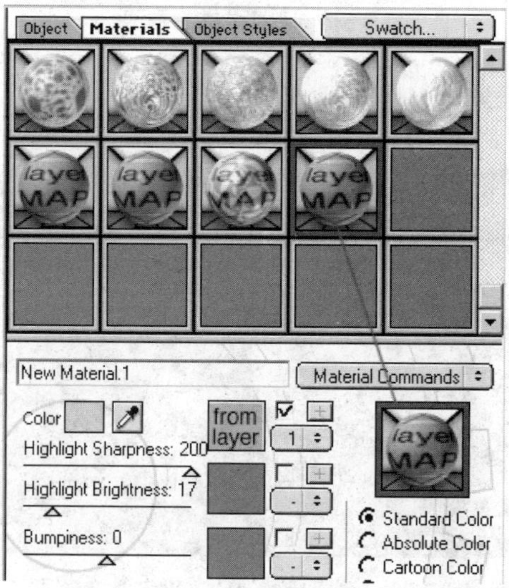

图 7.62 在材质框内添加被选择材质

继续新建一个材质，将 Color 后面的贴图选择为 Layer Map 2，将设置好的材质球拖到空白的材质框中。

继续新建一个材质，将 Color 后面的贴图选择为 Layer Map 2，从文件夹中选择 Reflectivity 的反射贴图，将设置好的材质球拖到空白的材质框中，如图 7.63 所示。

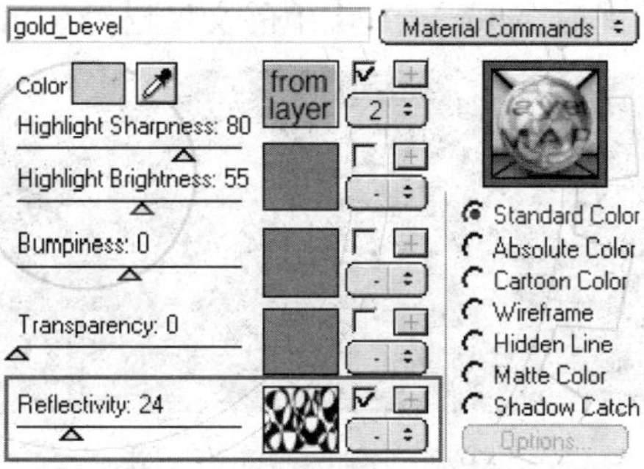

图 7.63　反射贴图设置

将新建的 3 个材质球依次命名为 Blue、Gold、Gold_Bevel。

勾选 Material Set-Up 单选按钮，为文字的不同部分指定不同的材质，如图 7.64 所示。

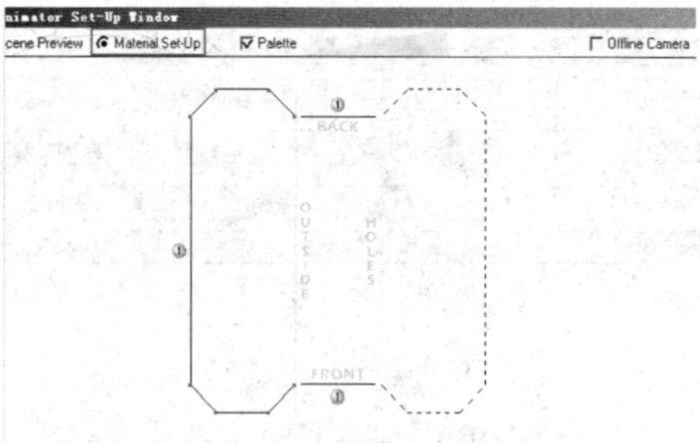

图 7.64　贴图部位

将 Blue 分配到 1 号，将 Gold 分配到 2 号，将 Gold_Bevel 分配到 3 号，如图 7.65 所示。

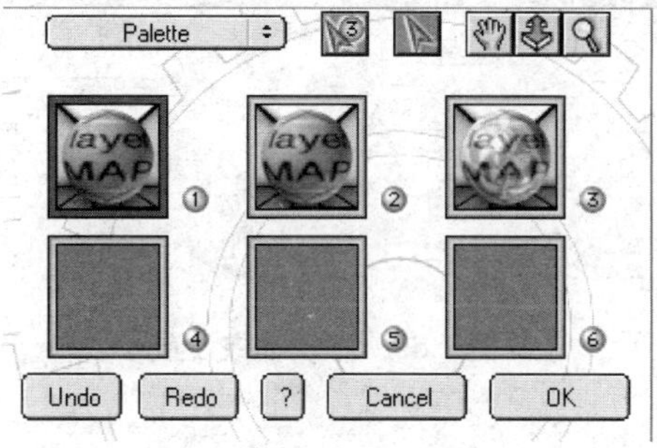

图 7.65　给贴图编号

仍然通过拖动将 3 个号码的材质分配给文字的不同部位，如图 7.66 所示。

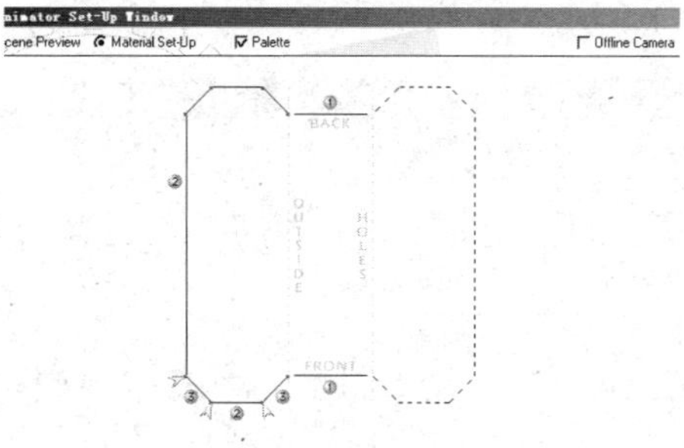

图 7.66　选择贴图部位

完成后单击 OK 按钮，此时 After Effects 中的文字已经显示为如图 7.67 所示的效果。

图 7.67　贴图后的效果图

7. 制作文字动画

单击 Click To Edit 按钮对文字动画进行编辑。在物体轨道双击即可产生关键帧，在 0 帧与 4 秒处分别创建两个关键帧，如图 7.68 所示。

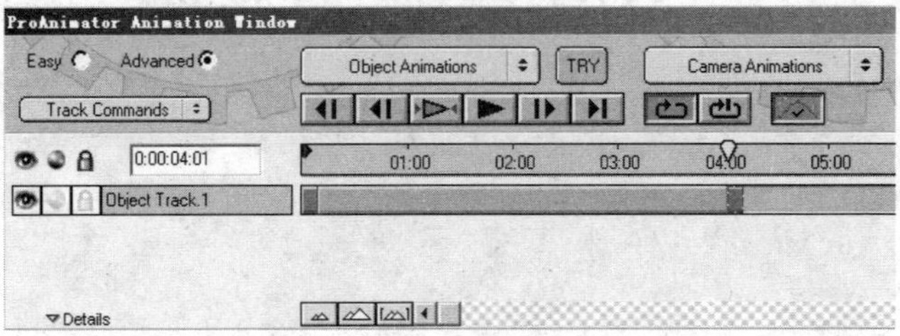

图 7.68　创建两个关键帧

设置 0 帧处的 Move(移动)值为 230，这样就产生了文字的落幅动画，如图 7.69 所示。

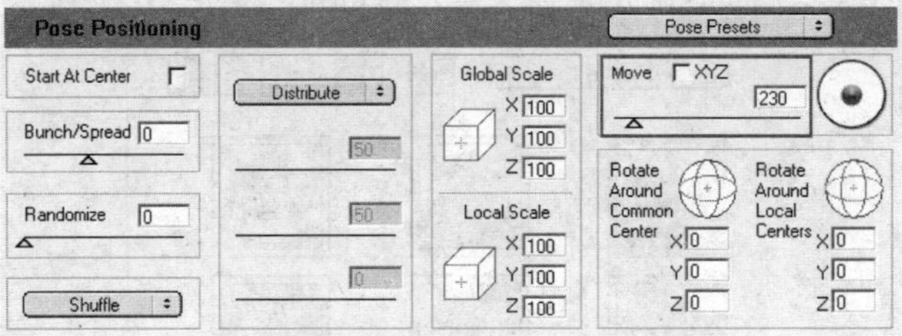

图 7.69　移动参数设置

8. 建立新的文字动画

新建一个固态层，为该层施加 ProAnimator 特效，创建更多的文字，形态与材质的创建与前面类似，只是本层的文字动画要设置每个文字都按照其自身坐标轴旋转，设置如图 7.70 所示，效果如图 7.71 所示。

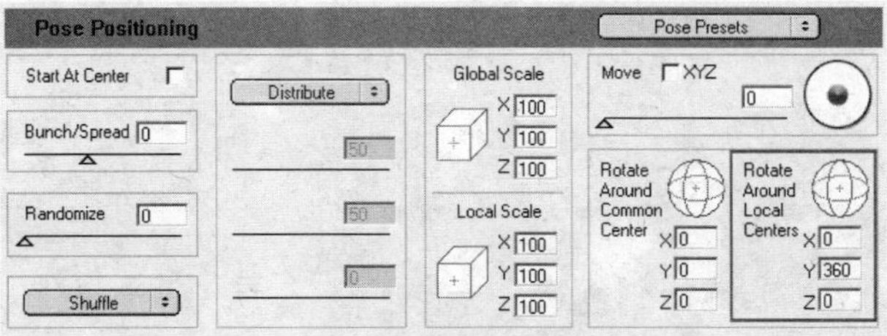

图 7.70　文字自转参数设置

图 7.71　文字自转动画效果

7.5　“文字锈迹剥落”案例

7.5.1　案例说明

本案例制作的效果是一阵劲风将文字上的锈迹剥落，露出崭新的银色金属字，然后一道强光从文字上扫过。本例应用的主要特效有 Shatter 特效、Ramp 特效、Fractl Noise 特效、Noise 特效、Shine 特效(外挂插件)、Directional Blur 特效、Levels 特效、Sample Choker 特效，运用的非特效知识点是为文字制作 Outlines。最终效果如图 7.72 所示。

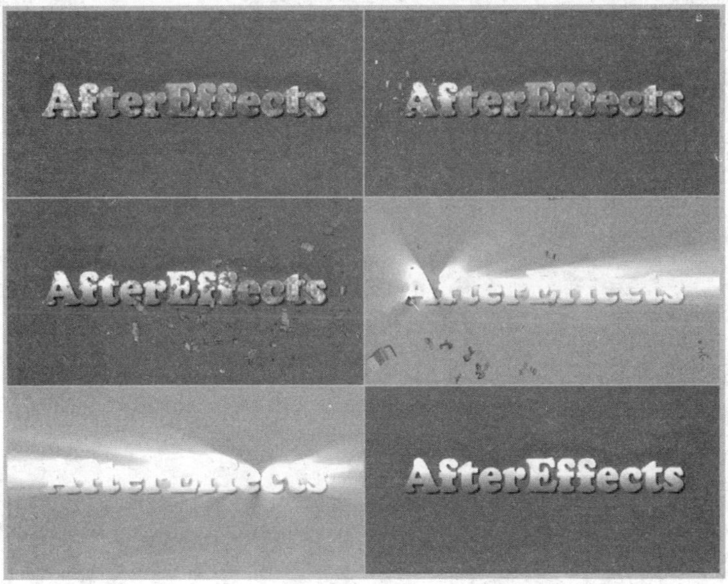

图 7.72　“文字锈迹剥落”最终动画效果

7.5.2　案例步骤

1. 建立字体层

(1) 执行 File | New | New Project 命令(快捷键 Ctrl+Alt+N)，建立一个 After Effects 工程文件，然后执行 Composition | New Composition 命令，新建一个合成项目，名称为“文字”，

PAL 制，时间为 5 秒，然后单击 OK 按钮，如图 7.73 所示。

(2) 使用工具栏中的文字工具 T 在合成图像窗口中单击，然后输入需要制作特效的文字，如图 7.74 所示。

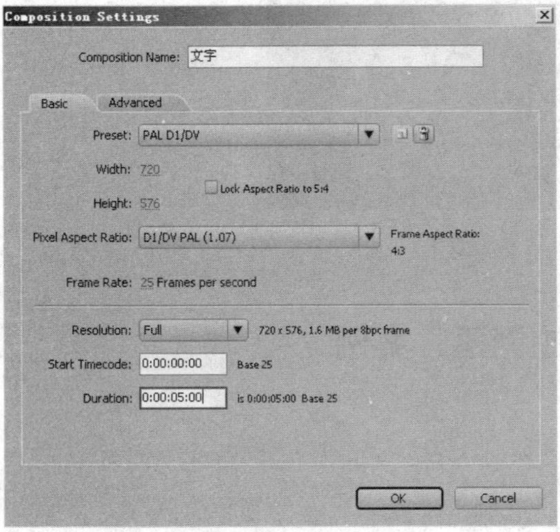

图 7.73 建立新合成项目

图 7.74 输入文字

(3) 单击右边 Workspace 后面的下三角按钮，在下拉列表中选择 Text 选项，进入适合文字编辑的工作布局，选择一种字体，并设置文字的大小，将文字的对齐方式改为居中对齐，设置如图 7.75 所示，效果如图 7.76 所示。

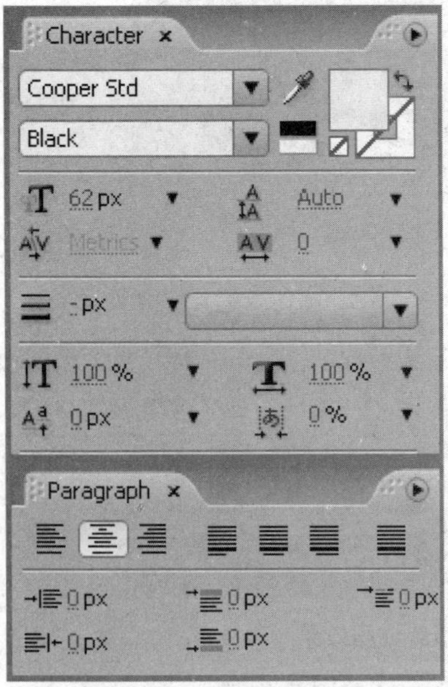

图 7.75 文字属性设置

图 7.76 文字效果图

(4) 单击右边 Workspace 后面的下三角按钮，在下拉列表中选择 Effects 选项，进入适合效果制作的工作布局，在搜索框中输入 Ramp，系统将自动搜索到 Ramp 特效，然后将搜索到的 Ramp 特效拖到刚才建立的文字层上，文字层被加入了 Ramp 特效，如图 7.77 所示。

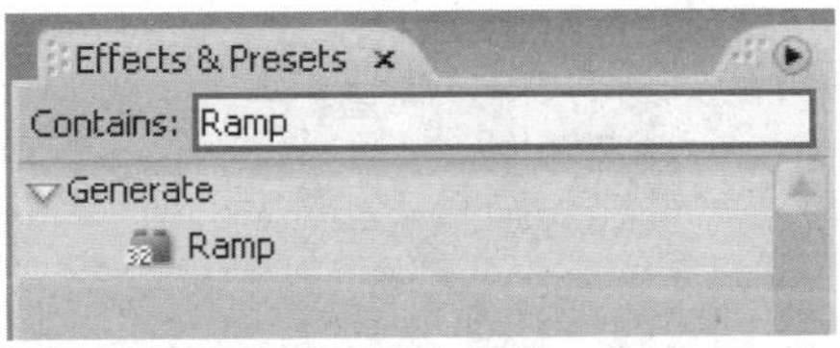

图 7.77 搜索 Ramp 渐变特效

(5) 修改 Ramp 特效的参数，如图 7.78 所示，效果如图 7.79 所示。

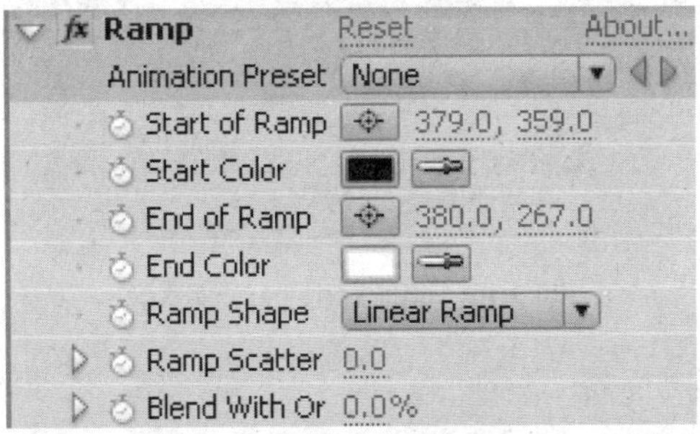

图 7.78 渐变特效参数设置

图 7.79 渐变后的文字效果图

(6) 修改 Ramp Scatter(颗粒)的参数为 15，如图 7.80 所示，效果如图 7.81 所示。

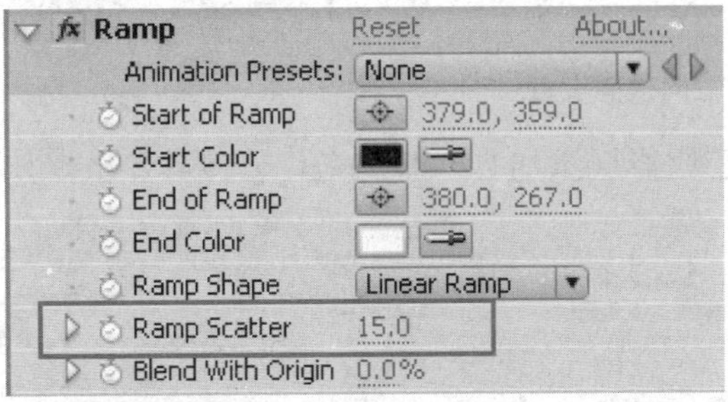

图 7.80 Ramp Scatter 参数设置

图 7.81 Ramp Scatter(颗粒)效果图

(7) 继续在效果搜索框中搜索 Glow(辉光)特效，将其拖给文字层，并修改 Glow 特效的参数，让文字产生一点金属辉光效果，如图 7.82 所示。至此金属字层的特效制作完毕。

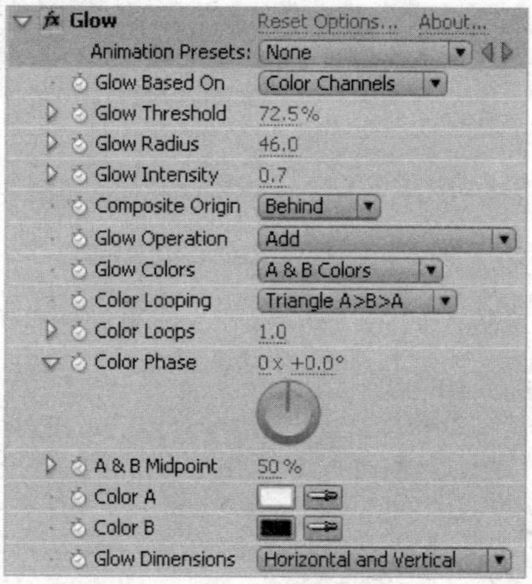

图 7.82　Glow(辉光)特效参数

2. 为文字增加阴影层

(1) 制作文字阴影层是为了突出文字的立体效果。在时间布局窗口中选择已经制作好的文字层，按 Ctrl+D 键将其复制一层，将新的阴影层的特效全部删除，然后重新为其加入 Directional Blur 特效，设置 Directional Blur(定向模糊)特效的参数，如图 7.83 所示，效果如图 7.84 所示。

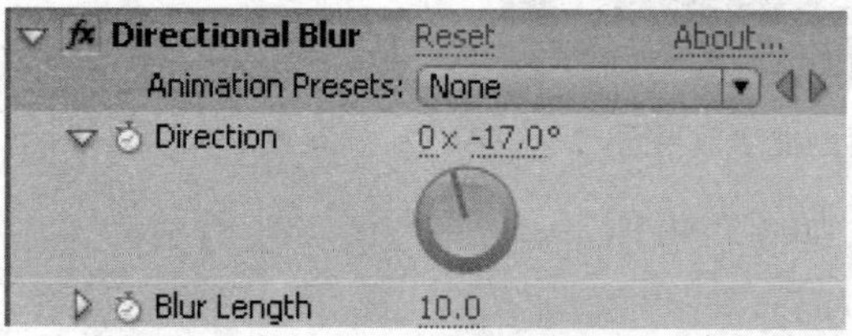

图 7.83　阴影层定向模糊设置

图 7.84　阴影层定向模糊效果图

(2) 继续为新的文字阴影层添加 Levels 特效，修改其参数，如图 7.85 所示。

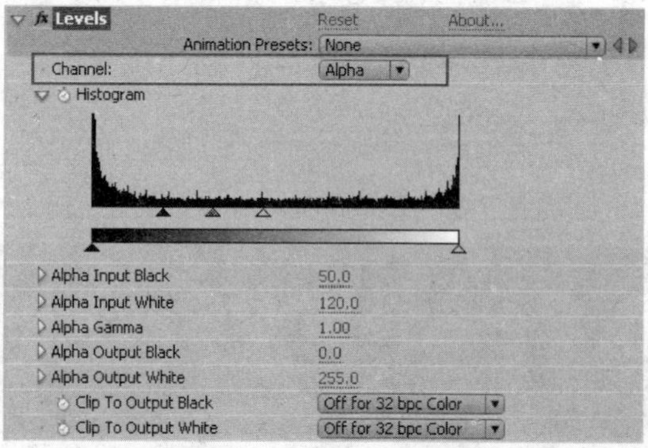

图 7.85　Levels 参数设置

(3) 继续为新的文字阴影层添加 Simple Choker(简单堵塞)特效，使文字阴影层的字体边缘尖锐化，修改其参数，如图 7.86 所示。在合成图像窗口中调整文字厚度层的位置，得到效果如图 7.87 所示。至此"文字"合成项目制作完毕。

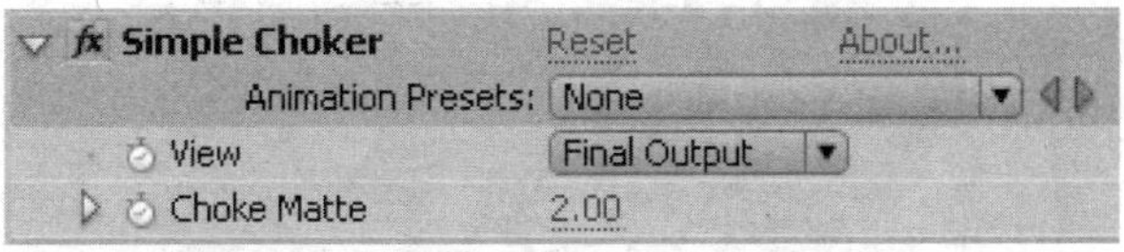

图 7.86　简单堵塞特效参数设置

图 7.87　阴影层边缘尖锐效果图

3. 制作“文字锈迹”、“遮罩”、“噪波”、“最终效果”层

(1) 制作“文字锈迹”合成项目。在项目窗口中选择“文字”合成项目，按 Ctrl+D 键将其复制，双击新复制出来的合成项目，进入其项目内进行编辑，首先将其改名为“文字锈迹”，如图 7.88 和图 7.89 所示。

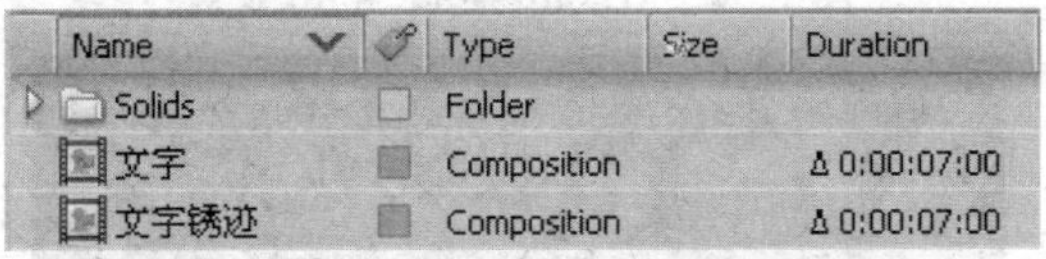

图 7.88　复制“文字”合成项目

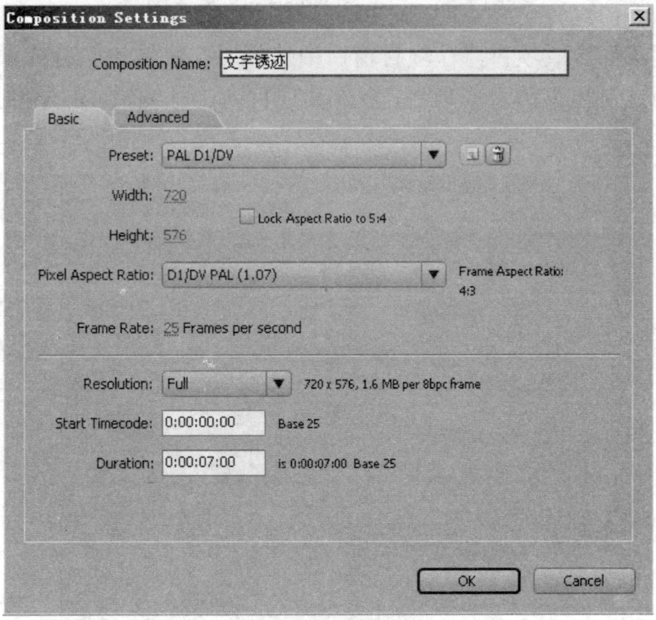

图 7.89 修改合成项目名称

(2) 制作锈斑效果。将文字厚度层删除，只留下金属字文字层，并为其加入 Fractal Noise 特效，设置如图 7.90 所示，效果如图 7.91 所示。

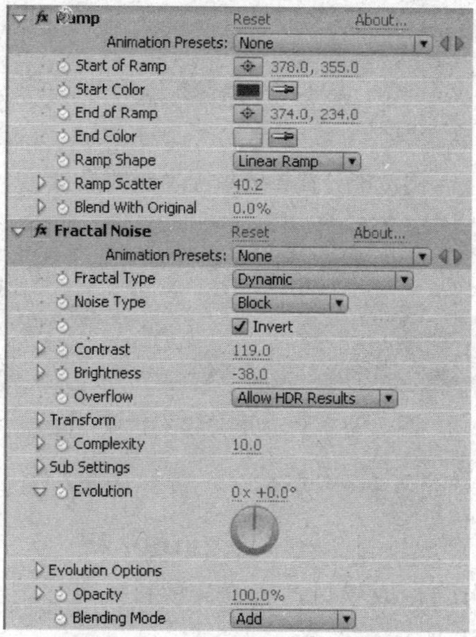

图 7.90　Fractal Noise 特效设置

图 7.91　Fractal Noise 特效效果图

(3) 制作“遮罩”合成项目。在项目窗口中选择“文字锈迹”合成项目，按 Ctrl+D 键将其复制，双击新复制出来的合成项目，进入其项目内进行编辑，首先将其改名为“遮罩”，如图 7.92 所示。

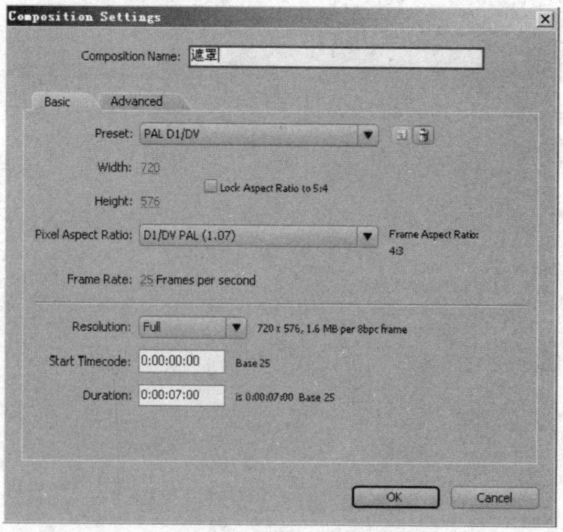

图 7.92　修改合成项目名称

(4) 删除文字层上的所有特效，执行 Layer | Create Outlines 命令，为文字加轮廓线，重新为其加入 Ramp(渐变)特效，设置如图 7.93 所示，效果如图 7.94 所示。至此“遮罩”合

成项目制作完毕。

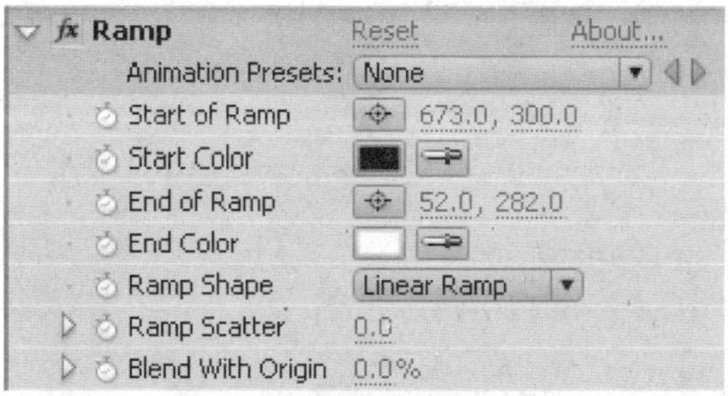

图 7.93　Ramp 特效参数设置

图 7.94　Outlines 轮廓线及 Ramp 渐变效果

(5) 制作“噪波”合成项目。新建一个合成项目，命名为“噪波”，在“噪波”合成项目中执行 Layer | New | Solid 命令，新建一个 Solid 层，为其加入 Noise 特效，设置如图 7.95 所示，效果如图 7.96 所示。

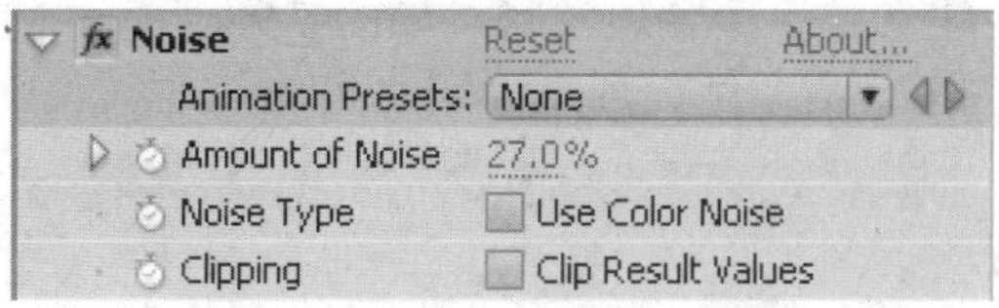

图 7.95　Noise 特效参数设置

图 7.96　Noise 特效效果图

(6) 制作“最终效果”合成项目。新建一个合成项目，命名为“最终效果”，在“最终效果”合成项目中执行 Layer | New | Solid 命令，新建一个 Solid 层，将其命名为“背景”，颜色设置成一个灰绿色，如图 7.97 所示。

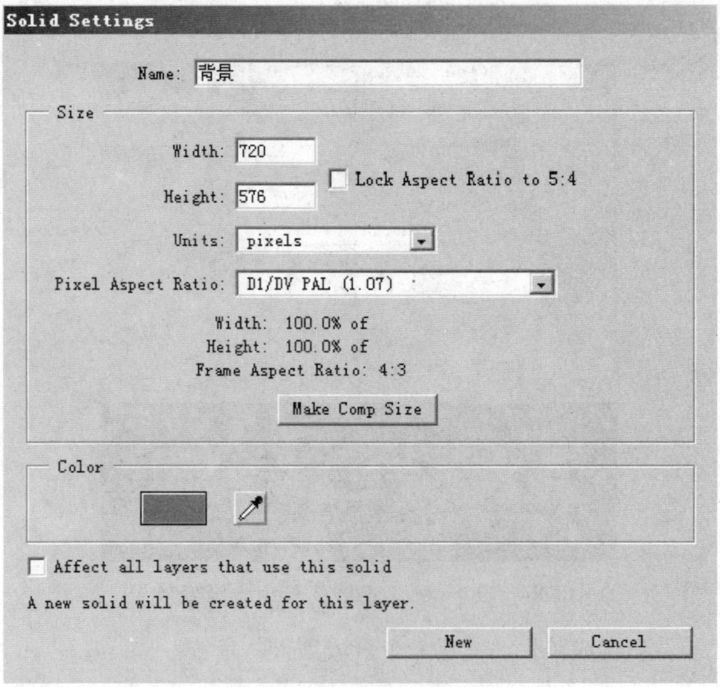

图 7.97　Solid 层参数设置

(7) 项目窗口中已经建立了 5 个合成项目，如图 7.98 所示，将上面的 4 个合成项目全部拖至“最终效果”合成项目中，排列顺序如图 7.99 所示。

图 7.98　项目窗口中的 5 个合成项目

图 7.99　5 个合成项目层的排列顺序

4. 制作爆炸特效

为“文字锈迹”层加入 Shatter(爆炸)特效，在 Custom Shatter Map 下拉列表中选择“噪波”层，在 Gradient Layer 下拉列表中选择“遮罩”层，设置如图 7.100 所示。

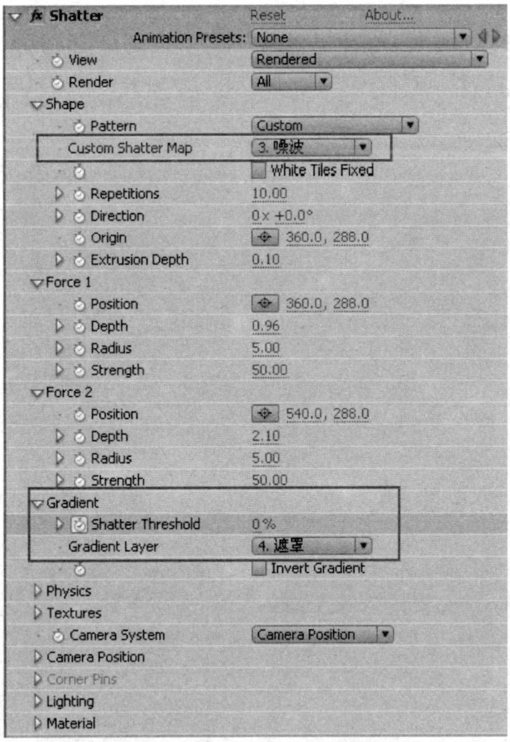

图 7.100　Shatter(爆炸)特效参数设置

5. 制作锈迹剥落及光影扫过字体的动画效果

(1) 单击 Shatter Threshold 前面的动画记录秒表图标，为其设置关键帧，在第 0 帧处设置为 0%，在第 2 秒 12 帧处设置为 100%，这时按小键盘上的 0 键进行预演就可以看到锈迹剥落的效果。

(2) 选择“文字”层，为其加入 Shine 特效，并设置关键帧，在第 0 帧处、第 2 秒 15 帧处、第 2 秒 20 帧处、第 3 秒 14 帧处、第 4 秒 10 帧处、第 4 秒 15 帧处、第 5 秒处关键帧设置分别如图 7.101～图 7.107 所示。

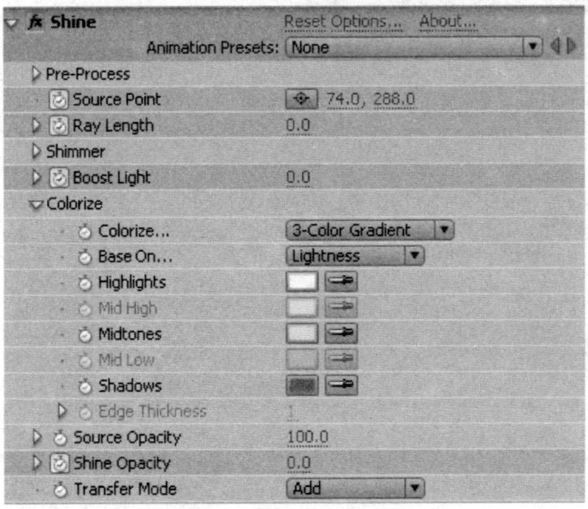

图 7.101　Shine 特效动画设置 1

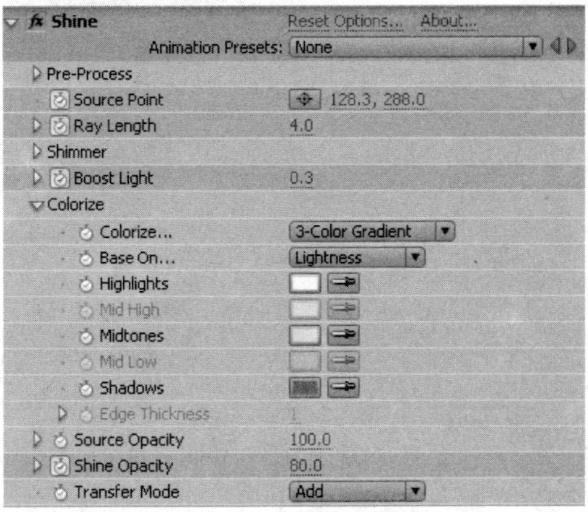

图 7.102　Shine 特效动画设置 2

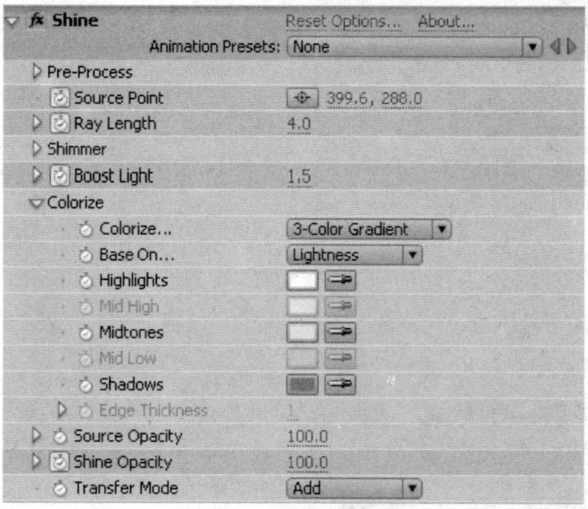

图 7.103　Shine 特效动画设置 3

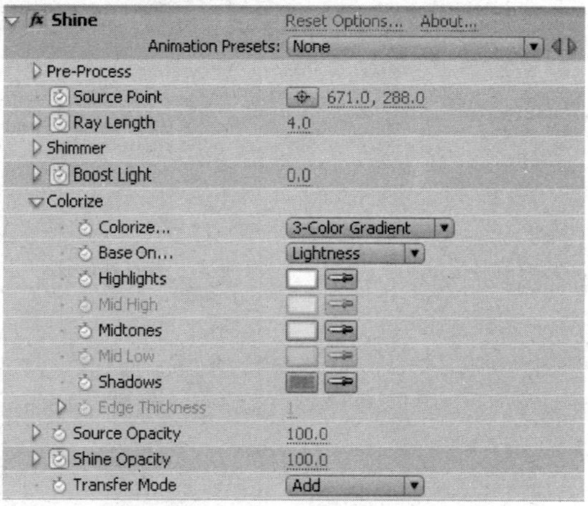

图 7.104　Shine 特效动画设置 4

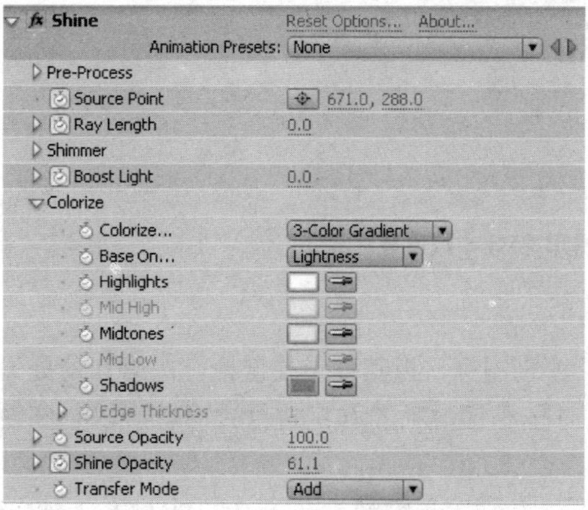

图 7.105　Shine 特效动画设置 5

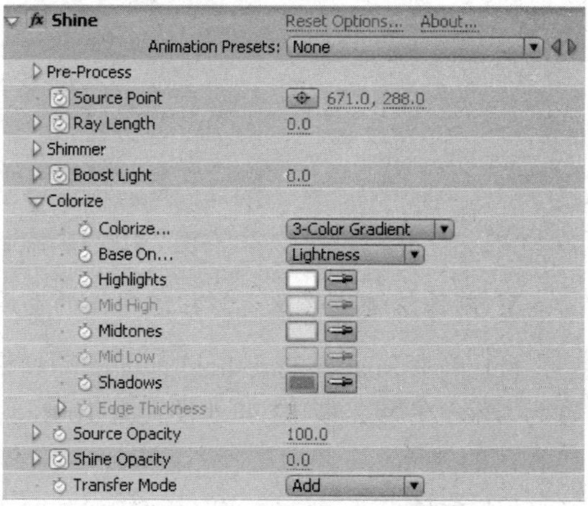

图 7.106　Shine 特效动画设置 6

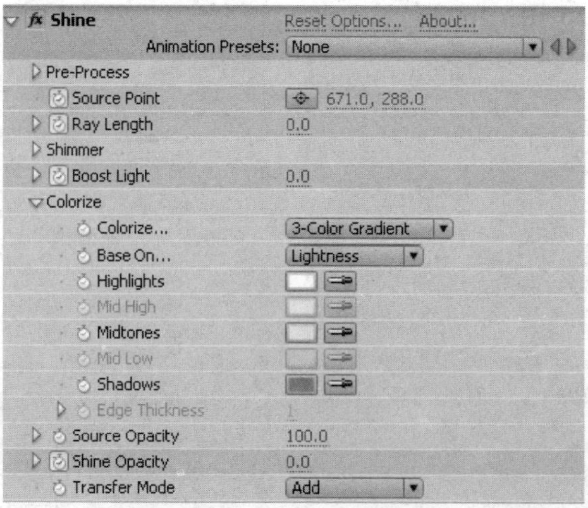

图 7.107　Shine 特效动画设置 7

(3) 按小键盘上的 0 键进行总体效果的预演，对不满意的地方进行修正，感觉没有问题后，执行 Composition | Make Movie 命令，使用默认设置，选择输出路径，单击 Render 按钮进行渲染，将制作的文字效果输出为 AVI 格式的影片。

本章小结

本章制作文字动画的方法概括起来有 5 种：文字层、文字特效、Vector Paint 手写字、Zaxwerks ProAnimator 三维文字、其他方法。

本章最后的案例使用了较多的特效进行金属文字锈迹剥落动画，但其中最重要的是 Shatter 特效，这是一个主要用来制作爆破效果的特效，其应用范围非常广泛，功能强大。本案例创造性地利用噪波来控制其爆破形状，利用由浅入深的渐变过渡贴图来控制其爆破方向及爆破时间先后，达到了文字锈迹剥落的效果。

习　题

1. 利用 After Effects 的文字层功能可以实现哪些文字动画效果？
2. 利用 After Effects 的文字特效制作文字动画。
3. 利用 After Effects 的外挂插件 Zaxwerks ProAnimator 来进行三维文字与标志的动画制作。
4. 利用 Vector Paint 特效制作一段手写字动画。
5. 使用其他手段创造性地实现文字动画效果。
6. 如何实现文字自转动画？
7. Shatter 特效的作用是什么？利用 Shatter 特效制作一个坦克被炸毁的效果。
8. 利用 Shine 特效制作一段扫光文字的动画。

第 8 章　电影片头制作

——制作好莱坞科幻大片风格的片头案例

教学内容及目标

在有一定三维软件使用基础的背景下，进一步学习三维软件的使用方法和技巧，更重要的是熟悉从三维软件到后期软件的使用流程，掌握三维软件的输出设置与后期软件的导入方式。在 After Effects 中，除了要进行合成与特效制作外，还要进行二维动画制作，将 Photoshop 中制作的静止图像发展成为复杂的生物动画。

教学要求

本章是一个综合性的实例，具有一定的难度与深度。在 8.1 节中，要求学生学习掌握 Maya 的多边形建模技巧、材质与贴图技巧、灯光使用技巧、基础的动画制作技巧以及基础渲染设置技巧，为后面更深入地学习合成技术打下坚实的基础。

在 8.2 节中，要求学生学习掌握 After Effects 的基础合成方法，运用前面学习过的部分特效对在 Maya 中制作的动画进行加工与完善，并且加入文字动画与特效，然后对拍摄的视频素材进行特效制作。

在 8.3 节中，要求学生学习掌握 Photoshop 与 After Effects 的联合使用技巧。首先在 Photoshop 中进行生物体的静止图像制作，并保存成分层的 PSD 格式文件，然后在 After Effects 中打开这个 PSD 格式文件进行动画制作，最终完成科幻片头的影片标题字幕的出场制作。

教学建议课时数

10 课时(根据特殊情况可做相应的调整)。

本章学习联合使用 Adobe After Effects 与三维软件来创作一个好莱坞科幻大片风格的片头，这里使用的三维软件是 Autodesk Maya 2008，其他三维软件(3ds max 或者 XSI 等)的工作原理是相通的，可以获得相同的视觉效果。要学习本案例，需要具有一点 Maya 基础。

Maya 是美国 Autodesk 公司出品的世界顶级的三维动画软件，应用对象是专业的影视广告、角色动画、电影特技等。Maya 功能完善、工作灵活、易学易用、制作效率极高、渲染真实感强，是电影级别的高端制作软件。掌握了 Maya，会极大地提高制作效率和品质，调节出仿真的角色动画，渲染出电影一般的视觉效果。电影剧照欣赏如图 8.1～图 8.4 所示。

Maya 集成了 Autodesk 最先进的动画及数字效果技术，它不仅包括了一般三维和视觉效果制作的功能，而且还与最先进的建模、数字化布料模拟、毛发渲染、运动匹配技术相结合。Maya 可在 Windows NT 与 SGI IRIX 操作系统上运行。在目前市场上用来进行数字和三维制作的工具中，Maya 是首选的软件。

图 8.1　电影《星战前传》剧照

图 8.2　电影《加勒比海盗 3》剧照

图 8.3　电影《冰河世纪 2》剧照

图 8.4　电影《指环王》剧照

8.1　案 例 说 明

在前面的第 7 章已经学习了 After Effects 与二维平面软件的联合使用方案，在当今影视制作行业，后期特效合成软件与三维软件结合使用的情况更为普遍。本章实例就是先在三维软件 Autodesk Maya 2008 中进行建模、材质、灯光、动画等一系列三维制作，然后渲染为图像序列，最后在 After Effects 中进行详细的特效与合成设计。另外，本章仍然需要使用平面软件 Photoshop 来配合本案例的制作。

本章重视的是制作流程，不拘泥于形式。实践重于理论，让学生掌握软件间的协作，一个效果可以用多种手段实现，关键是让学生理解效果实现的原理。

本节案例的最终结果见视频截图或附送光盘的相关视频演示。本案例模拟了一部美国科幻大片片头的部分有特点的镜头。此片头的最终效果如图 8.5～图 8.8 所示。

图 8.5　科幻片头截图 1

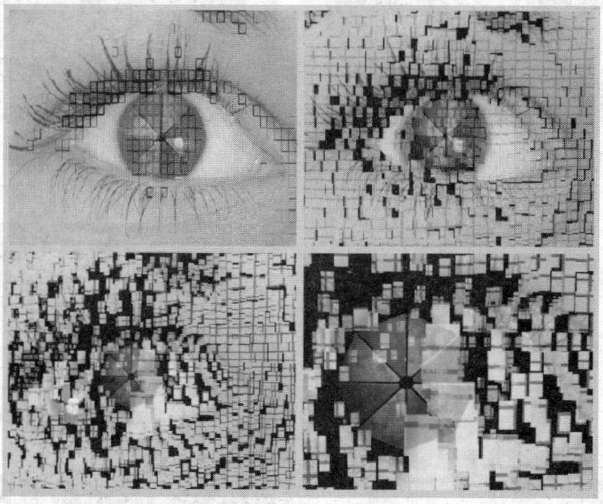

图 8.6　科幻片头截图 2

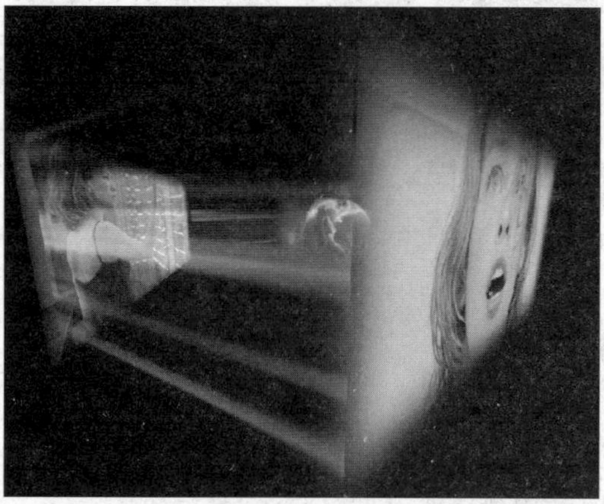

图 8.7　科幻片头截图 3

图 8.8　科幻片头截图 4

8.2　案 例 步 骤

8.2.1　蜂巢标志物模型的建立

本小节最终效果如图 8.9 和图 8.10 所示。

图 8.9 蜂巢标志物动画效果 1

图 8.10 蜂巢标志物动画效果 2

1. Maya 建模

(1) 打开 Maya 软件，执行 Create | Polygon Primitives | Torus 命令，创建一个环形多边形物体 pTorus1，如图 8.11 所示。

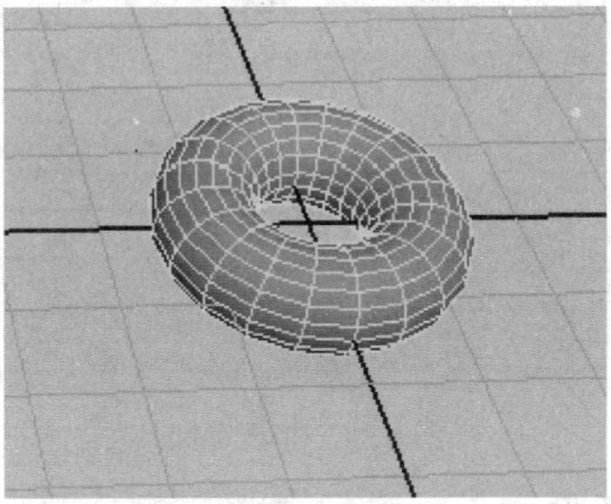

图 8.11 创建一个环形多边形物体

(2) 单击右边通道盒中的 INPUTS 下的 polyTorus1，对其进行参数设置，如图 8.12 所示。

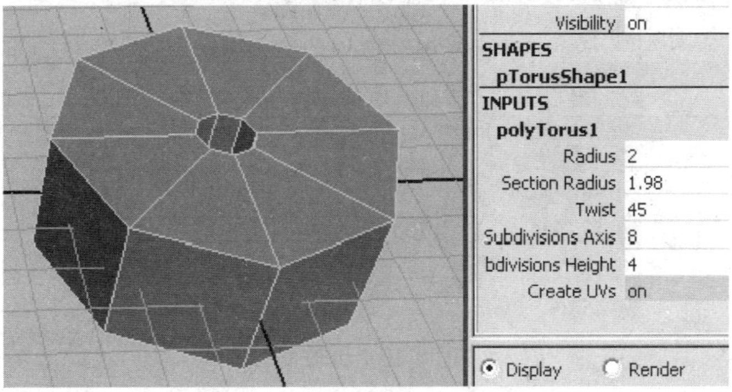

图 8.12 修改环形多边形物体

(3) 取消 Edit Mesh | Keep Faces Together 左边的对勾，右击 polyTorus1 选择 Face 选项，然后框选所有上边的面，单击 Edit Mesh | Extrude 右边的小方盒，如图 8.13 所示，弹出 Extrude Face 对话框，然后按图 8.14 所示进行设置。单击 Extrude 按钮，效果如图 8.15 所示。

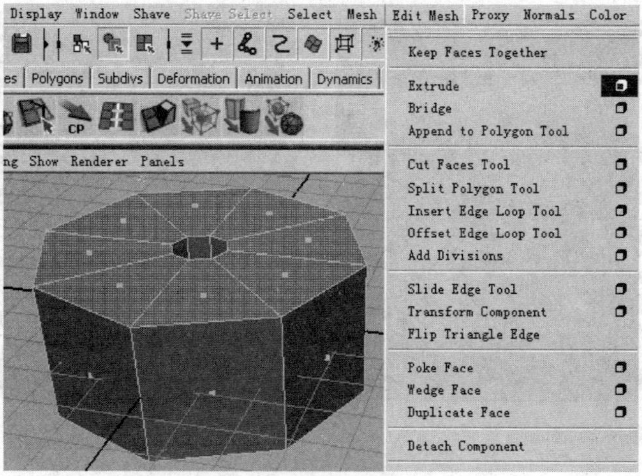

图 8.13　挤压面

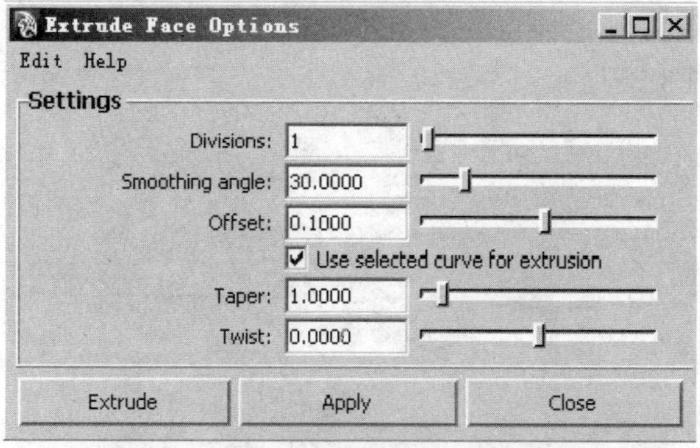

图 8.14　挤压参数

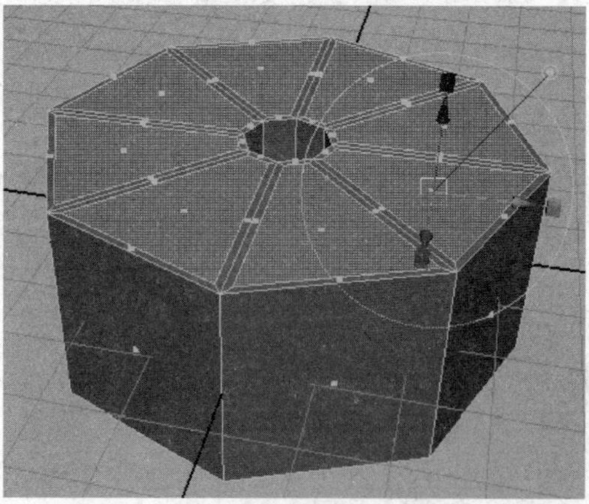

图 8.15　缩放面

(4) 保持当前面的被选择状态，执行 Edit Mesh | Duplicate Face 命令，复制这些面，选择原始 polyTorus1 物体，将其删除，只保留复制出来的这些面。

选择其中一个面，执行 Edit Mesh | Extrude 命令。然后使用移动工具将挤出的这面向上移动 0.2 个单位，效果如图 8.16 所示。

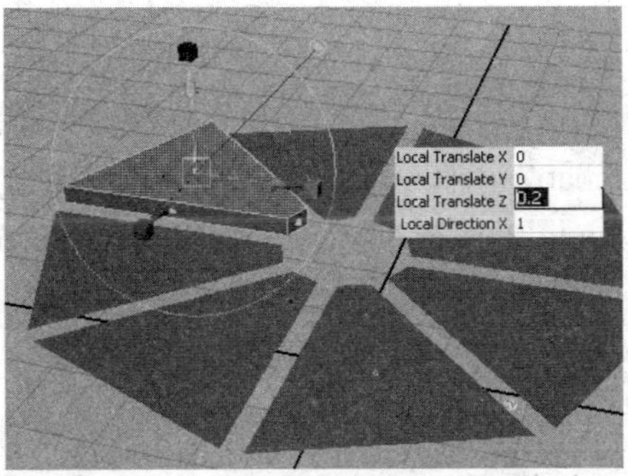

图 8.16　将复制出来的面挤压

(5) 右击此物体，选择 Edge 选项，然后选择所有与水平面平行的边，单击 Edit Mesh | Bevel 右边的小方盒，弹出 Bevel Options 对话框，然后按图 8.17 所示进行设置。单击 Bevel 按钮，效果如图 8.18 所示，将建立的模型命名为 fengchao1。

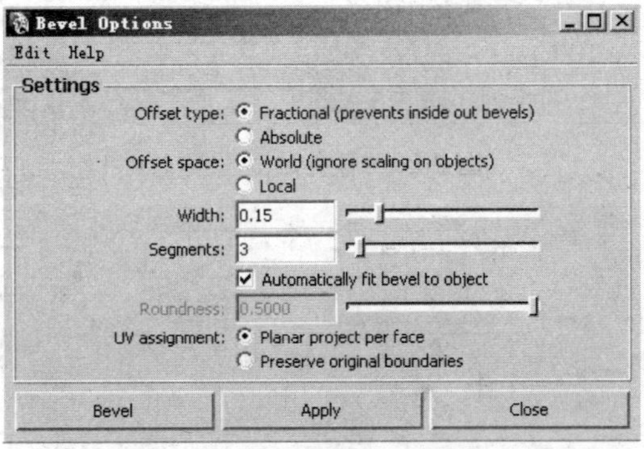

图 8.17　倒角参数

图 8.18　倒角效果图

将另外 7 个面做同样的操作，依次命名为 fengchao2、fengchao3、fengchao4、fengchao5、fengchao6、fengchao7、fengchao8，结果如图 8.19 所示。

图 8.19　完成倒角效果图

2. 给模型指定材质

打开 Maya 的 Hypershade 窗口，新建一个 Blinn 材质球，将它指定给其中的 fengchao1、fengchao3、fengchao5、fengchao7。在 Attributes 窗口对此 Blinn 材质进行设置。单击 Color 后面的棋盘格，在弹出的 Create Render Node 面板中选择 Stucco 选项，按图 8.20 所示进行设置。单击 Channel 1 后面的棋盘格，按图 8.21 所示进行设置。将 Stucco 的总体颜色设置成蓝色倾向，具体颜色根据自己的喜好设置即可。

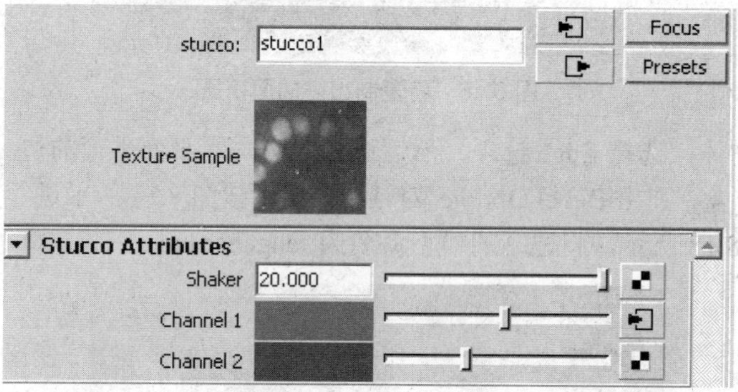

图 8.20 颜色贴图设置 1

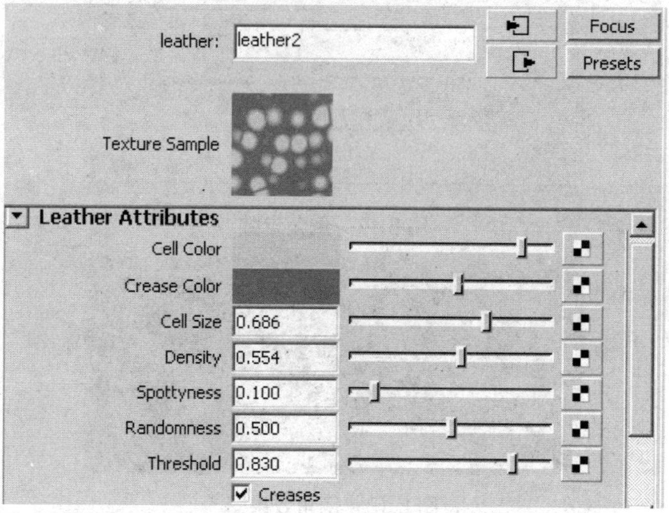

图 8.21 颜色贴图设置 2

下面设置本 Blinn 材质的 Transparency 透明通道，单击 Color 后面的棋盘格，在弹出的 Create Render Node 面板中选择 noise 选项，按图 8.22 所示进行设置。Blinn 材质的 Specrular Shading 参数按图 8.23 所示进行设置。

打开 Maya 的 Hypershade 窗口，选择刚才创建并设置好的 Blinn 材质球，执行 Edit | Duplicate | Shading Network 命令，将复制出的 Blinn2 指定给场景中的 fengchao2、fengchao4、fengchao6、fengchao8。在 Attributes 窗口中对此 Blinn2 材质进行设置，只需将 Stucco 的总体颜色改变成红色倾向即可。至此已经将蜂巢标志物的材质设置完毕。

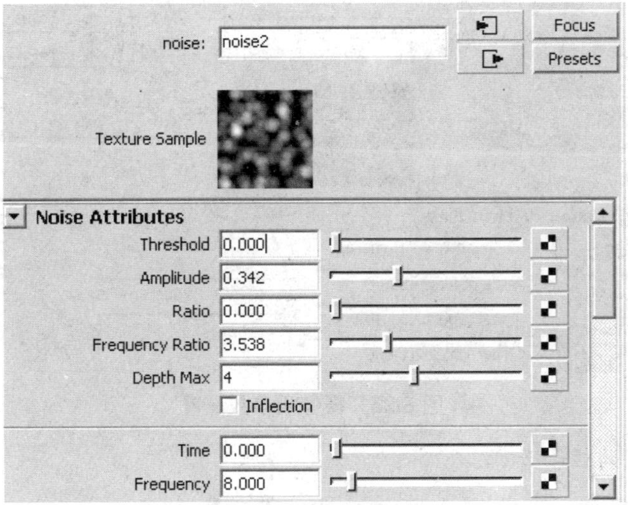

图 8.22　透明贴图设置

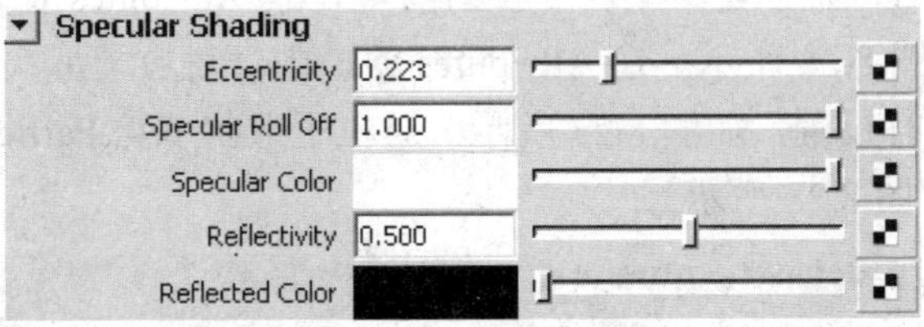

图 8.23　材质高光设置

3. 在场景中建立灯光

执行 Create | Lights | Spot Light 命令，创建一盏聚光灯，将其移动到合适的位置来照亮标志物，灯光参数按图 8.24 所示进行设置。设置其 Raytrace Shadow Attributes(阴影)属性，勾选 Use Ray trace Shadow 复选框。

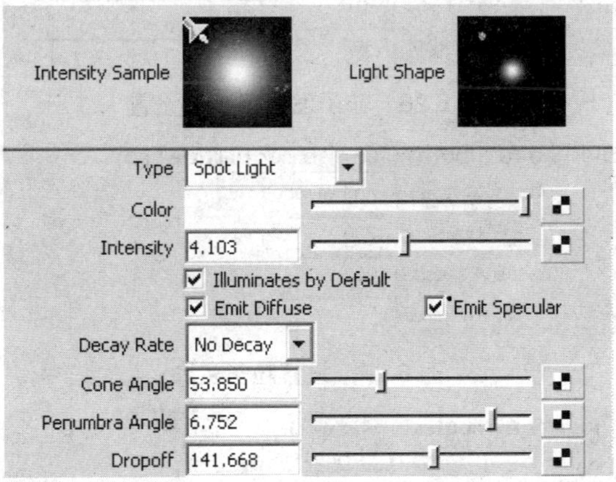

图 8.24　灯光参数设置

4. 场景中建立摄像机

执行 Create | Cameras | Camera 命令，在场景中创建了一个摄像机 Camera1，执行 Panels | Perspective | Camera1 命令，将透视视图切换为摄像机视图。摄像机参数设置如图 8.25 所示。

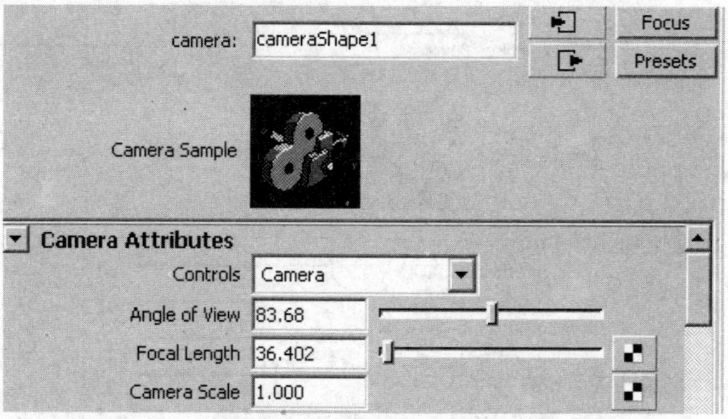

图 8.25　摄像机参数设置

5. 场景中红色的粒子云雾

切换到 Maya 的 Dynamics 动力学板块，执行 Particles | Create Emitter 命令。在场景中蜂巢标志物模型的中心位置创建一个粒子发射器，在其 Attributes 窗口中，对 Emitter 发射器属性进行设置，如图 8.26 所示。在 Attributes 窗口中，对粒子形状节点 Particleshape1 的 Lifespan(生命)属性进行设置，如图 8.27 所示；对粒子形状节点 Particleshape1 的 Render(渲染)属性进行设置，如图 8.28 所示。

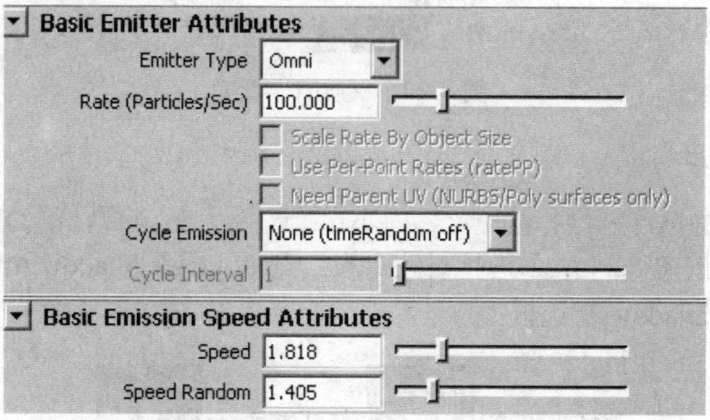

图 8.26　粒子发射器参数设置

图 8.27　设置粒子生命

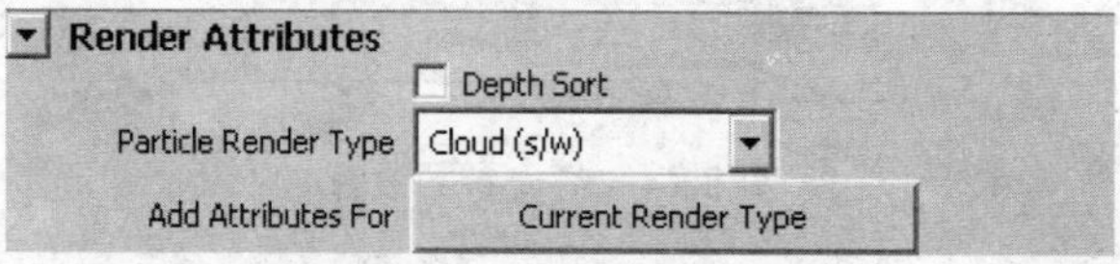

图 8.28　设置粒子渲染

下面给粒子设置材质。打开 Maya 的 Hypershade 窗口，新建一个 ParticleCloud 材质球，将它指定给粒子，然后对其参数按图 8.29 与图 8.30 所示进行设置。

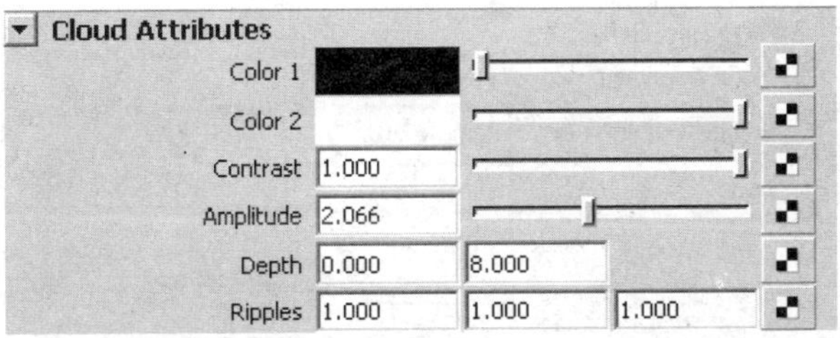

图 8.29　粒子材质设置 1

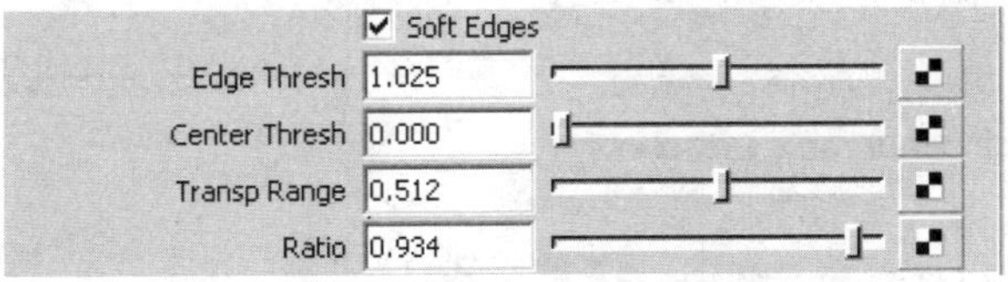

图 8.30　粒子材质设置 2

6. 进行关键帧动画设置

首先设置所有 fengchao 物体的旋转属性关键帧，在第 10、15、20、25、30、35、40、45、50 帧处分别设置其在 X、Y、Z 轴向上的旋转，可以随机旋转，形成较好的视觉效果即可。并在 X、Y、Z 三个旋转轴属性上右击选择 Key Selected 选项，或者单击“自动关键帧”按钮进行自动记录，效果如图 8.31 所示。

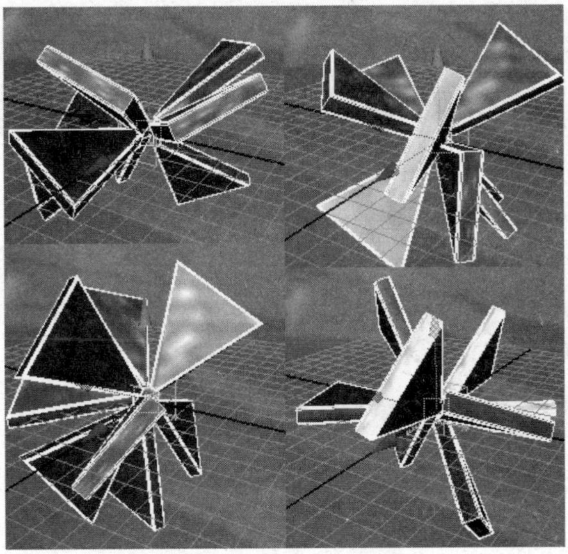

图 8.31　标志物动画效果图

接下来进行摄像机运动的设置，在第 50 帧到第 60 帧之间设置摄像机穿过蜂巢标志物模型的中心，造成一种蜂巢标志物模型迎面而来的视觉效果。

7. 进行渲染输出设置

单击 Render Settings 按钮，弹出 Render Settings 面板，进行渲染输出的设置，如图 8.32 与图 8.33 所示。

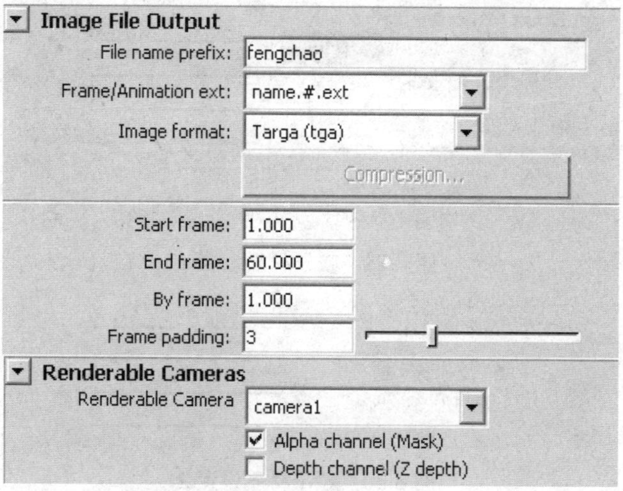

图 8.32　渲染输出的设置 1

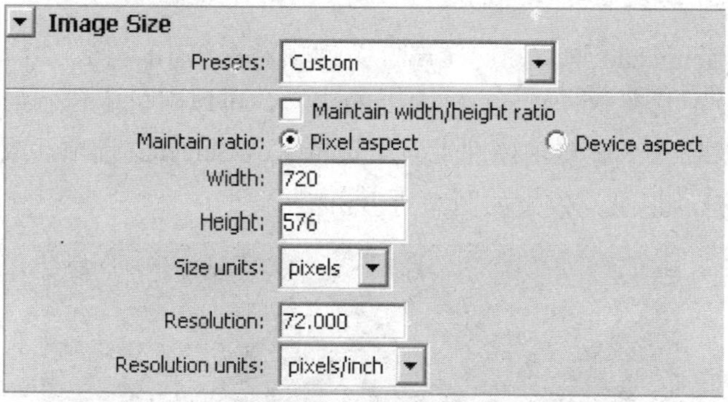

图 8.33　渲染输出的设置 2

将渲染器切换为 mental ray 渲染器，将渲染品质设置为 Production 产品级，如图 8.34 所示。

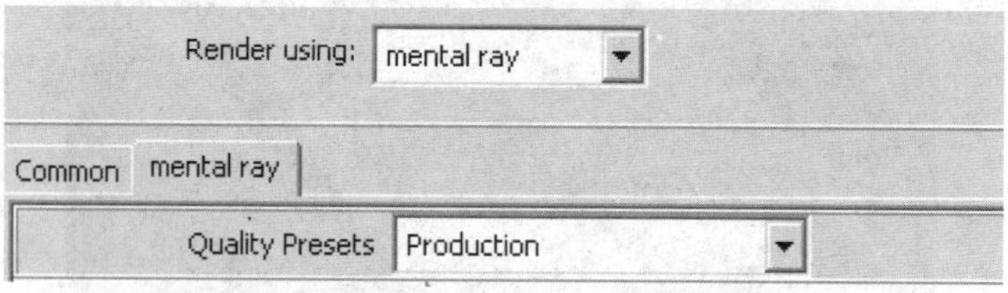

图 8.34　渲染输出设置

切换到 Maya 的 Rendering 模块，执行 Render | Batch render 命令，进行渲染输出，将整个动画渲染输出为 TGA 格式的图片序列，以备在 After Effects 中进行后期特效与合成的制作。

至此，完成了第一部分蜂巢标志动画的制作，渲染效果如图 8.9 和图 8.10 所示。

8.2.2　使用 Photoshop 与 After Effects 联合制作生物动画部分

爬虫动画完成效果如图 8.35 所示。

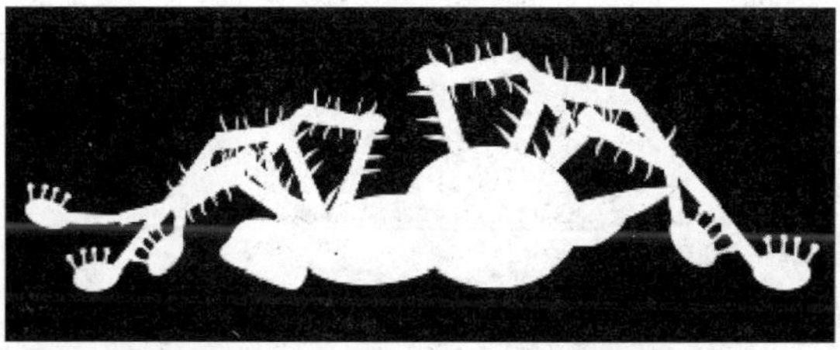

图 8.35 爬虫动画完成效果图

本节学习在 Photoshop 中制作一个外星爬虫的侧面剪影形象，然后保存成分层的 PSD 格式的文件并在 After Effects 中制作爬虫爬行的动画。

首先打开 Photoshop 软件，新建一个 1000×1000 像素的工程文件，用来创建爬虫的身体。删除背景层，并新建 3 个图层，第一个图层画出爬虫的尾部，命名为 tail，第二个图层画出爬虫的身体，命名为 body1，第三个图层画出爬虫的头部，命名为 head。颜色为白色，保持图形之外的部分为透明，即保持背景透明。将此工程保存成分层的 PSD 格式文件，命名为 body。

接下来创建爬虫的腿部，新建一个 1000×1000 像素的工程文件，删除背景层，并新建 5 个图层，画出蜘蛛腿部的根关节到末端关节，依次命名为 1、2、3、4、5。使用工具不限，颜色为白色，保持图形之外的部分为透明，即保持背景透明。将此工程保存成分层的 PSD 格式文件，命名为 leg。

1. 爬虫腿的动画制作

(1) 打开 After Effects 软件，新建一个 Composition 合成项目，命名为 leg，设置如图 8.36 所示。

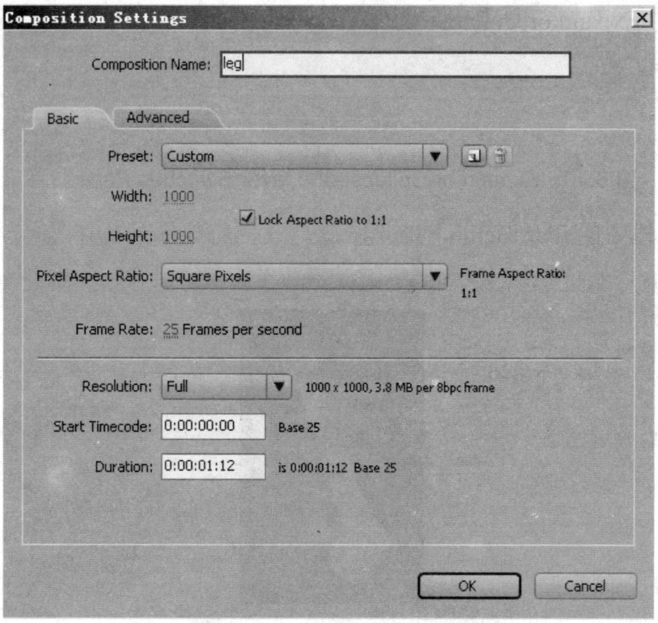

图 8.36 腿部合成项目设置

在 Project 项目窗口中双击，导入命名为 leg 的分层的 PSD 格式文件。导入设置如图 8.37 所示。

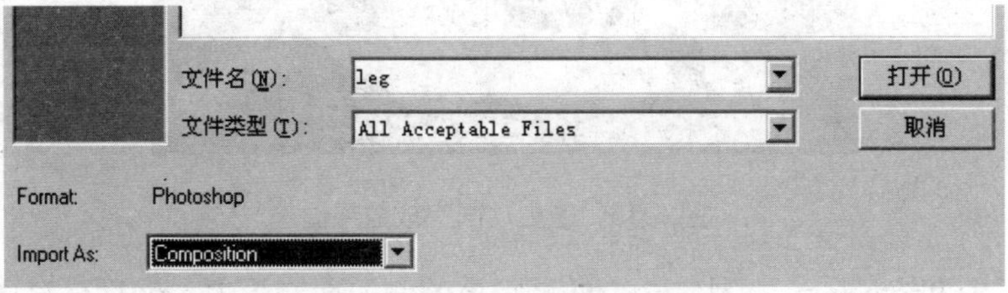

图 8.37　导入 PSD 格式文件设置

(2) 在 Project 项目窗口中展开 leg Layers，将 5 个图层拖入 leg Composition 合成项目的时间线窗口，设置如图 8.38 与图 8.39 所示。也可以直接双击 leg Composition 合成项目，并将其时间改为 0:00:01:12。

图 8.38　在 Project 项目窗口中展开 leg Layers

图 8.39　时间线窗口的图层排列

确保左下角的 Expand or Collapse the layer Switches Pane 按钮处于按下状态，如图 8.40 所示。

图 8.40　Expand or Collapse the layer Switches Pane 按钮

(3) 单击工具栏中的 Pan Behind Tool 按钮，改变每个图层的中心点到其关节根部的位置，如图 8.41 所示。

图 8.41　改变图层的中心点

将每个层的 Parent 设置成如图 8.42 所示的状态。

图 8.42　图层的父子约束设置

(4) 下面进行最关键的动画设置。选择所有的层，按 R 键打开所有层的旋转属性。在第 0 帧处，按图 8.43 所示设置所有层的旋转属性参数，效果如图 8.44 所示。

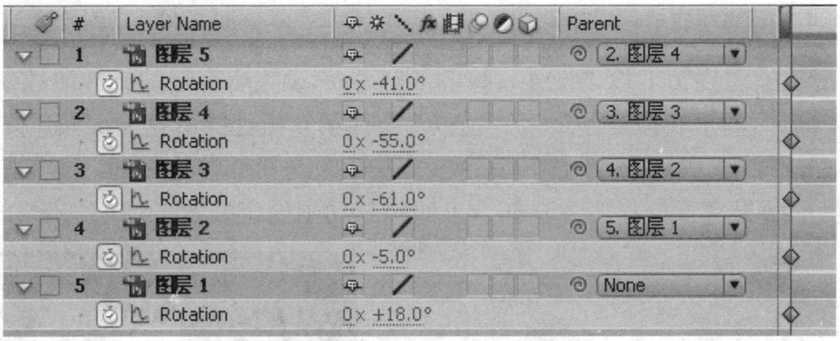

图 8.43　设置旋转动画关键帧

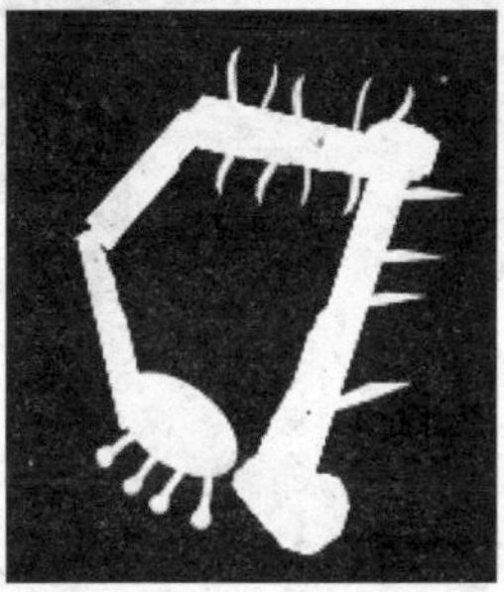

图 8.44　动画效果 1

单击所有层的旋转属性前面的秒表图标，进行动画关键帧的记录。将时间滑块拖动到第 10 帧处，按图 8.45 所示设置所有层的旋转属性参数，效果如图 8.46 所示。

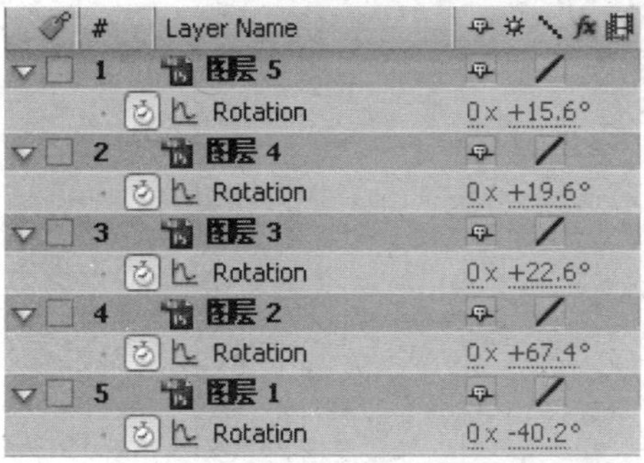

图 8.45　设置旋转动画关键帧

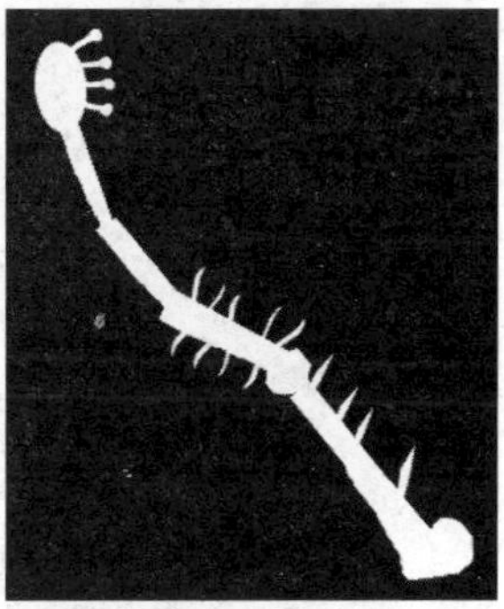

图 8.46　动画效果 2

将时间滑块拖动到第 20 帧处，按图 8.47 所示设置所有层的旋转属性参数，效果如图 8.48 所示。

图 8.47　设置旋转动画关键帧

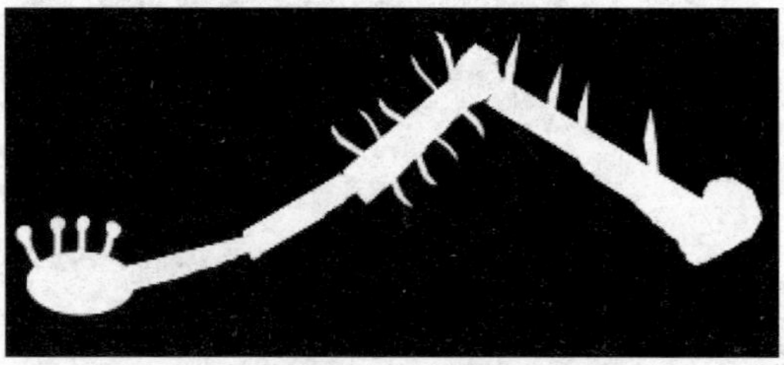

图 8.48　动画效果 3

将时间滑块拖动到第 1 秒 4 帧处，按图 8.49 所示设置所有层的旋转属性参数，效果如图 8.50 所示。将时间滑块拖动到最后一帧处，选择第 0 帧处的所有关键帧，按 Ctrl+C 键进行复制，按 Ctrl+V 键进行粘贴。旋转属性参数与效果与第 0 帧处相同。现在按小键盘上的 0 键，对所做的效果进行预览，观看创造出的腿部动画的奇妙效果。

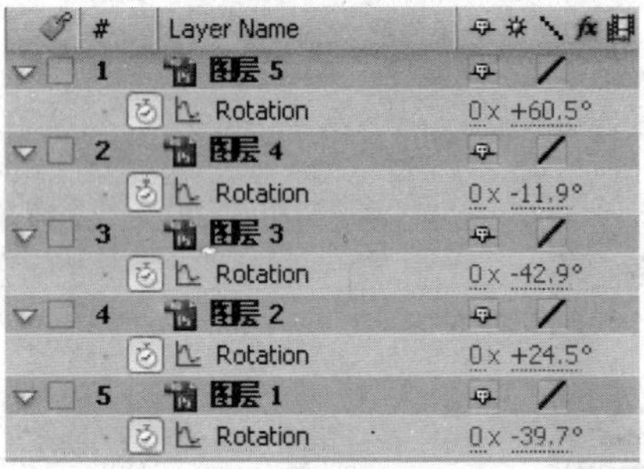

图 8.49　设置旋转动画关键帧

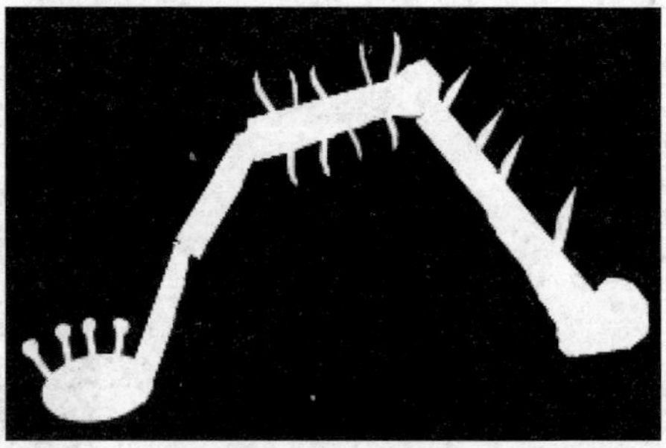

图 8.50　动画效果 4

(5) 执行 Composition | Make Movie 命令，弹出 Render Queue 对话框，单击 Output Module 右边的 Lossless 按钮，弹出 Output Module Settings 对话框，设置如图 8.51 所示。单击 OK 按钮确认设置。单击 Out to 右边的电影名称，选择要输出的影片的存放文件夹，单击 Render 按钮进行渲染。

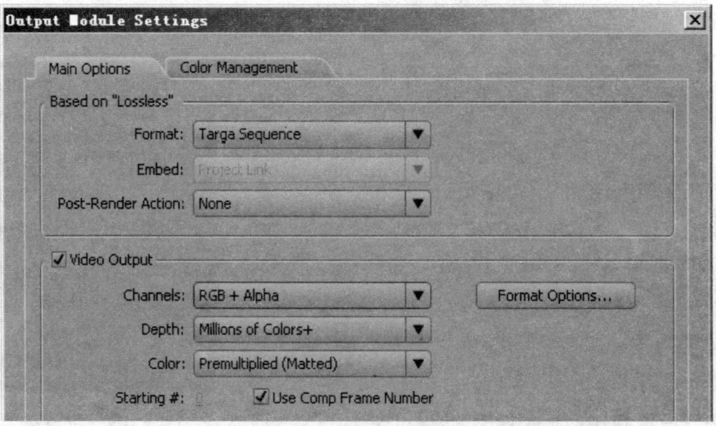

图 8.51　渲染设置

2. 爬虫身体的制作

(1) 新建一个 Composition 合成项目，命名为 body，设置如 leg 相同。在 Project 项目窗口中双击，导入命名为 body 的分层的 PSD 格式文件，导入设置同 leg。在 Project 项目窗口中展开 body Layers 选项，将 3 个图层拖入 body Composition 合成项目的时间线窗口，设置如图 8.52 与图 8.53 所示。也可以直接双击 body Composition 合成项目，并将其时间改为 0:00:01:12。

图 8.52 在 Project 项目窗口中展开 body Layers

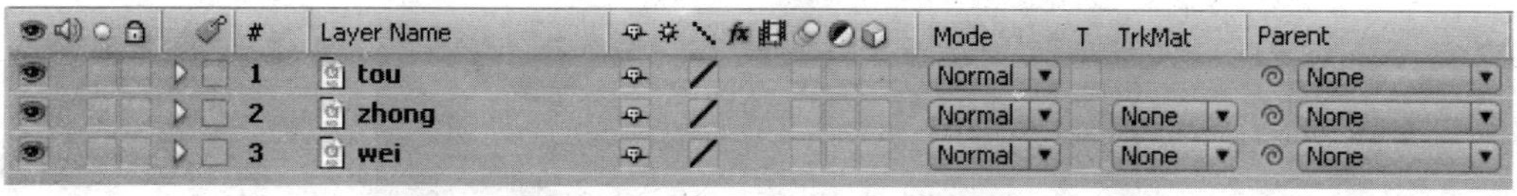

图 8.53 时间线窗口的图层排列

(2) 单击工具栏中的 Pan Behind Tool 按钮，改变每个图层的中心点到其图形大约中心的位置，如图 8.54 所示。

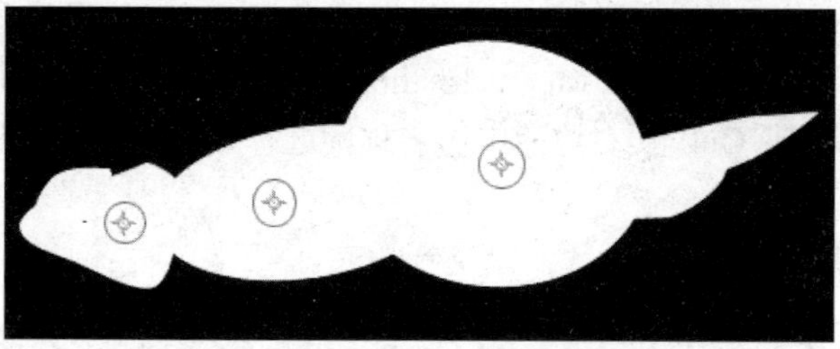

图 8.54 改变每个图层的中心点

(3) 下面进行动画的设置。选择所有的层，按 R 键打开所有层的旋转属性。在第 0 帧处，按图 8.55 所示设置所有层的旋转属性参数，效果如图 8.56 所示。并单击所有层的旋转属性前面的秒表图标，进行动画关键帧的记录。将时间滑块拖动到第 19 帧处，按图 8.57 所示设置所有层的旋转属性参数，效果如图 8.58 所示。将时间滑块拖动到最后一帧处，选择第 0 帧处的所有关键帧，按 Ctrl+C 键进行复制，按 Ctrl+V 键进行粘贴。旋转属性参数与效果与第 0 帧处相同。现在按小键盘上的 0 键对所做的效果进行预览，观看创造出的爬虫身体动画奇妙效果。

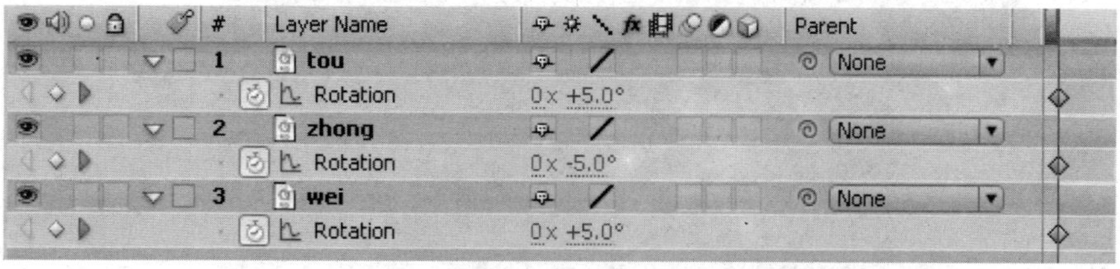

图 8.55 设置旋转动画关键帧

图 8.56　动画效果 1

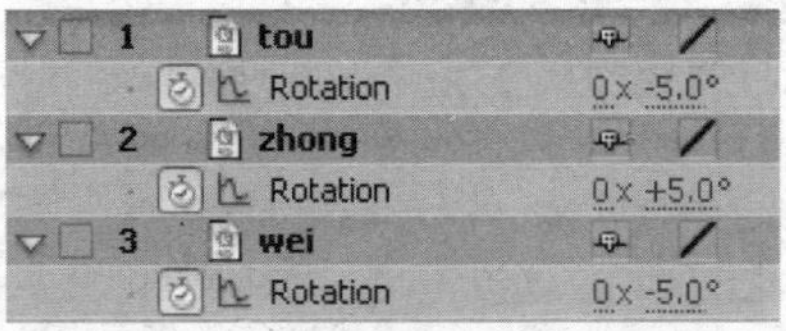

图 8.57　设置旋转动画关键帧

图 8.58　动画效果 2

(4) 执行 Composition | Make Movie 命令，弹出 Render Queue 窗口，单击 Output Module 右边的 Lossless 按钮，弹出 Output Module Settings 对话框，设置如前面图 8.51 所示，单击 OK 按钮确认设置。单击 Out to 右边的电影名称，选择要输出的影片的存放文件夹，单击 Render 按钮进行渲染。

3. 爬虫整体动画的制作

(1) 打开 After Effects 软件，新建一个 Composition 合成项目，命名为 pachong，设置如图 8.59 所示。

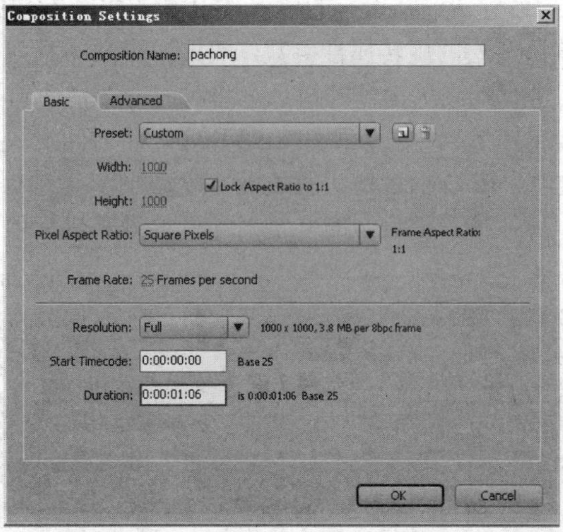

图 8.59　爬虫整体合成项目设置

在 Project 项目窗口中双击，导入前面渲染好的命名为 body 的 TGA 格式的图像序列文件。导入设置如图 8.60 与图 8.61 所示。并将其拖入时间线窗口。

图 8.60　帧序列导入设置

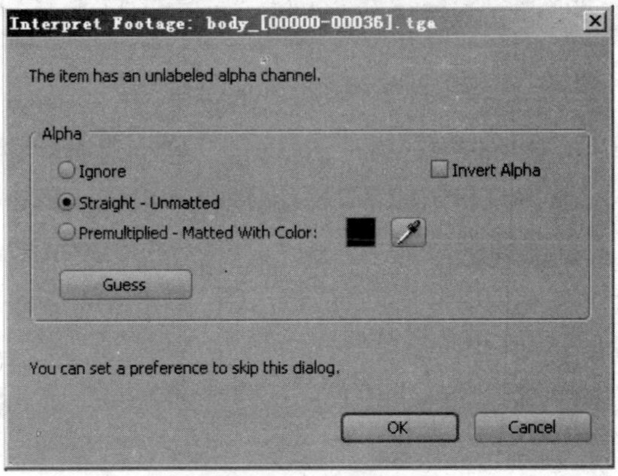

图 8.61　Alpha 通道设置

(2) 在 Project 项目窗口中双击，导入前面渲染好的命名为 leg 的 TGA 格式的图像序列文件。导入设置与 body 相同。并将其拖入时间线窗口。在时间线窗口选择 leg 层，按 Ctrl+D 键对该层进行复制，将复制出来的层按住鼠标左键不放向右拖动，使其结束位置达到原始 leg 层一半的位置，如图 8.62 所示。

图 8.62　复制并移动层

按 Ctrl+D 键继续对 leg 层进行复制，将复制出来的层用按住鼠标左键不放向右拖动，使其结束位置达到原始 leg 层 1/4 的位置。再次按 Ctrl+D 键对 leg 层进行复制，将复制出来的层用按住鼠标左键不放向右拖动，使其结束位置达到原始 leg 层 1/8 的位置，如图 8.63 所示。

图 8.63　复制并移动层

选择刚才复制出来的 3 个 leg 层，按 Ctrl+D 键对这 3 个层进行复制，将复制出来的层按住鼠标左键不放拖动调整其位置，使每条腿的播放时间都能达到整个 Composition 总体的时间的长度，如图 8.64 所示。此时预览窗口中第一帧处的效果，如图 8.65 所示。

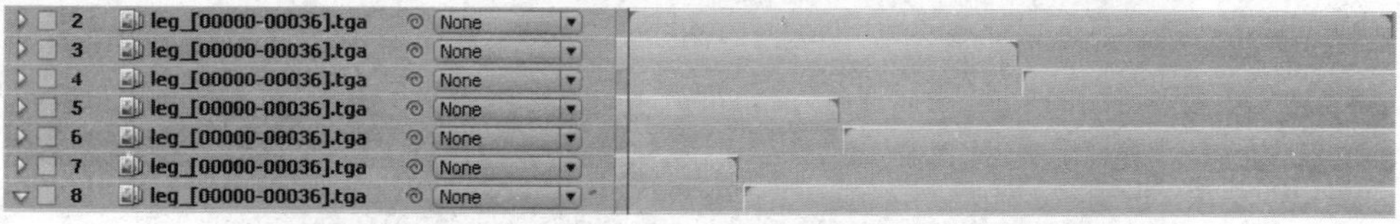

图 8.64　复制并移动层

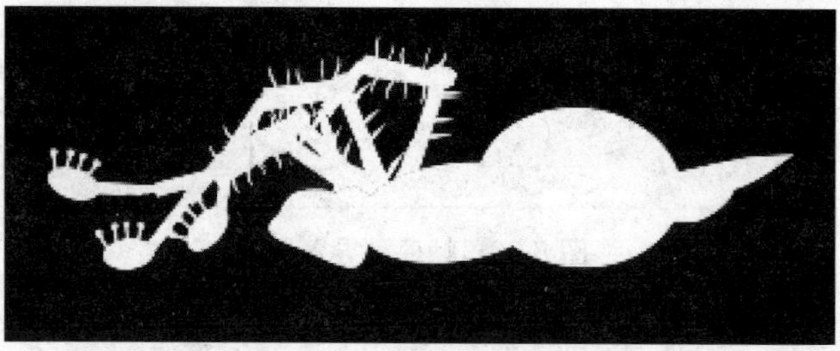

图 8.65　前腿效果图

在时间线窗口选择所有的 leg 层，按 Ctrl+D 键对它们进行复制，保持新复制出来的这些 leg 层为选择状态，按 S 键，将它们的缩放属性显示出来，单击按钮，打断长度与宽度缩放关联，在原来长度的缩放值前面加入负号，将长度的缩放值改为负值，如图 8.66 所示。调整这些长度的缩放值为负值的层的位置，让它们变成爬虫的后腿，效果如图 8.67 所示。现在按小键盘上的 0 键对所做的效果进行预览，观看创造出的爬虫动画的奇妙效果。

图 8.66　缩放设置

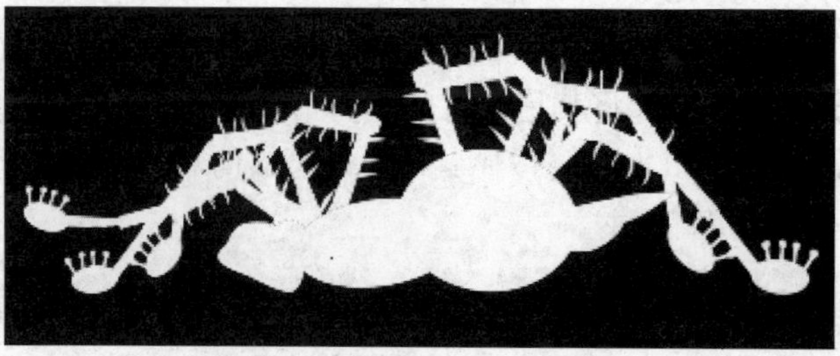

图 8.67　爬虫整体动画效果图

(3) 执行 Composition | Make Movie 命令，弹出 Render Queue 窗口，单击 Output Module 右边的 Lossless 按钮，弹出 Output Module Settings 对话框，设置如前面图 8.51 所示，单击 OK 按钮确认设置。单击 Out to 右边的电影名称，选择要输出的影片的存放文件夹，单击 Render 按钮进行渲染。

8.2.3 在 After Effects 中制作特效并合成

完成后效果如图 8.68 所示。

图 8.68 演员姓名出场效果动画

本节主要制作影片开始时主要演员及导演出场的文字与特效。

1. 背景制作

(1) 执行 Composition | New Composition 命令，新建一个合成项目，名称为 Background1，PAL 制，大小为 720×576，时间为 10 秒，然后单击 OK 按钮。

执行 Layer | New | Solid 命令，创建一个固态层，命名为 Grid，将其颜色设置为黑色。

选择本固态层，执行 Effect | Generate | Grid 命令，为本固态层加入 Grid(网格)特效，设置如图 8.69 所示，效果如图 8.70 所示。

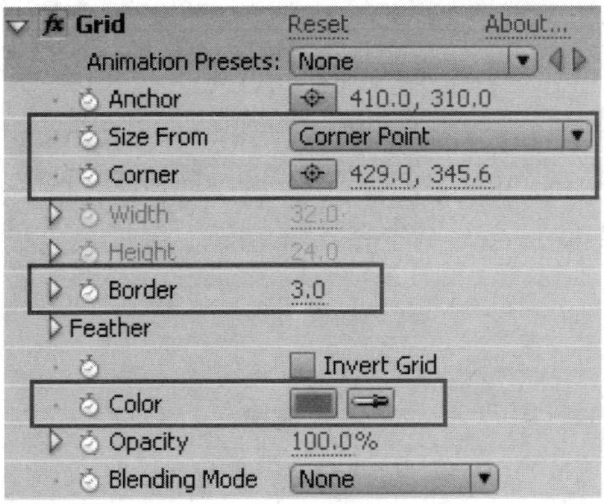

图 8.69 Grid 特效设置

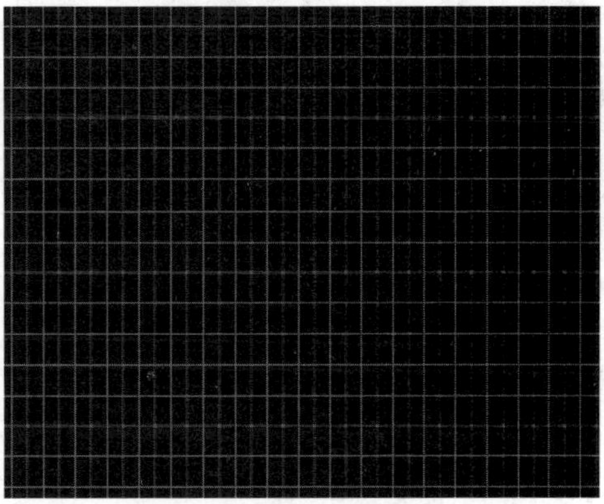

图 8.70 Grid 特效效果图

(2) 执行 Layer | New | Solid 命令，创建一个固态层，命名为 Fractal Noise ，将其颜色设置为黑色。

选择该层，执行 Effect | Noise & Grain | Fractal Noise 命令，为本素材加入 Fractal Noise(分形噪波)特效，设置如图 8.71 所示，效果如图 8.72 所示。

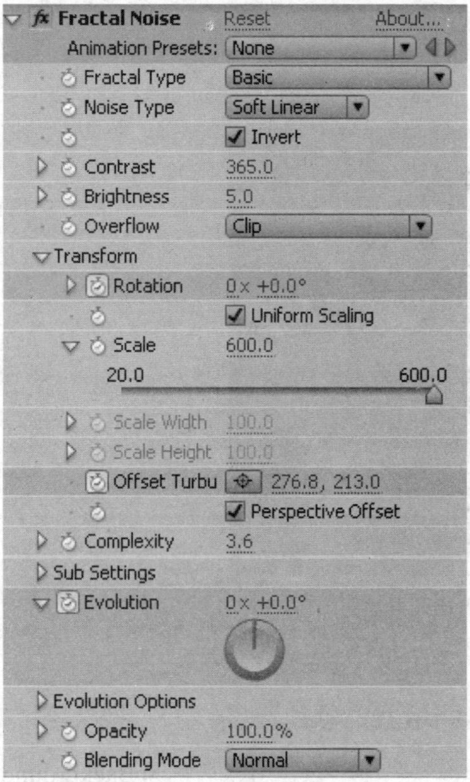

图 8.71　Fractal Noise 特效设置

图 8.72　Fractal Noise 特效效果图

下面来实现分形噪波的动态效果。在第 0 帧处单击 Evolvtion 的动画记录秒表图标，然后将时间滑块移动到最后一帧处，将其相位变化数值改为 180°。按小键盘上的 0 键预演一下相位动画的效果。

(3) 将 Grid 层的层蒙版方式设置为 Luma Matte，设置如图 8.73 所示，效果如图 8.74 所示。

(4) 执行 Composition | New Composition 命令，新建一个合成项目，名称为 Background2，PAL 制，大小为 720×576，时间为 10 秒，然后单击 OK 按钮。

执行 Layer | New | Solid 命令，创建一个固态层，命名为 Fractal Noise，将其颜色设置为黑色。

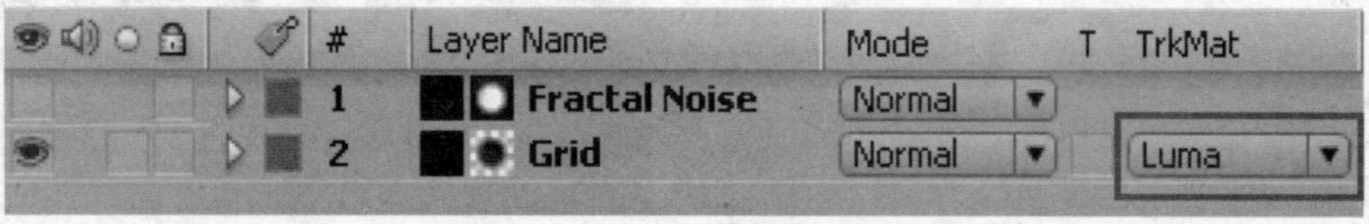

图 8.73　设置层的层蒙版方式

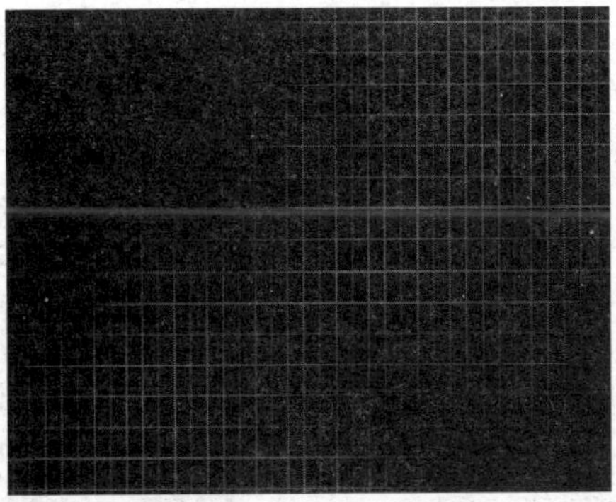

图 8.74　蒙版后的效果图

选择该层，执行 Effect | Noise & Grain | Fractal Noise 命令，为本素材加入 Fractal Noise(分形噪波)特效，设置如图 8.75 所示，效果如图 8.76 所示。

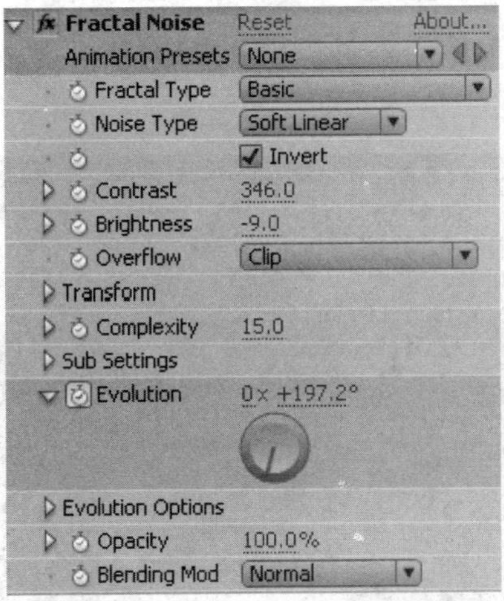

图 8.75　Fractal Noise 特效设置

图 8.76　Fractal Noise 效果图

下面来实现分形噪波的动态效果。在第 0 帧处单击 Evolution 的动画记录秒表图标，然后将时间滑块移动到最后一帧处，将其相位变化数值改为 180°。按小键盘上的 0 键预演相位动画的效果。

选择本层，执行 Effect | Blur & Sharpen | Fast Blur 命令，为本固态层加入 Fast Blur(混合模糊)特效，设置如图 8.77 所示，效果如图 8.78 所示。

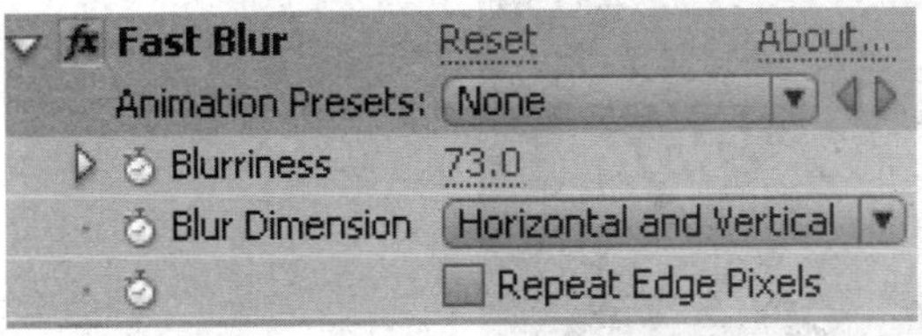

图 8.77　Fast Blur 特效设置

图 8.78　Fast Blur 特效效果图

选择本固态层，执行 Effect | Color Correction | CC Toner 命令，为本层调色，将 Midtones(中间色调)改为褐色，设置如图 8.79 所示，效果如图 8.80 所示。

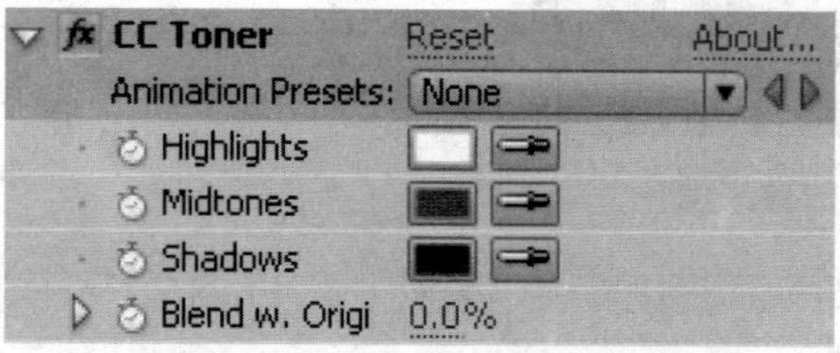

图 8.79　CC Toner 特效设置

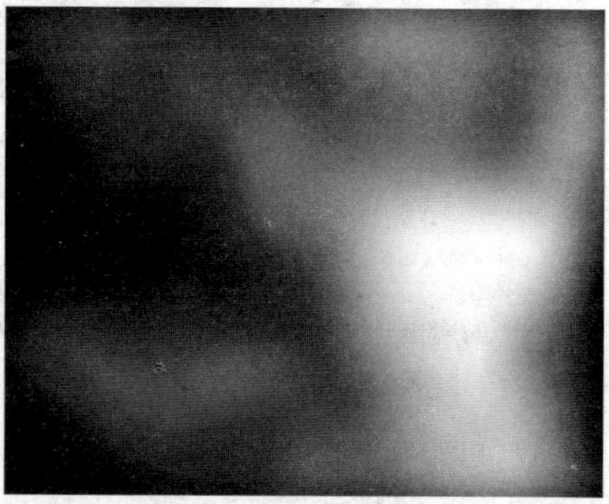

图 8.80　CC Toner 特效效果图

选择本固态层，执行 Effect | Color Correction | Curves 命令，为本层加入 Curves(曲线)特效，设置如图 8.81 所示，效果如图 8.82 所示。

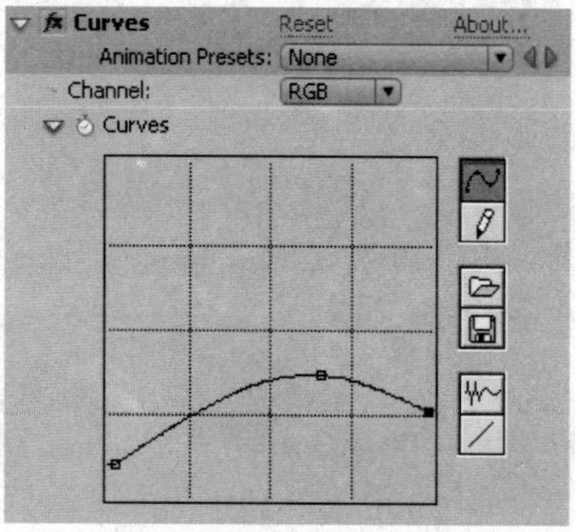

图 8.81　Curves 特效设置

图 8.82　Curves 特效效果图

(5) 将 Background1 合成项目拖入 Background2 合成项目的时间线窗口，放在 Fractal Noise 层的上面一层，效果如图 8.83 所示。

图 8.83　层合成效果图

(6) 导入一个动态烟雾的视频素材，本例烟雾素材为使用 Particle Illusion 软件制作。将它放在 Background1 的上面一层，效果如图 8.84 所示。

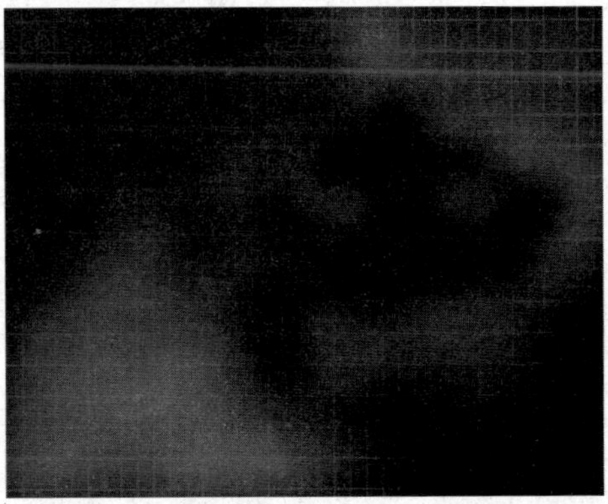

图 8.84 加入烟雾后的效果图

2. 给蜂巢标志物做变速动画

下面将导入在 Maya 中制作的标志物动画，并做变速处理，让此动画在某些时间段加速运动，在某些时间段又突然停滞缓慢运动。

(1) 执行 Composition | New Composition 命令，新建一个合成项目，名称为 Comp1，PAL 制，大小为 720×576，时间为 10 秒，然后单击 OK 按钮。

导入在 Maya 中制作 TGA 格式的“标志物”帧序列动画，并将其拖入 Comp1 的时间线窗口。将 Background2 合成项目拖入 Comp1 合成项目的时间线窗口，放置“标志物”帧序列层的下面一层。

(2) 选择“标志物”层，执行 Layer | Time | Enable Time Remapping(开启时间重映射)命令，对其进行变速处理。此时发现素材的两端自动产生了两个关键点，并且素材的长度能被拉长，继续为素材增加几个关键点，如图 8.85 所示。

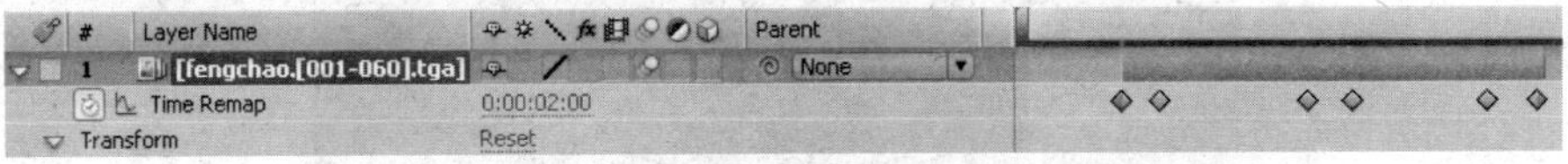

图 8.85 变速设置

打开 Graph Editor 动画曲线编辑器，将动画曲线修改为如图 8.86 所示的形状。

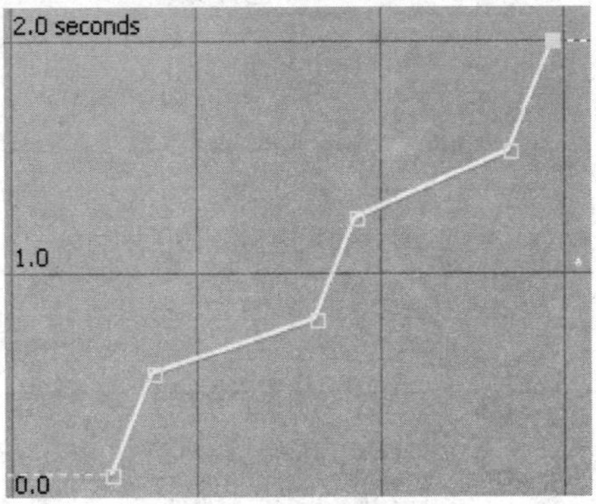

图 8.86 变速曲线

这样在曲线坡度陡的时候图像快速运动，在曲线坡度缓的时候图像慢速运动。

3. 制作文字动画

(1) 新建文字层，输入需要的文字，比如某演员饰演某个角色、导演为某人等。展开本文字层的 Text 属性，单击 Animate 旁边的小三角按钮勾选 Enable Per-Character 3D(开启每角色 3D 属性)复选框。

(2) 单击 Animate 旁边的小三角按钮，为其添加 Rotation(旋转)动画属性。单击 Y Rotation 的动画记录秒表图标，在第 1 秒处设置为 0，在第 2 秒处设置为 360。这样文字产生了各自按自身坐标轴旋转的动画。关于文字层动画的详细介绍见第 7 章相关内容。

(3) 制作文字从画面外移动到画面之中的位移动画，节奏可自行把握。打开运动模糊开关，让文字产生运动模糊，设置如图 8.87 所示，效果如图 8.88 所示。

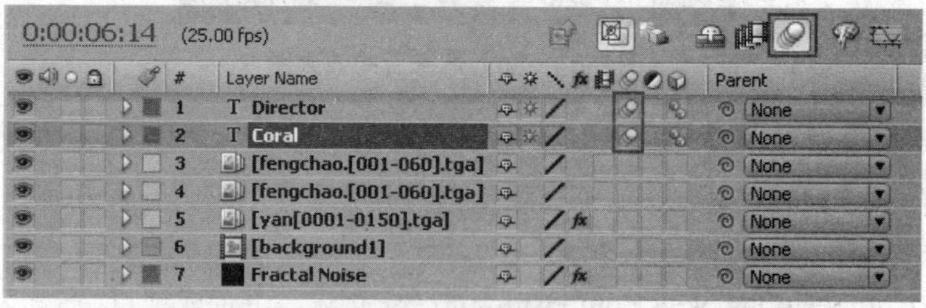

图 8.87　运动模糊设置

图 8.88　动画效果图

根据需要，用相同的方法制作更多的标志动画和文字动画。

8.2.4　After Effects 的三维空间

三维空间动画部分的完成效果如图 8.89 和图 8.90 所示。

1. 制作闪烁的彩色光带

制作三维空间中连接两个视频画面的闪烁的彩色光带。

(1) 执行 Composition | New Composition 命令，新建一个合成项目，名称为“光带”，PAL 制，时间为 60 秒左右，然后单击 OK 按钮。

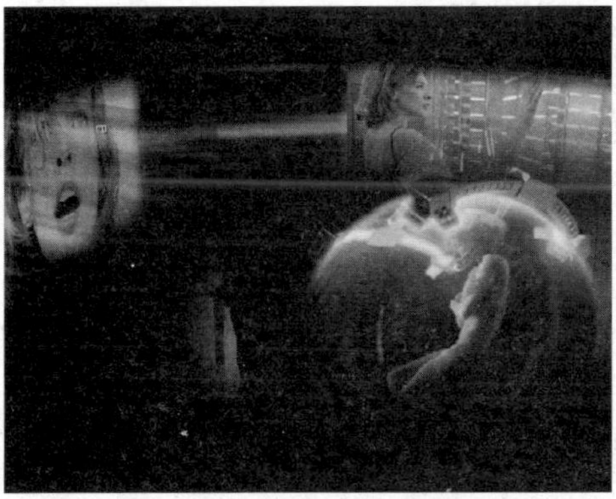

图 8.89　三维空间效果图 1

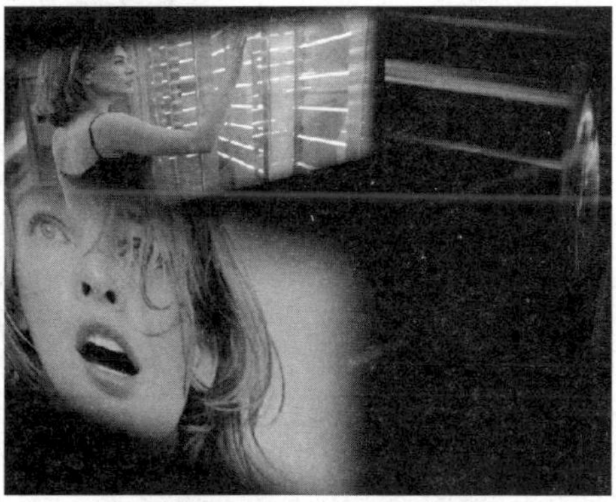

图 8.90　三维空间效果图 2

(2) 执行 Layer | New | Solid 命令，创建一个固态层，命名为 Black Solid 2，将其颜色设置为黑色。

选择该层，执行 Effect | Noise & Grain | Fractal Noise 命令，为本素材加入 Fractal Noise(分形噪波)特效，设置如图 8.91 所示，效果如图 8.92 所示。

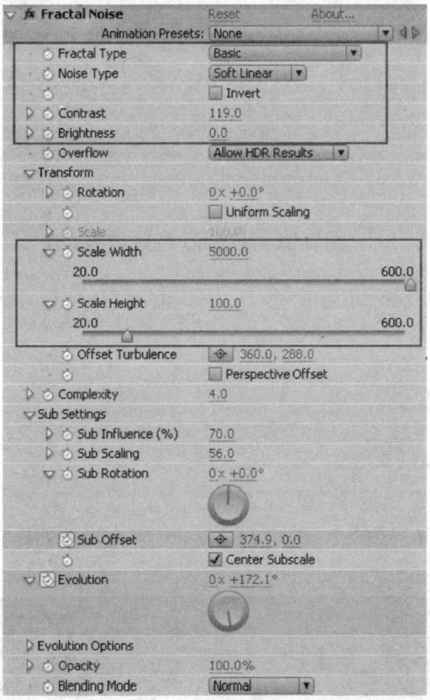

图 8.91　Fractal Noise 特效设置

图 8.92　Fractal Noise 特效效果图

为分形噪波设置相位动画的效果。在第 0 帧处单击 Evolvtion 的动画记录秒表图标，然后将时间滑块移动到最后一帧处，将其相位变化数值改为 1080°。在第 0 帧处单击 Sub Settings 下 Sub Offset 的动画记录秒表图标，然后将时间滑块移动到最后一帧处，将其相位变化数值改为 360°。

(3) 选择该层，执行 Effect | Stylize | Strobe Light 命令，为本层加入 Strobe Light(闪白)特效，设置如图 8.93 所示。

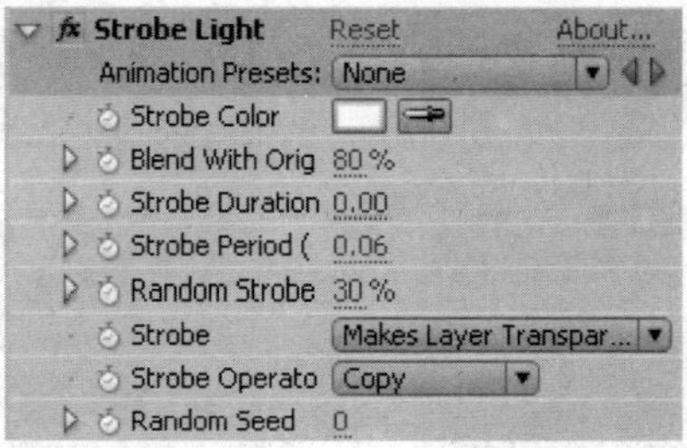

图 8.93　Strobe Light 特效设置

(4) 执行 Layer | New | Solid 命令，创建一个固态层，命名为 Black Solid 1，将其颜色设置为黑色。

选择该层，执行 Effect | Generate | Ramp 命令，为本素材加入 Ramp 特效，设置如图 8.94 所示，效果如图 8.95 所示。

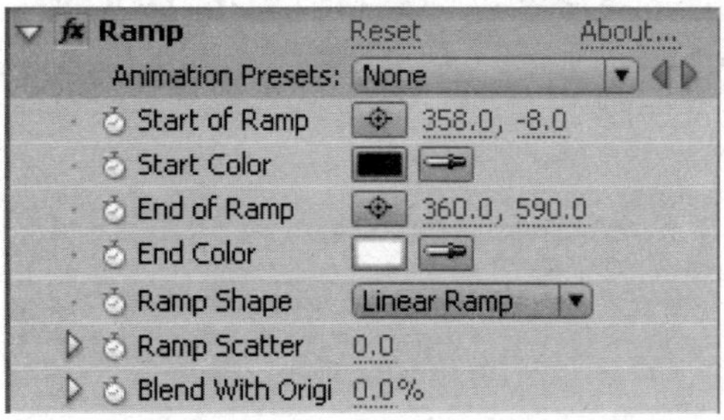

图 8.94　Ramp 特效设置图

图 8.95　Ramp 特效效果

(5) 选择该层，执行 Effect | Color Correction | Colorama 命令，为本素材加入 Colorama 特效，设置如图 8.96 所示，效果如图 8.97 所示。

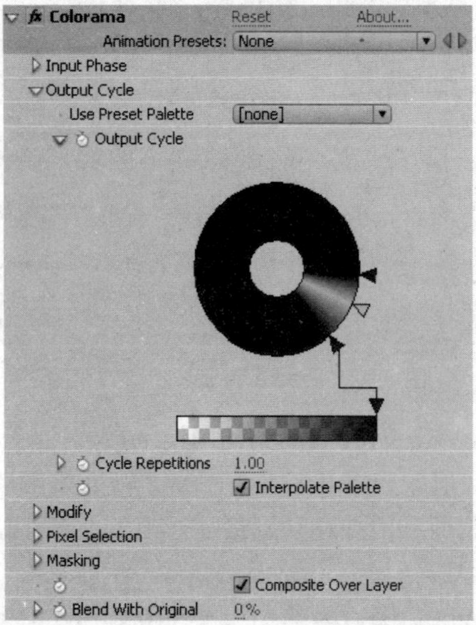

图 8.96　Colorama 特效设置

图 8.97　Colorama 特效效果图

(6) 将 Black Solid 1 层的混合叠加模式设置为 Color，设置如图 8.98 所示，效果如图 8.99 所示。

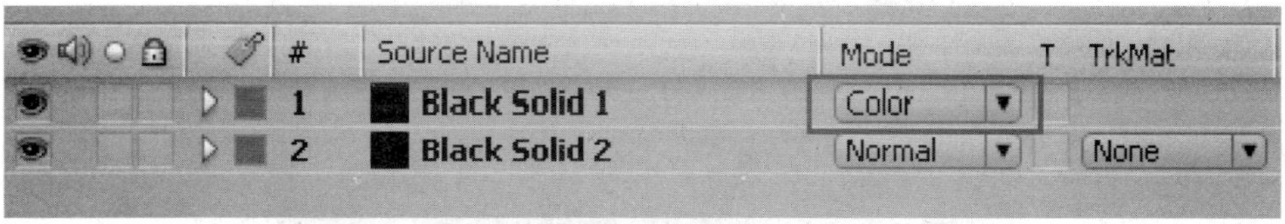

图 8.98　层的混合叠加模式设置

图 8.99　层的混合叠加模式效果图

(7) 执行 Layer | New | Solid 命令，创建一个固态层，命名为 Black Solid 3，将其颜色设置为黑色。为该层绘制一个方形 Mask，并设置羽化值为 400，效果如图 8.100 所示。

图 8.100　加入新层并绘制遮罩效果

(8) 将 Black Solid 1 层的层蒙版方式设置为 Alpha Matte，设置如图 8.101 所示，效果如图 8.102 所示。

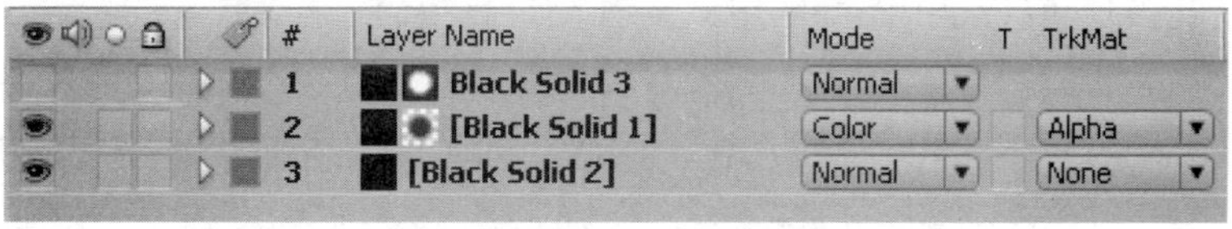

图 8.101　层蒙版方式设置

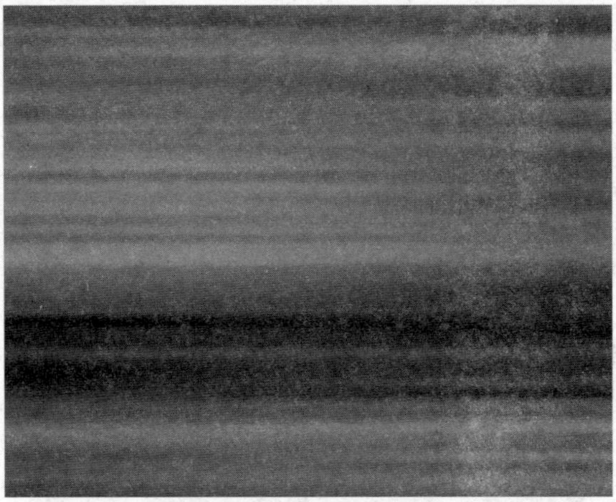

图 8.102　层蒙版方式设置效果

2. 三维空间效果

(1) 执行 Composition | New Composition 命令，新建一个合成项目，名称为 Comp 1，PAL 制，时间为 20 秒左右，然后单击 OK 按钮。

(2) 执行 Layer | New | Solid 命令，创建一个固态层，命名为 Background，将其颜色设置为黑色。它将始终放置在最底层，作为整个空间的背景。

(3) 将前面做好的光带合成文件再复制两个，分别命名为光带 1、光带 2、光带 3，对它们稍做修改，使其效果有所差异。然后将它们都拖入 Comp 1 的时间线窗口。

(4) 准备 3 个视频素材(本例用静止的图片代替)，名称本别为视频 1、视频 2、视频 3，将它们都拖入 Comp 1 的时间线窗口。

(5) 将光带 1、光带 2、光带 3 以及视频 1、视频 2、视频 3 的 3D 层属性全部开启。

(6) 新建一个摄像机层。目前 Comp 1 的时间线窗口的层布局如图 8.103 所示。

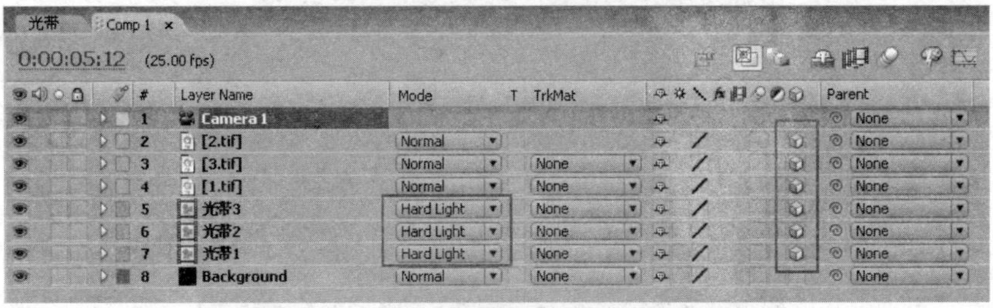

图 8.103　时间线窗口的层布局

(7) 将视图切换为 Camera 1 摄像机视图，选择每个 3D 层，分别对其进行位移和旋转等操作，最后的结果为如图 8.104 所示的立体图层效果。

(8) 单击摄像机的 Point Of Interest 与 Position 属性的动画记录秒表图标，然后用如图 8.105 所示的摄像机按钮在不同的时间对视图进行旋转、位移、推拉等操作，产生在不同时间的关键帧。选择所有关键帧，单击右键，执行 KeyFrame Assistant | Easy Ease 命令，让动画曲线更平滑，如图 8.106 所示。在不同时间的画面效果如图 8.107 所示。

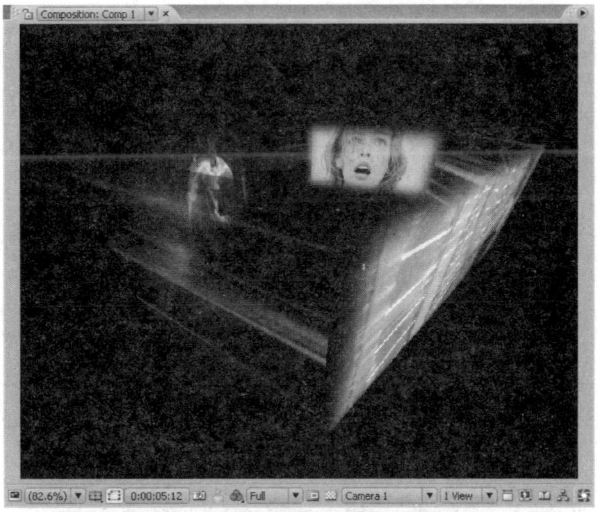

图 8.104　AE 三维空间效果

图 8.105　摄像机旋转、位移与推拉按钮

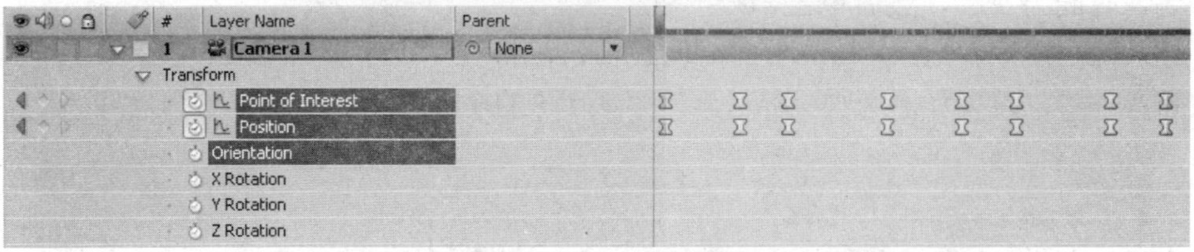

图 8.106　平滑动画曲线

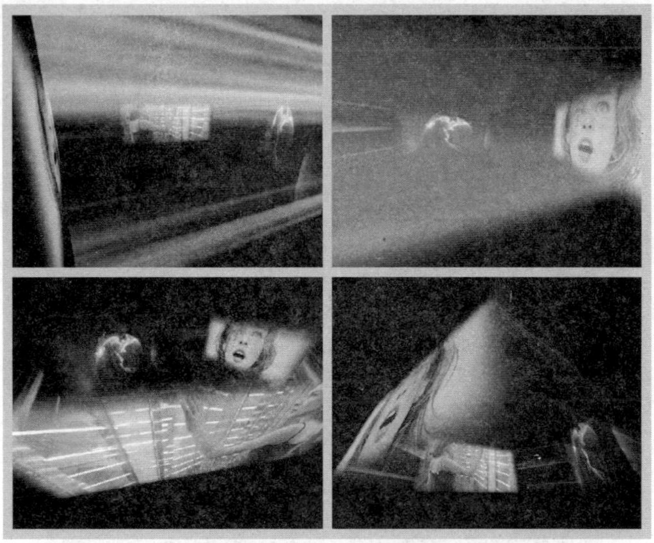

图 8.107　After Effects 的三维空间动画效果

8.2.5 电影片名字幕制作

1. 制作蛛网动画

(1) 在 Photoshop 中制作一张如图 8.108 所示的类似蛛网的图片。

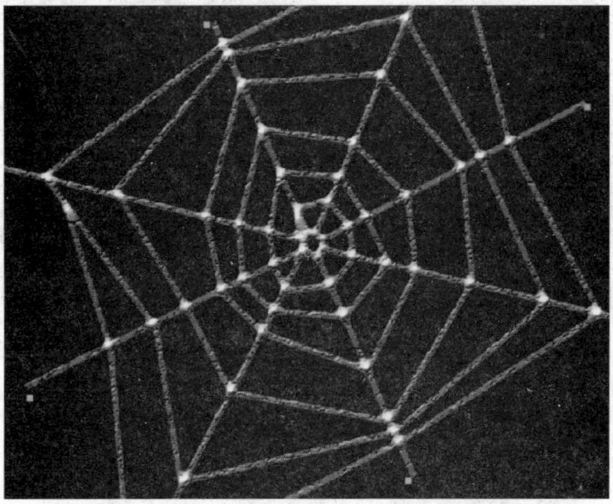

图 8.108 在 Photoshop 中制作蛛网图

(2) 执行 Composition | New Composition 命令，新建一个合成项目，名称为 Comp 1，PAL 制，时间为 7 秒，然后单击 OK 按钮。

导入蛛网图片并拖入 Comp 1 的时间线窗口，将其复制 4 层，然后设置其旋转的动画，可以随意一些，设置如图 8.109 所示，效果如图 8.110 所示。

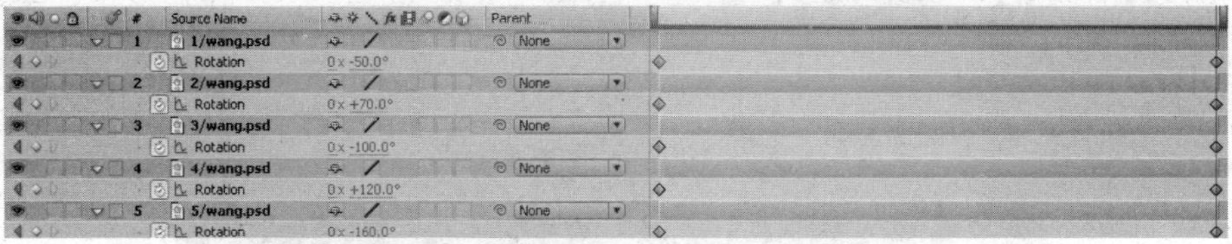

图 8.109 复制蛛网图并设置其旋转的动画

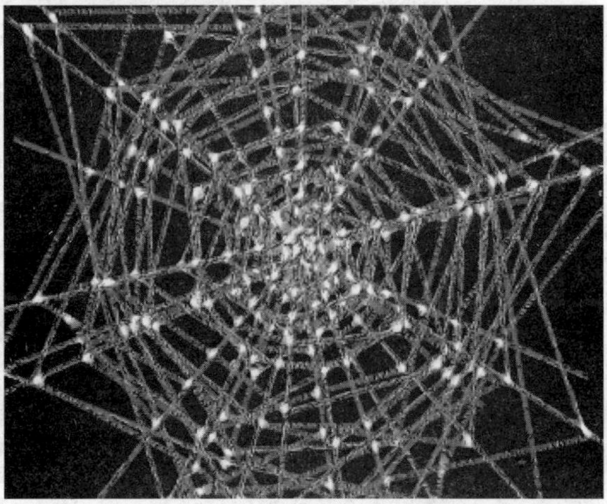

图 8.110 动画效果图

2. 制作电影标题

(1) 执行 Composition | New Composition 命令，新建一个合成项目，名称：Comp 2，PAL 制，大小为 1000×400，时间为 7 秒，然后单击 OK 按钮。

将 Comp 1 拖入 Comp 2 时间线窗口，放在最底层。为其加入 Levels 特效，设置如图 8.111 所示，效果如图 8.112 所示。

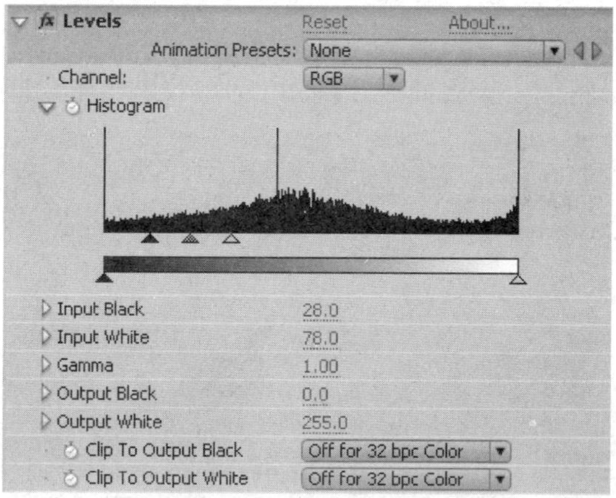

图 8.111 Levels 特效设置

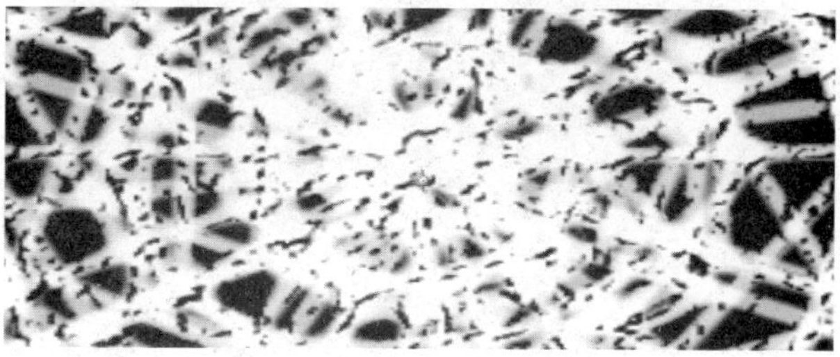

图 8.112 Levels 特效效果图

为其加入 Roughen Edges 特效，设置如图 8.113 所示，效果如图 8.114 所示。

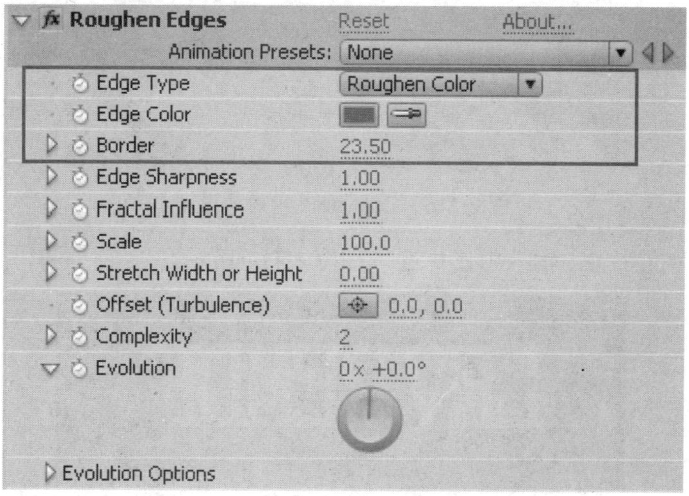

图 8.113 Roughen Edges 特效设置

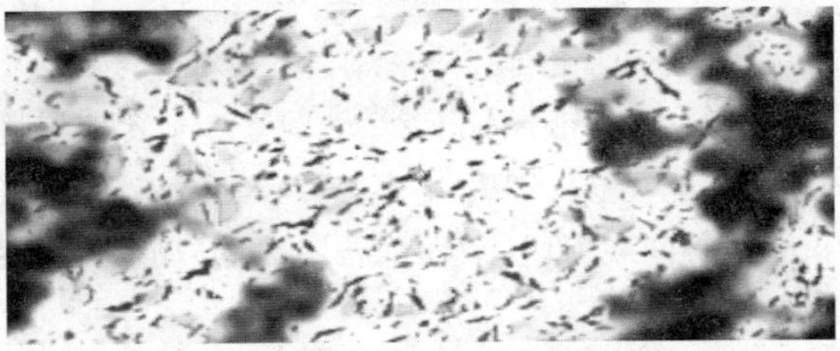

图 8.114　Roughen Edges 特效效果图

为其加入 Colorama 特效，设置如图 8.115 所示，效果如图 8.116 所示。

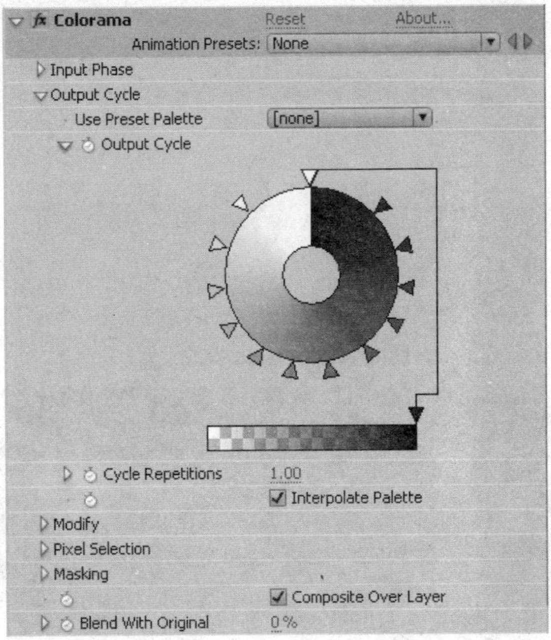

图 8.115　Colorama 特效设置

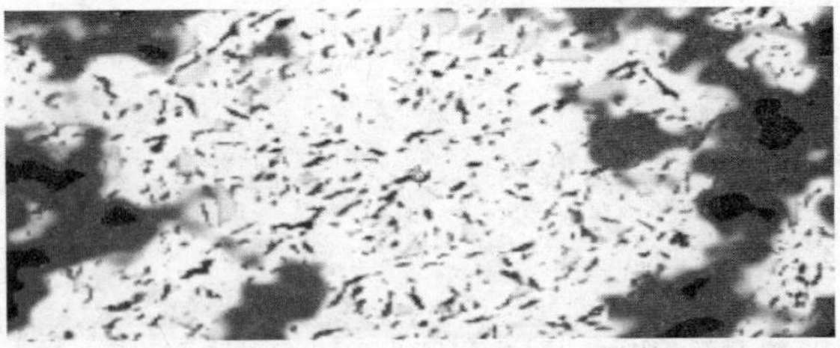

图 8.116　Colorama 特效效果图

(2) 新建一个文字层，输入电影标题，如图 8.117 所示。

图 8.117　建立文字层

设置文字 Tracking 动画，在第 0 帧与第 3 秒处，分别将 Tracking Amound 设置为-77 与 0。

给文字层加入 Roughen Edges 特效，在第 0 帧与第 3 秒处，分别将 Border 设置为-77 与 10，设置如图 8.118 所示，效果如图 8.119 所示。

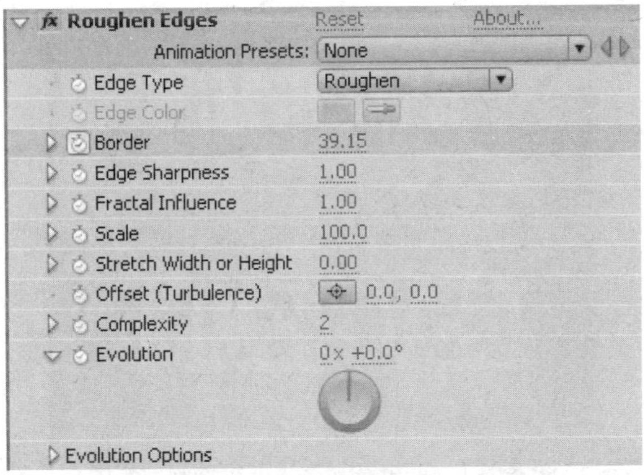

图 8.118　Roughen Edges 特效设置

图 8.119　Roughen Edges 特效动画效果图

(3) 将 Comp 1 层的层蒙版方式设置为 Luma Matte，设置如图 8.120 所示，效果如图 8.121 所示。

图 8.120　层蒙版方式设置

图 8.121　标题动画合成

(4) 导入前面制作好的爬虫爬行动画，放置在文字层的上层，并制作其位移动画，让它从第 3 秒开始出现在文字的左侧，在第 7 秒处移动到文字的右侧，这样就产生了爬虫从文字左侧爬行到右侧的动画，效果如图 8.122 所示。

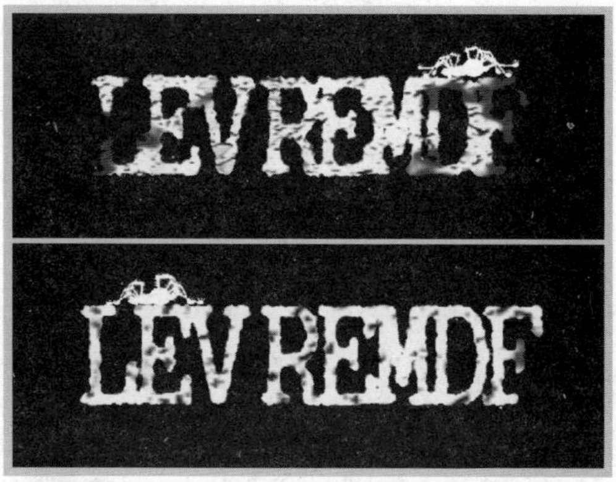

图 8.122　爬虫在文字上爬行动画效果图

(5) 制作爬虫尾迹。新建一个 1000×2 大小的 Solid 层，并为其绘制一个 Mask，设置其横向的羽化值为 64，然后跟随爬虫的运动制作 Mask 的动画即可，如图 8.123 所示。

图 8.123　加入爬虫尾线动画

8.2.6　“破碎的眼睛”制作

眼睛动画部分的完成效果如图 8.124 所示。

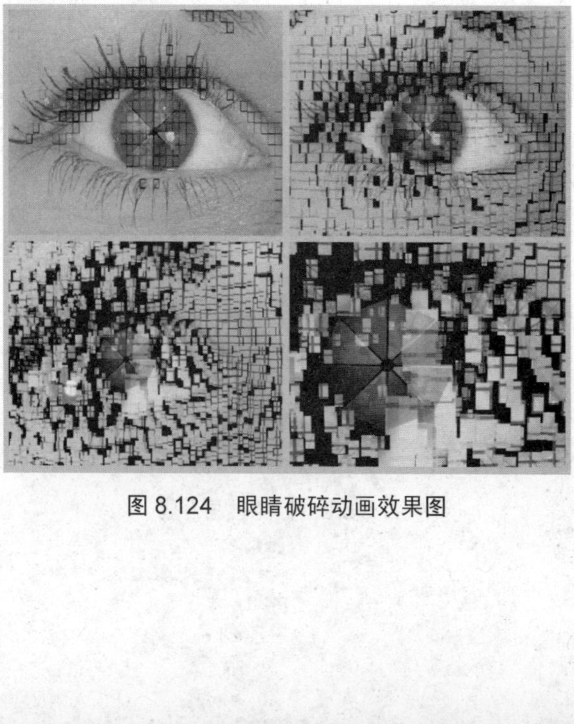

图 8.124　眼睛破碎动画效果图

1. 眼睛与网格动画

(1) 执行 Composition | New Composition 命令，新建一个合成项目，名称为 Comp 1，PAL 制，时间为 20 秒，然后单击 OK 按钮。

(2) 导入名为 Eye 的一个眼睛的视频或图片(本例使用图片)，将其拖入时间线窗口，效果如图 8.125 所示。

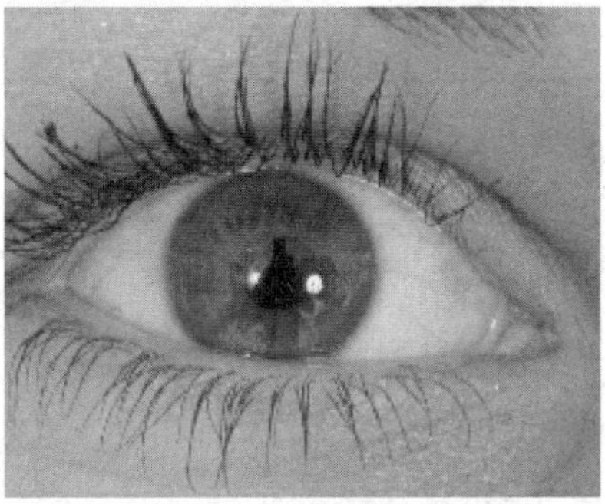

图 8.125 眼睛原始图

(3) 导入一幅带 Alpha 通道的类似砖墙的图片，放在 Eye 层的上面，如图 8.126 所示。

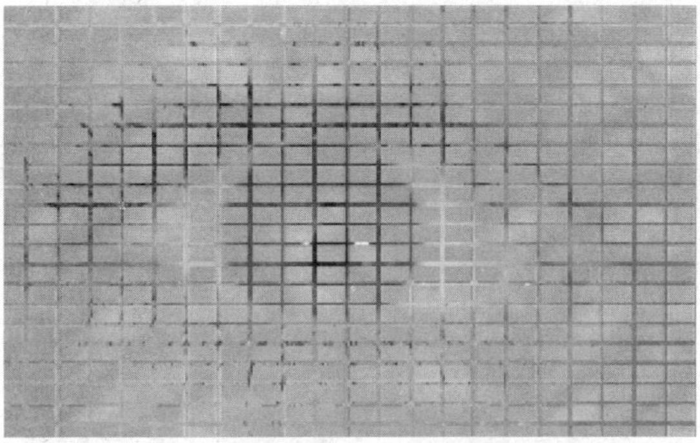

图 8.126 加入砖墙

将 Eye 层的层蒙版方式设置为 Alpha Matte，效果如图 8.127 所示。

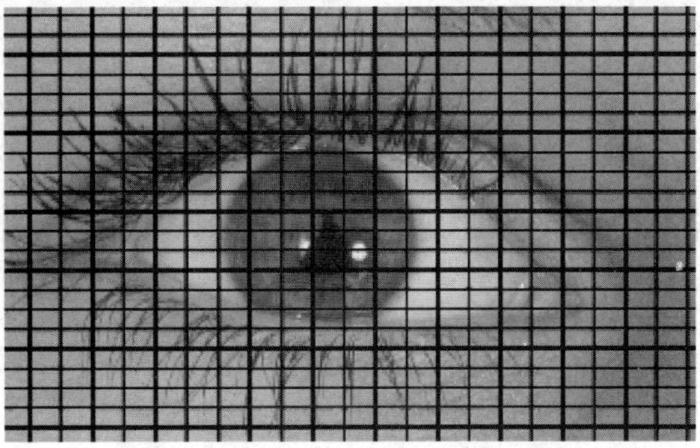

图 8.127 层蒙版方式设置效果图

选择 Eye 层，加入 Color Banlans(HLS)特效，单击其属性 Lightness(明度)的动画记录秒表图标，在第 0 帧处设置其参数为 0，在最后一帧处设置其参数为 100。

(4) 将 Eye 图片再次拖入时间线，放在最上层，设置其不透明度动画，在第 0 帧处将其设置为 100，在最后一帧将其设置为 0，如图 8.128 所示。

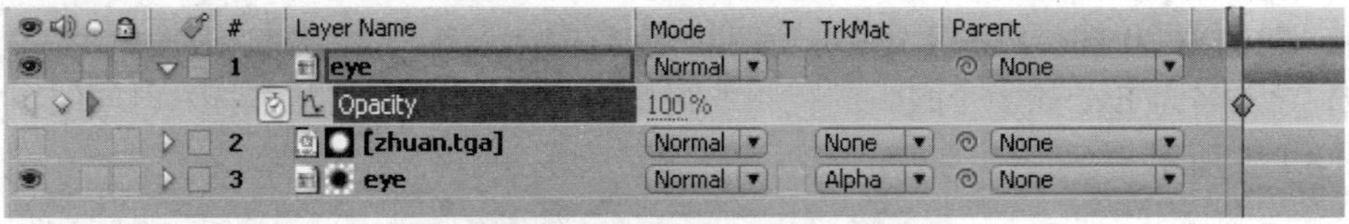

图 8.128　Eye 层不透明度动画设置

2. 眼睛破碎动画

(1) 执行 Composition | New Composition 命令，新建一个合成项目，名称为 Comp 2，PAL 制，时间为 20 秒，然后单击 OK 按钮。

(2) 将 Eye 图片拖入 Comp 2 的时间线，放在最底层，关闭其显示即可。

(3) 将 Comp 1 拖入 Comp 2 的时间线，为其加入 Card Dance(卡牌舞蹈)特效，Card Dance(卡牌舞蹈)特效的参数设置如图 8.129 所示。

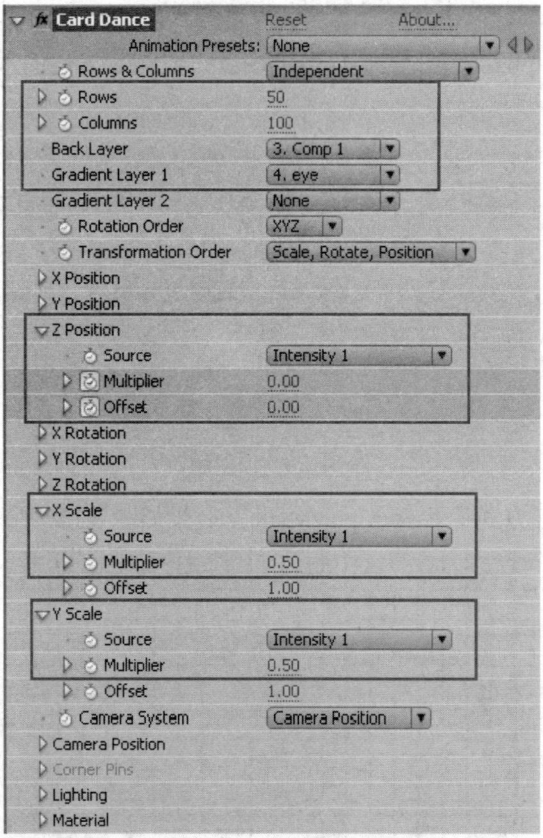

图 8.129　Card Dance 特效设置

(4) 设置 Multiplier 与 Offset 属性的动画效果。在第 0 帧处将它们分别设置为 0，在最后一帧将它们分别设置为 11 与 6。预演动画，发现眼睛逐渐碎裂成一幅具有纵深感的卡片。

(5) 在眼睛的瞳孔处加入蜂巢标志图片。

(6) 新建一个摄像机层，设置其镜头推进到瞳孔深处的效果。整体动画效果如图 8.130 所示。

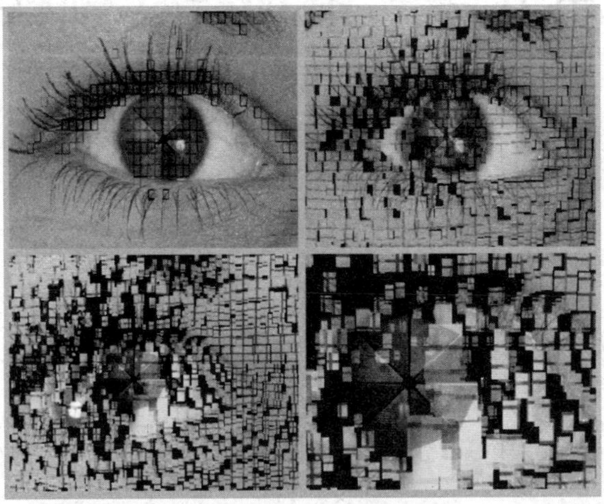

图 8.130 眼睛动画最终效果图

最后使用非线性编辑软件(比如 Premiere)对本章所创作出的视频进行衔接与编辑，并加入音乐，使其成为完整的电影片头。

本章小结

本例综合运用了三维软件(Maya)、平面软件(Photoshop)、后期合成特效软件(After Effects)来完成一个电影片头的制作。本案例强调了制作流程的重要性，在制作中充分利用了各软件的优势，After Effects 仍然是这个流程中的核心，将其他软件制作的动画和素材很好地融合在一起，并使用其优秀的特效制作能力，让片头变得醒目和突出。

习　题

1. Maya 是哪个公司生产的三维软件？它的主要功用有哪些？
2. 利用 Maya 软件制作一个标志的动画效果。
3. 制作一个卡通风格的角色行走动画，要求使用 Photoshop 制作分层的基本图形，使用 After Effects 让它动起来。
4. 运用多个软件以及多种特效，制作一个 20 秒左右的电影片头。
5. 利用 Maya 软件的粒子系统创造一个粒子云雾的动画效果。
6. 如何在 After Effects 中创造三维空间效果？
7. Roughen Edges 特效的作用是什么？
8. Card Dance 特效主要用来实现什么样的效果？理解其参数含义。

第 9 章　电视片头制作

——制作经典新闻电视片头案例

教学内容及目标

本章通过一个 3ds max 与 After Effects 结合使用的案例，演示制作新闻片头的整个制作过程。本章虽然只涉及几个简单的 3ds max 的建模和材质工具，但是对于没有 3ds max 基础的学生有一定难度。本章的 After Effects 特效较为简单和实用，值得学生学习和参照练习。本章内容以应用为主。

教学要求

本章为综合实例章节，要求学生能够懂得所应用的特效原理及其应用范围。学生也可以把制作步骤拆开来分步做练习。

教学建议课时数

6 课时(根据特殊情况可做相应的调整)。

9.1 案例说明

本章为一个电视片头制作案例。本例应用了 After Effects 的多种特效，并结合 3ds max 软件，制作出一个新闻节目的电视片头。

整个过程看似繁杂，其实只是多种特效和工具分步应用、共同作用的结果。本例贯穿了 3ds max 的三维建模、材质制作、反光金属效果、摄像机动画，以及 After Effects 的背景动画制作、网格特效、镜头辉光、遮罩、调色等特效的应用。分步制作并不复杂，但是都是最实用的制作技巧。最终效果如图 9.1 和图 9.2 所示。

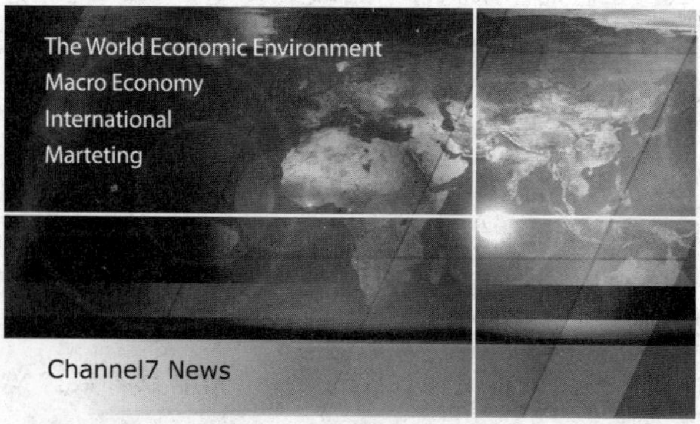

图 9.1　新闻节目片头 1

图 9.2　新闻节目片头 2

9.2　案 例 步 骤

9.2.1　制作背景动画与特效

1. 应用 Fractal Noise(分形噪波)特效

执行 Composition | New Composition 命令，新建一个合成项目，名称为 Background，NTSC 制，大小为 864×486，时间为 15 秒，然后单击 OK 按钮，如图 9.3 所示。

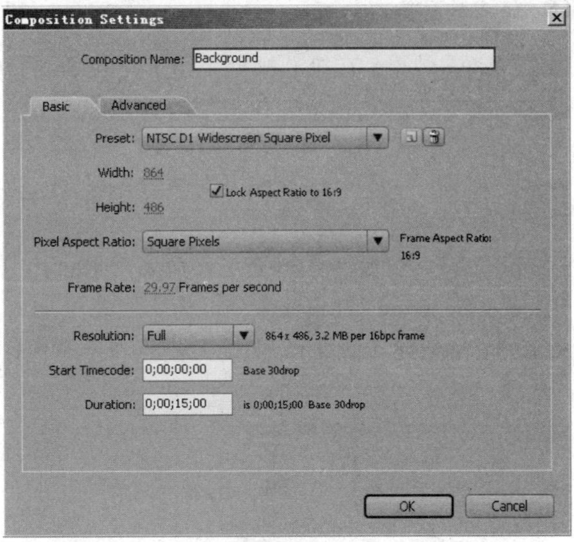

图 9.3　Composition Settings 参数设置

执行 Layer | New | Solid 命令，创建一个固态层，命名为 Fractal Noise ，将其颜色设置为黑色。选择该层，执行 Effect | Noise & Grain | Fractal Noise 命令，为本素材加入 Fractal Noise(分形噪波)特效。

对 Fractal Noise 的参数进行设置。

(1) Fractal Type(各类分形算法方式)：Cloudy。

(2) Noise Type(噪波类型)：Spline。

(3) Contrast(对比度)：176。

(4) Brightness(明亮度)：18。

(5) Overflow(溢出处理方式)：Wrap Back。

(6) Complexity(复杂度)：1。

其他设置如图 9.4 所示，图像效果已经从默认的形象变为图 9.5 所示的效果。

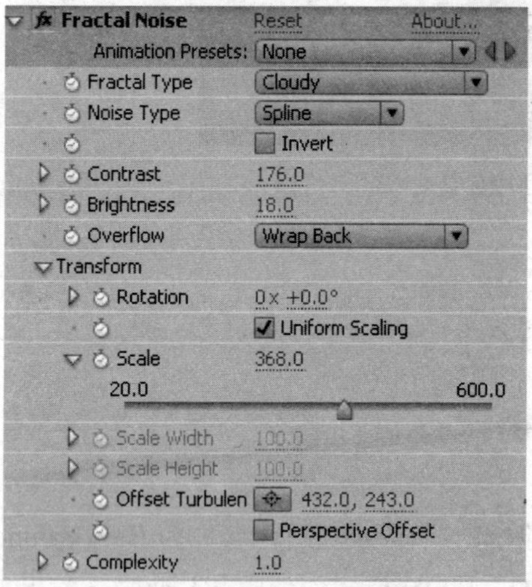

图 9.4 Fractal Noise 参数设置

图 9.5 噪波效果图

接下来实现水波荡漾的动态效果。在第 0 帧处单击 Evolution 的动画记录秒表图标，然后将时间滑块移动到最后一帧处，将其相位变化数值改为 1080°。按小键盘上的 0 键预演一下相位动画的效果。

2. 应用 Ramp(渐变)特效

执行 Layer | New | Solid 命令，创建一个固态层，命名为 Ramp，将其颜色设置为黑色。选择本固态层，执行 Effect | Generate | Ramp 命令，为本固态层加入 Ramp(渐变)特效。将 Start Color(起点颜色)和 End Color(终点颜色)分别设为蓝色和土黄色，设置如图 9.6 所示。

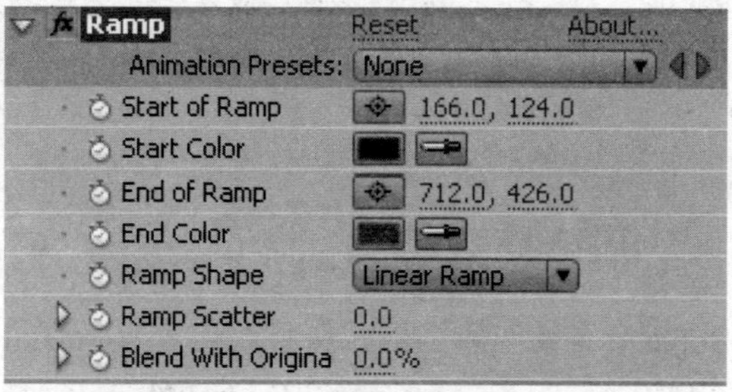

图 9.6 Ramp 渐变参数设置

将本层的混合叠加模式改为 Linear Light，效果如图 9.7 所示。

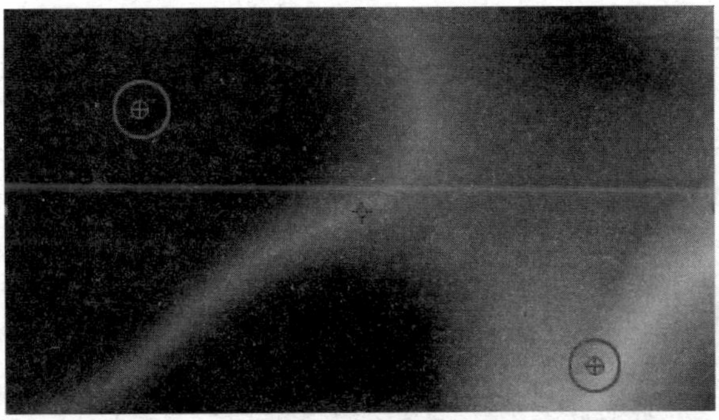

图 9.7　渐变效果

3. 制作第二个噪波层

执行 Layer | New | Solid 命令，创建一个固态层，命名为 Fractal Noise2 ，将其颜色设置为黑色。

选择该层，执行 Effect | Noise & Grain | Fractal Noise 命令，为本素材加入 Fractal Noise(分形噪波)特效，设置如图 9.8 所示，图像效果如图 9.9 所示。

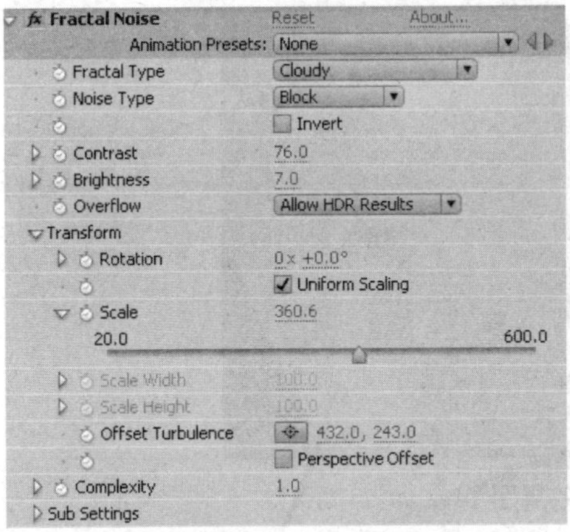

图 9.8　噪波参数设置

图 9.9　噪波效果图

下面进行动态效果的制作。在第 0 帧处单击 Evolution 的动画记录秒表图标，然后将时间滑块移动到最后一帧处，将其相位变化数值改为 720°。按小键盘上的 0 键预演一下相位动画的效果。

4. 应用 Transform 变形特效

选择该层，执行 Effect | Distort | Transform 命令，为本素材加入 Transform(变形)特效。Transform 称为“变形”，用于在图像中产生二维的几何变换，从而增加层的变换属性。下面对 Transform 特效的主要参数进行解释。

(1) Anchor Point：定位点设置。

(2) Position：位置设置。

(3) Scale Height/Width：高度/宽度缩放。

(4) Skew：倾斜大小。

(5) Skew Axis：倾斜轴线。

(6) Rotation：旋转方向。

(7) Opacity：不透明度。

(8) Shutter Angle：快门角度设置，由此决定运动模糊的程度。

这里主要使用它的 Skew 属性，使图像产生倾斜效果，设置如图 9.10 所示，效果如图 9.11 所示。

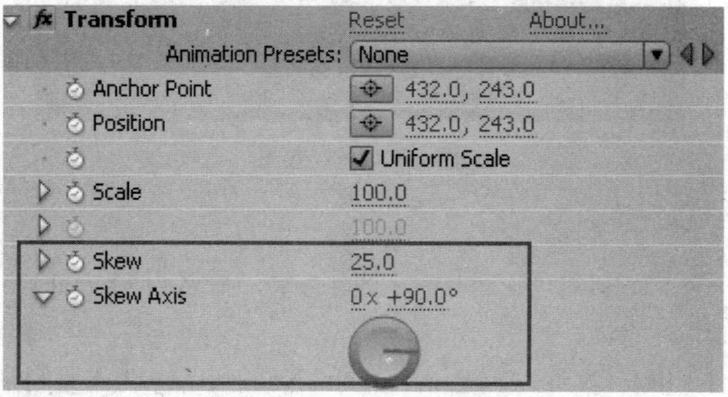

图 9.10　斜纹效果设置

图 9.11　斜纹效果图

5. 应用 Find Edges(勾边)特效

选择该层，执行 Effect | Stylize | Find Edges 命令，为本素材加入 Find Edges(勾边)特效。Find Edges 通过强化过渡像素产生彩色线条，主要有以下两个参数。

(1) Invert：用于反向勾边结果。

(2) Blend With Original：和原图像混合比例。

本例将 Blend With Original(和原图像混合比例)设为 50%，设置如图 9.12 所示，效果如图 9.13 所示。

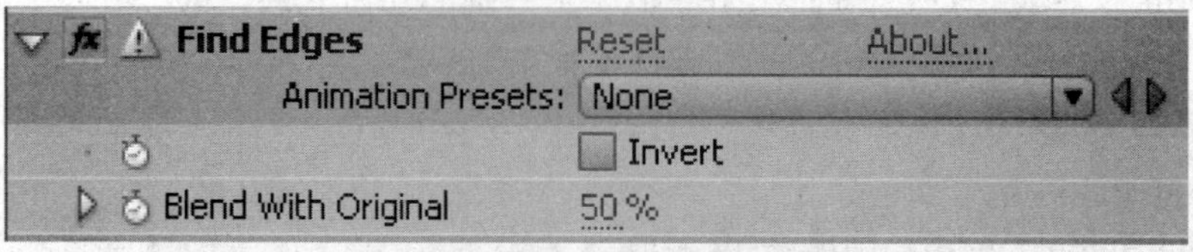

图 9.12　勾边设置

图 9.13　边线效果图

6. 加入模糊特效

选择本固态层，执行 Effect | Blur & Sharpen | Fast Blur 命令，为本固态层加入 Fast Blur(快速模糊)特效。将 Blurriness 设置为 1，为本层加入少许模糊效果，以使图像不过于生硬。

将本层的混合叠加模式改为 Soft Light，效果如图 9.14 所示。

图 9.14　模糊后两层叠加效果图

7. 制作 Mask(遮罩)

执行 Layer | New | Solid 命令，创建一个固态层，命名为 Tuxing，将其颜色设置为白色。

使用钢笔工具画出如图 9.15 所示的 Mask，使用 Convert Vertext Tool 工具将直角点转换为贝兹点，产生圆滑的转折效果，如图 9.16 所示。

图 9.15　Mask(遮罩)

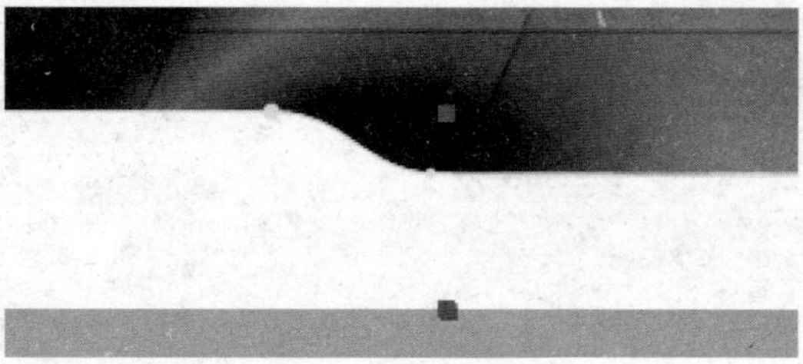

图 9.16　调节贝兹曲线

8. 应用 Stroke(描边)特效

选择本固态层，执行 Effect | Generate | Stroke 命令，为本固态层加入 Stroke(描边)特效，设置如图 9.17 所示，效果如图 9.18 所示。

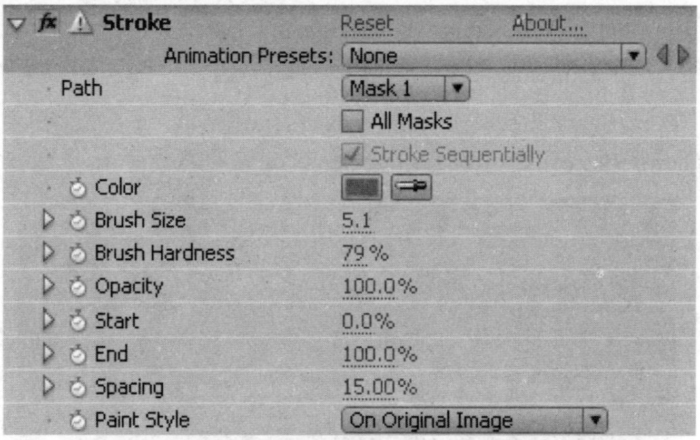

图 9.17　Stroke(描边)参数设置

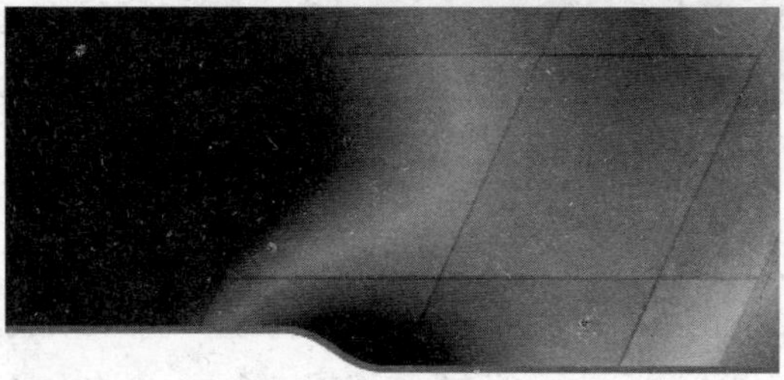

图 9.18　描边后的效果图

9. 加入投影特效

选择本固态层，执行 Effect | Perspective | Drop Shadow 命令，为本固态层加入 Drop Shadow 特效。

Drop Shadow 用于产生“投影效果”，是在层的后面产生阴影，产生阴影的形状由 Alpha 通道决定。下面对本特效的主要参数进行解释。

(1) Shadow Color：阴影颜色。

(2) Direction：阴影方向。

(3) Distance：阴影距离。

(4) Softness：柔化效果。

本特效设置如图 9.19 所示，效果如图 9.20 所示。

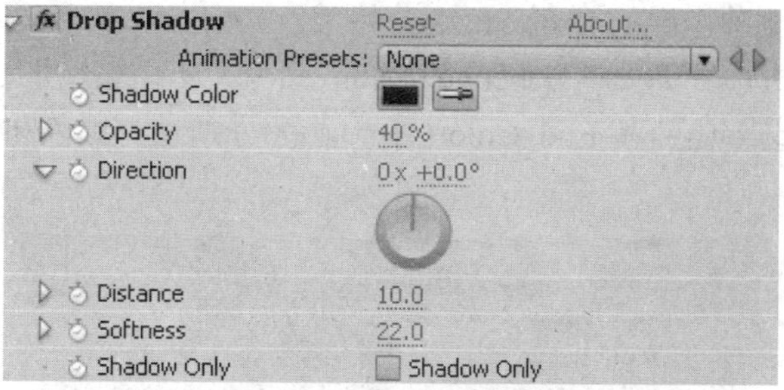

图 9.19　投影参数设置

图 9.20　投影效果图

将本层拖到 Ramp 层的下面，效果如图 9.21 所示。

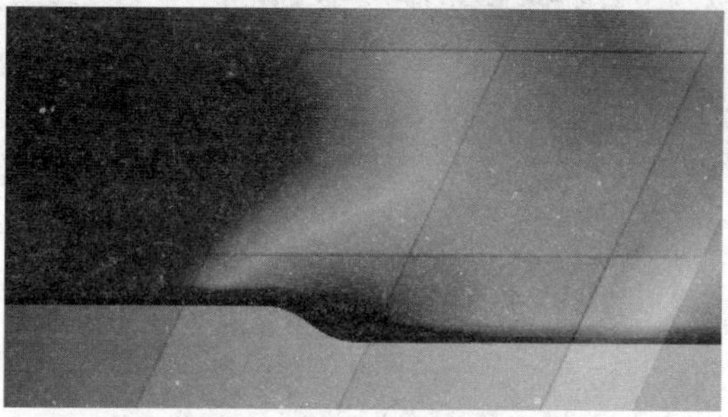

图 9.21　改变层次序后的效果图

10. 复制两个 Tuxing 层并加以修改

(1) 选择 Tuxing 层，按 Ctrl+D 键，对本层进行复制，将复制出来的新层重命名为 Tuxing Shadow，删除本层的 Stroke 特效。将其 Mask 改为如图 9.22 所示的直线形状。

图 9.22　Tuxing Shadow 层改变 Mask 形状

(2) 选择 Tuxing Shadow 层，按 Ctrl+D 键，对本层进行复制，将复制出来的新层重命名为 Tuxing White，删除本层的 Drop Shadow 特效。

选择本固态层，执行 Effect | Generate | Ramp 命令，为本固态层加入 Ramp(渐变)特效。将 Start Color(起点颜色)和 End Color(终点颜色)分别设为黑色和白色，设置如图 9.23 所示。

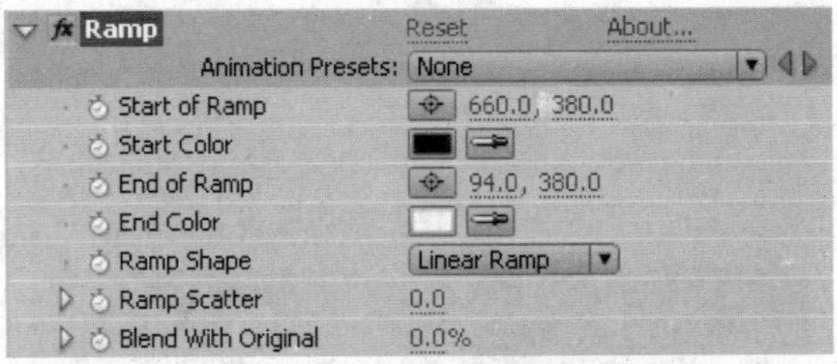

图 9.23　Ramp(渐变)参数设置

11. 改变层的叠加模式

将本层的混合叠加模式改为 Add，效果如图 9.24 所示。

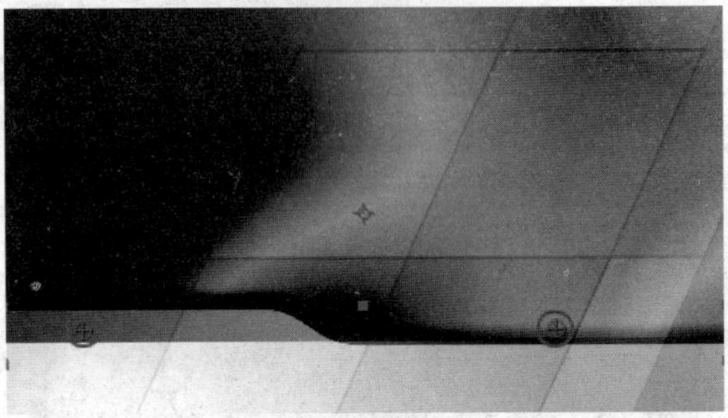

图 9.24　改变叠加模式后的效果图

12. 文字输入

使用文字工具输入需要的文字，调节文字的字体、大小和颜色，效果如图 9.25 所示。

图 9.25　文字输入

执行 Composition | New Composition 命令，新建一个合成项目，名称为 Earth，NTSC 制，大小为 864×486，时间为 15 秒，然后单击 OK 按钮。

13. 动画地图背景加入重复特效

在 Project 项目窗口中双击，导入命名为 Earth 的 JPG 格式的图像文件。该图像为一幅世界地图，如图 9.26 所示。

图 9.26　背景素材

将其拖入 Earth Composition 合成项目的时间线窗口中，选择本固态层，执行 Effect | Stylize | CC Repe Tile 命令，为本固态层加入 CC RepeTile (重复)特效。CC RepeTile 可以实现图像在上、下、左、右方向的重复和延展，在这里要注意的是，Earth 图像必须在 Photoshop 中处理成左右边缘部分正好可以相互衔接，否则 CC RepeTile(重复)特效使重复的边缘出现不美观的接缝。设置如图 9.27 所示，效果如图 9.28 所示。

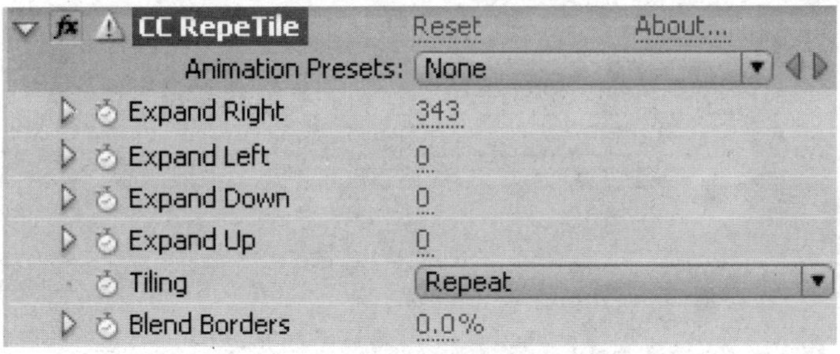

图 9.27　CC RepeTile(重复)特效设置

图 9.28　重复特效图

选择 Earth 层，按 P 键，对其位移属性进行动画设置，在第 0 帧处单击动画记录秒表图标，将时间滑块移动到第 15 秒处，改变本层在水平方向上的位移数值，这样就得到了地图在水平方向上的位移动画。按小键盘上的 0 键预演一下位移动画的效果，观察运动速度是否符合要求，并做出相应的调整。

回到 Background 合成项目，拖入刚才做好的 Earth 合成项目，将其放到 Tuxing 层的上面一层，使用矩形 Mask 工具为其绘制一个矩形遮罩，如图 9.29 所示。

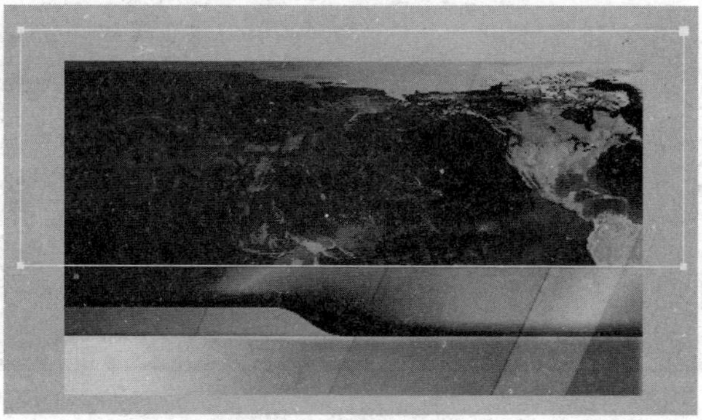

图 9.29　绘制 Mask

14. 加入十字特效

执行 Layer | New | Solid 命令，创建一个固态层，命名为 Grid ，将其颜色设置为黑色。

选择本固态层，执行 Effect | Generate | Grid 命令，为本固态层加入 Grid(网格)特效。将 Anchor(锚点)的两个值都设置成-1000，这样可以确保中心点在移动时，只显示出一个十字，设置如图 9.30 所示，效果如图 9.31 所示。

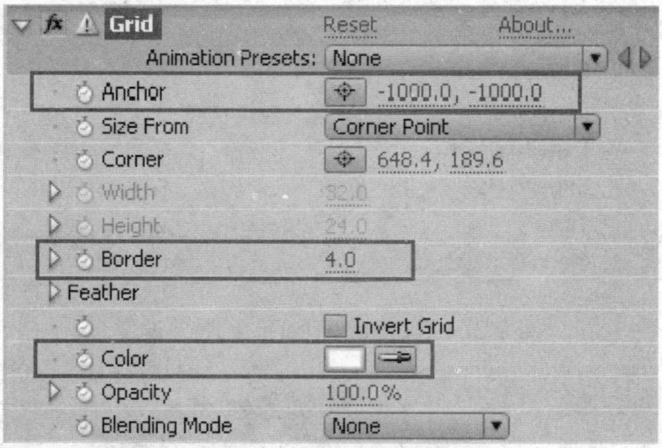

图 9.30　网格特效设置

图 9.31　网格效果图

现在开始设置 Grid(网格)特效中心点 Corner 的动画。首先，将中心点 Corner 的位置移动到画面之外，将时间滑块移动到第 0 帧处，单击 Corner 动画记录秒表图标。将时间滑块移动到第 1 秒处，将 Corner 的位置移动到画面之内，在第 2 秒、第 3 秒处将 Corner 移动到不同的位置进行动画记录，最后在第4秒处将Corner移动到画面之外。

选择4个关键帧单击鼠标右键，执行Keyframe Interpolation命令，弹出Keyframe Interpolation对话框，将Spatial Interpolation选为Linear，这样就将动画曲线由贝兹曲线改为了直角，设置如图9.32所示。

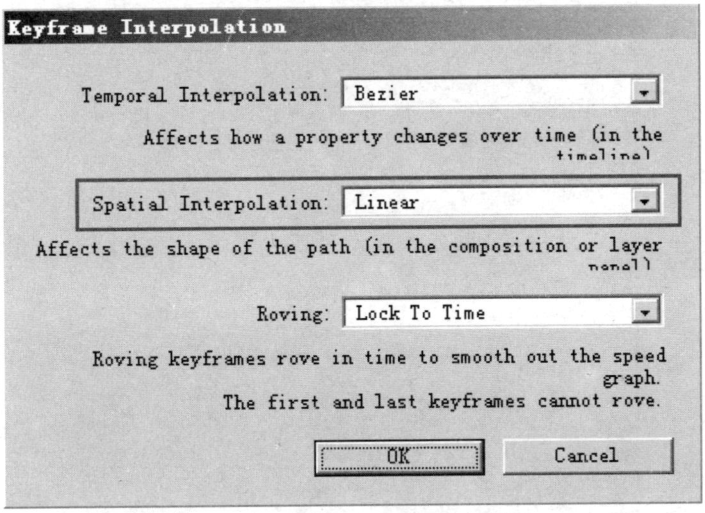

图9.32　Keyframe Interpolation设置

选择4个关键帧单击鼠标右键，执行Keyframe Assistand | Easy Ease命令，这样就得到了一个符合要求的十字交叉线的动画效果。

按小键盘上的0键预演一下动画的效果。

15. 制作电波特效

执行Composition | New Composition命令，新建一个合成项目，名称为Circle，NTSC制，大小为300×300，时间为1秒,然后单击OK按钮。

执行Layer | New | Solid命令，创建一个固态层，命名为Circle，将其颜色设置为深蓝色。

选择本固态层，执行Effect | Generate | Radio Waves命令，为本固态层加入Radio Waves(电波扩散)特效。

下面对Radio Waves(电波扩散)特效的主要参数进行解释。

(1) Producer Point：电波产生的核心点。

(2) Parameters are set at：参数设定于。

(3) Render Quality：质量补偿控制。

(4) Wave Type：电波的类型。

(5) Polygon：多边形控制。

(6) Image Contour：图像控制(当Wave Type选Image Contour时有效)。

(7) Mask：遮罩选择(当Wave Type选Nask时有效)。

(8) Wave Motion：波形运动设置。

(9) Stroke：波形描边设置。

本例设置如图 9.33 所示，效果如图 9.34 所示，这样就得到了一个电波扩散的动画效果。按小键盘上的 0 键预演一下动画的效果。

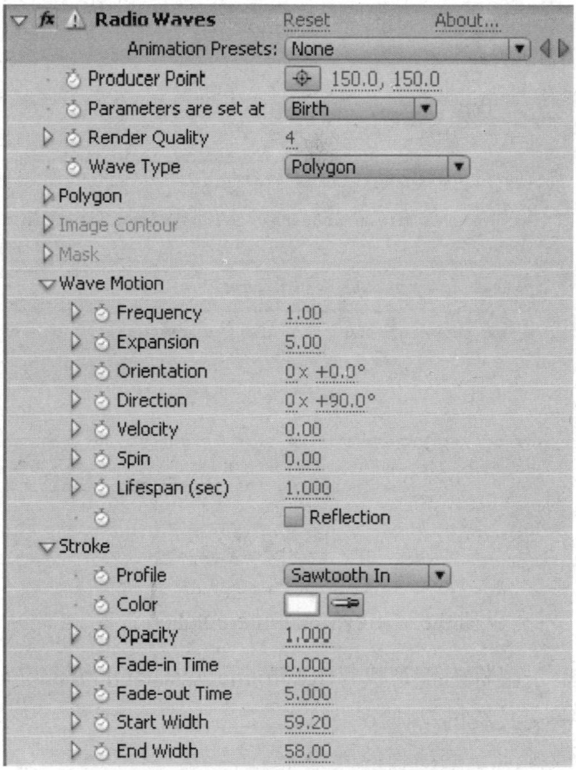

图 9.33　Radio Waves 参数设置

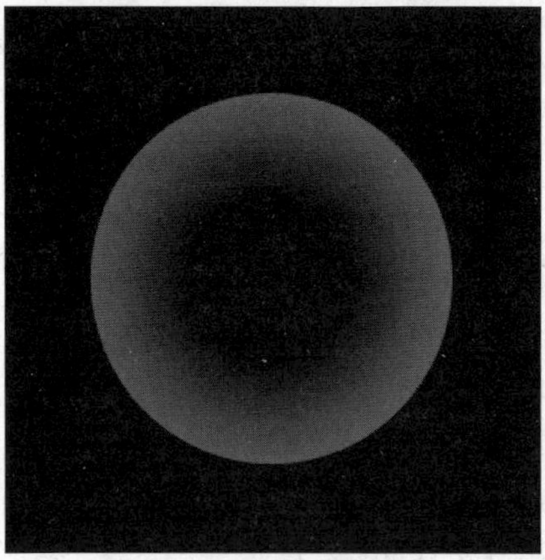

图 9.34　电波效果图

回到 Background 合成项目，拖入刚才做好的 Circle 合成项目，将其放到最上面一层，调节其 Scale(缩放值)让它大小合适，按 Ctrl+D 键两次，将其复制两层，将这 3 层的起始位置分别放在第 1 秒、第 2 秒和第 3 秒处，并且调节其 Position(位移)属性，使它们的位置正好在第 1 秒、第 2 秒和第 3 秒时间十字线的中心位置。设置如图 9.35 所示，效果如图 9.36 所示。

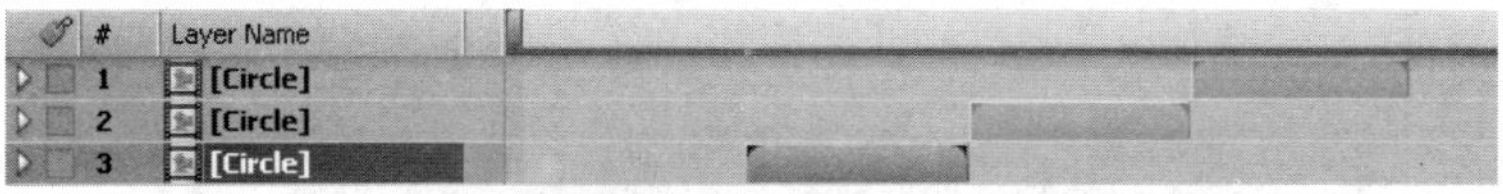

图 9.35　3 层电波时间设置

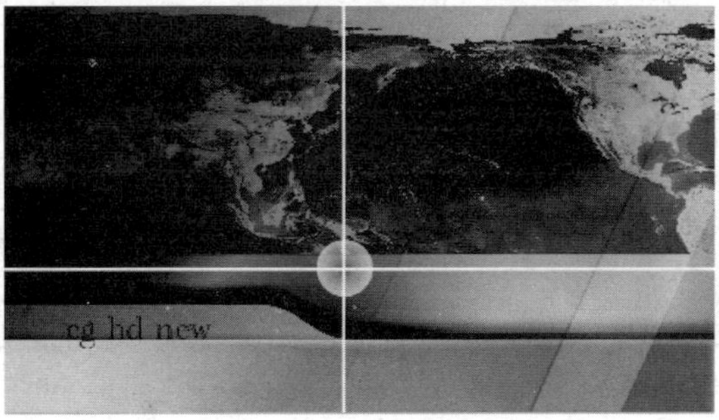

图 9.36　电波动画效果图

16. 应用镜头光斑特效

执行 Layer | New | Solid 命令，创建一个固态层，命名为 Flare，将其颜色设置为黑色。

选择本固态层，执行 Effect | Generate | Lens Flare 命令，为本固态层加入 Lens Flare (镜头光斑)特效(Lens Flare 特效的详细解释见第 4 章内容)。

将本层的混合叠加模式改为 Add，将本层的长度缩短到与 Circle 层的长度相仿。接下来制作 Lens Flare 特效的 Flare Brightness 属性的动画，单击 Flare Brightness 属性的动画记录秒表图标，在本层开始位置设置为 100%，本层结束位置设置为 0%。

按 Ctrl+D 键两次，将其复制两层，将这 3 层的起始位置分别放在第 1 秒、第 2 秒和第 3 秒处，并且调节 Lens Flare 特效的 Flare Center 中心点位置属性，使它们的位置正好在第 1 秒、第 2 秒和第 3 秒时间十字线的中心位置。设置如图 9.37 所示，效果如图 9.38 所示。

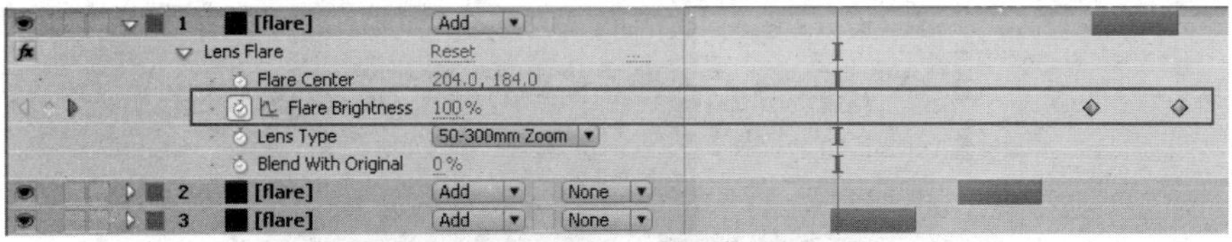

图 9.37　3 个光斑层时间设置

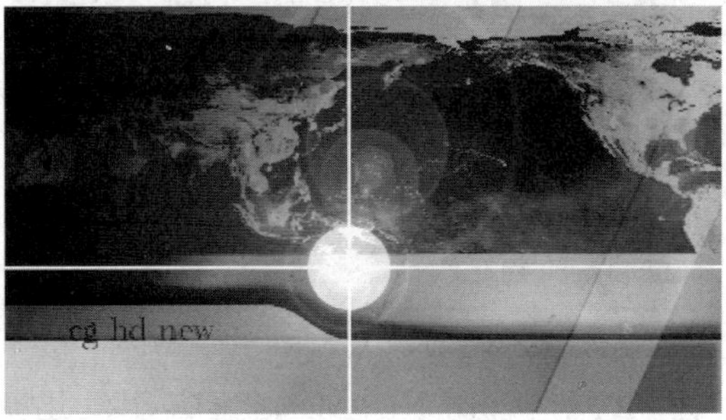

图 9.38　镜头光斑特效

17. 加入城市背景图像及调色

(1) 在 Project 项目窗口中双击，导入命名为 City 的 JPG 格式的图像文件(如果是动态视频文件效果更佳)。该图像为一个现代城市，如图 9.39 所示。

图 9.39　城市素材图像

(2) 将其拖入 Background 合成项目的时间线窗口中，选择本固态层，执行 Effect | Colour Correction | Tint 命令，为本固态层加入 Tint 特效。

Tint 用来调整图像中包含的颜色信息，在最亮和最暗之间确定融合度。暗色像素被映射到 Map Black To 项指定的颜色；亮色像素被映射至 Map White To 项指定的颜色；介于两者之间的颜色被赋予对应的中间值。Amount to Tint 为应用程度。

本例将 Map Black To 设为深蓝色，Map White To 设为土黄色，设置如图 9.40 所示，效果如图 9.41 所示。

图 9.40　Tint 参数设置

图 9.41　Tint 调色后的效果图

(3) 选择本固态层，为其绘制一个方形的 Mask，打断其羽化纵横关联，设置其横向的羽化值为 260。

接下来设置其 Mask Path 动画，第 4 秒处与第 5 秒处的 Mask 形状分别如图 9.42 与图 9.43 所示。

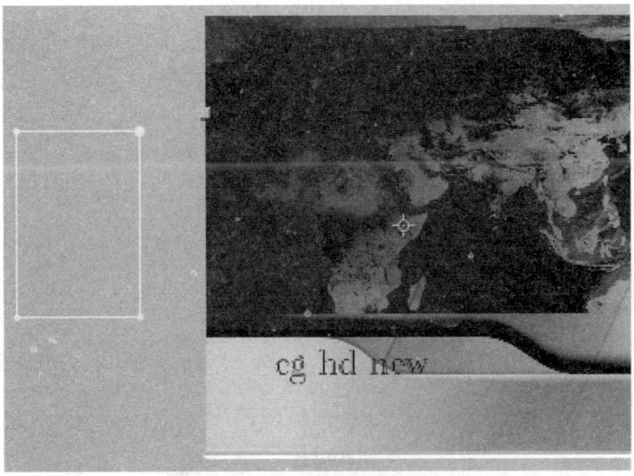

图 9.42　第 4 秒处 Mask 形状

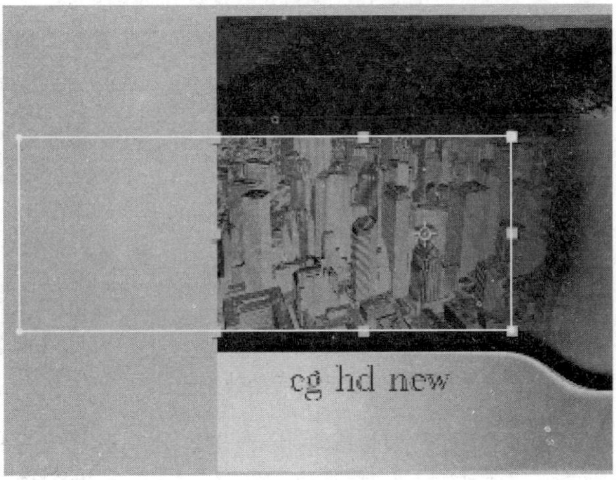

图 9.43　第 5 秒处 Mask 形状

9.2.2　制作 3D 文字动画

1. 在 3ds max 中创建 3D 文字

(1) 启动 3ds max 软件，使用二维图形创建中的 Text 文字创建工具输入 Channel 字样，设置好字体，在前视图中拖拉，创建出文字的二维图形，如图 9.44 所示。

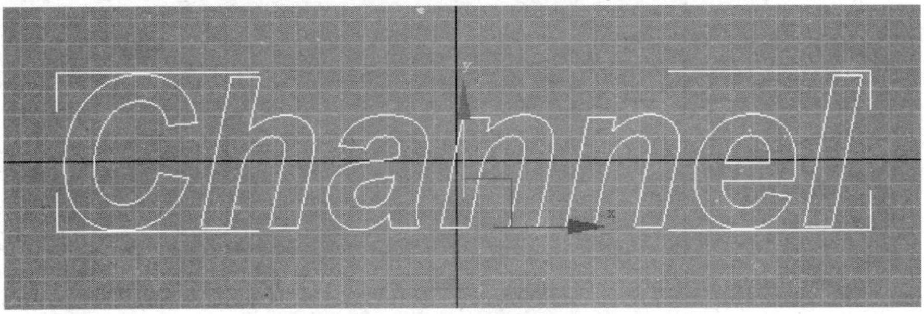

图 9.44　创建文字

(2) 为文字添加 Bevel(倒角)修改器，设置如图 9.45 所示，效果如图 9.46 所示。

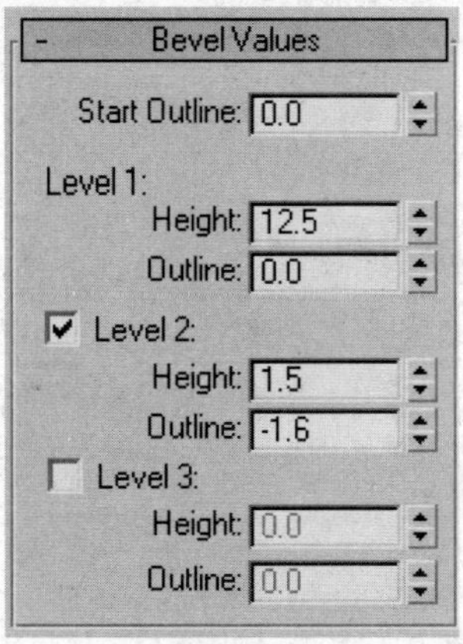

图 9.45　倒角参数设置

图 9.46　倒角后的效果图

(3) 为文字继续添加 Edit Poly(多边形编辑)修改器，分别选择文字的侧面、正面、倒角部分的多边形，并分别指定不同的材质 ID 为 1、2、3，设置如图 9.47 所示，效果如图 9.48 所示。

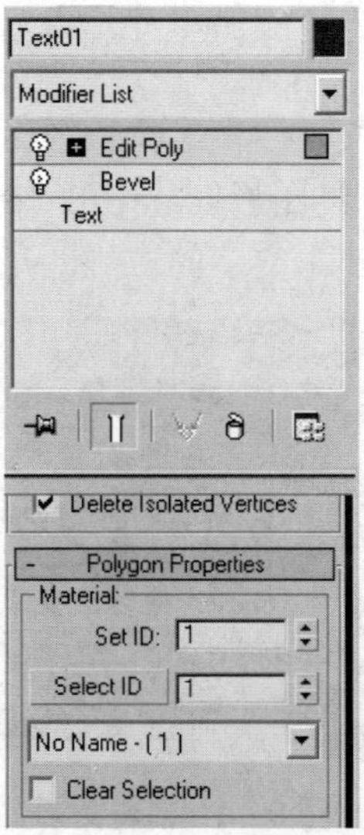

图 9.47　多边形编辑设置

图 9.48 多边形编辑后的效果图

(4) 使用相同的方法创建 3D 数字 7，并为其侧面、正面、倒角部分的多边形指定不同的材质 ID 为 1、2、3。

2. 创建 3D 环形标志

(1) 画出一个圆的二维图形，并设置其可渲染属性，然后将其复制两个，设置如图 9.49 所示，效果如图 9.50 所示。

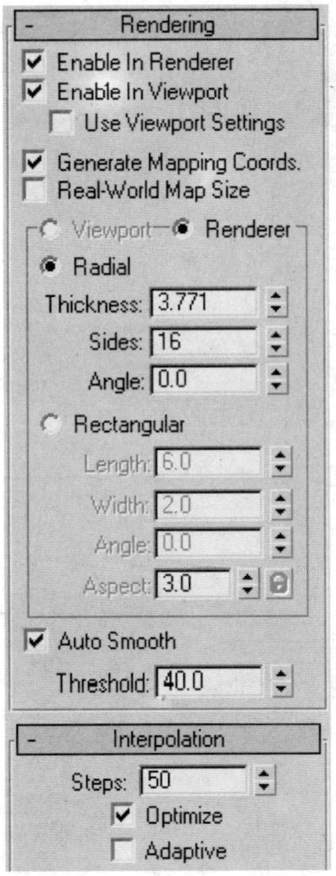

图 9.49 Rendering 制图参数

图 9.50 Rendering 制图效果

(2) 将 3 个圆环成组为 Group1，用同样的方法再创建两个圆环，并将其成组为 Group2，如图 9.51 所示。

图 9.51　Group1 和 Group2 两组环形标志

3. 为文字和图形指定材质

(1) 打开 3ds max 的材质编辑器，创建一个 Multi/Sub-Object(多维子物体材质)，并将其指定给文字和数字，如图 9.52 所示。

图 9.52　Sub-Object 按钮

3 个子材质的基础设置分别如图 9.53～图 9.55 所示。

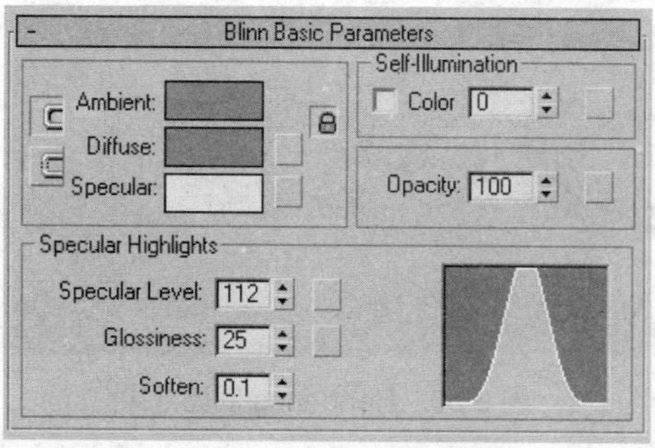

图 9.53　材质 1 参数

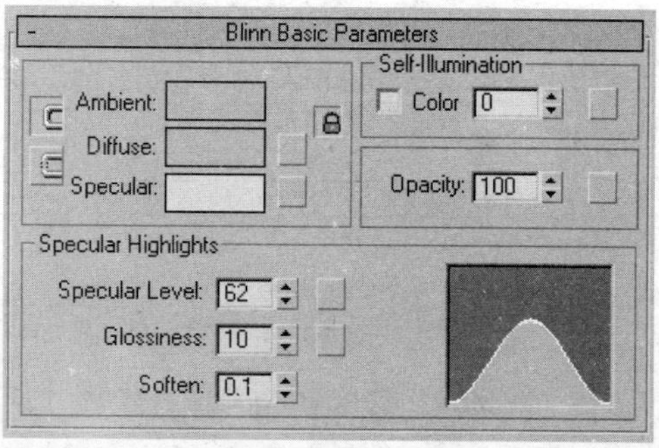

图 9.54　材质 2 参数

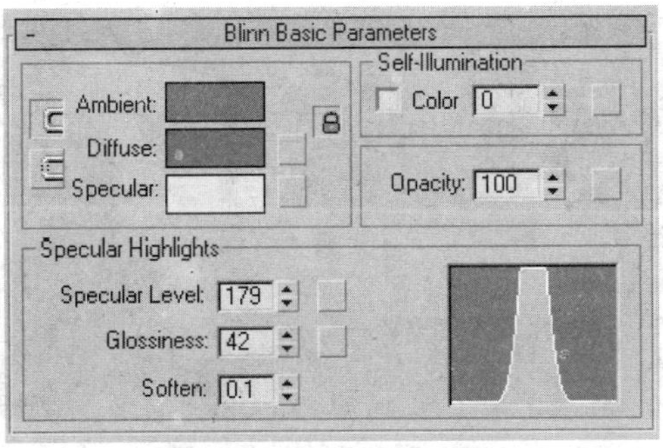

图 9.55 材质 3 参数

(2) 第 3 个子材质(倒角)部分需要设置反射属性，将其 Maps 属性的 Reflection(反射通道)设为 Raytrace(光线跟踪)，如图 9.56 所示。

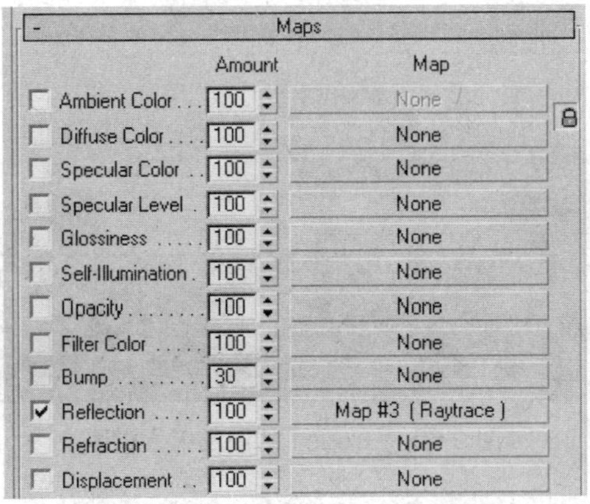

图 9.56 材质 3 添加反射属性

为 Raytrace(光线跟踪)的 Background 指定一张反射贴图，设置如图 9.57 所示，效果如图 9.58 所示。

图 9.57 反射贴图设置

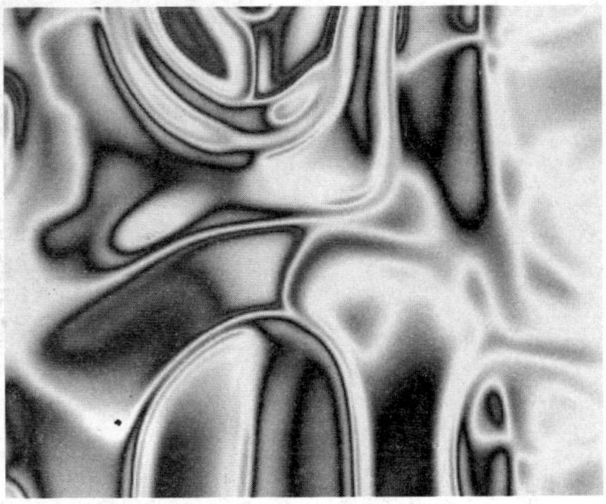

图 9.58 反射贴图效果

此时文字渲染效果如图 9.59 所示。

图 9.59　文字渲染效果

(3) 接下来制作 Group1 的材质，首先为其 Diffuse Color(漫反射颜色)指定一张如图 9.60 所示的贴图。

将其 Map 属性的 Reflection(反射通道)设为 Raytrace(光线跟踪)，并为 Raytrace(光线跟踪)的 Background 指定同一张贴图，如图 9.60 所示。

图 9.60　Group1 的漫反射素材图

(4) 将 Group1 的材质球复制一个，指定给 Group2，并稍作修改，主要是设置高光效果，使其更明亮突出，如图 9.61 所示。

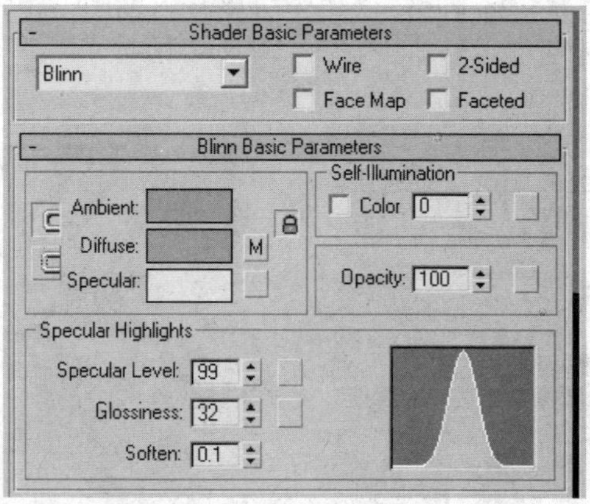

图 9.61　Group2 材质的明亮度设置

此时视图渲染效果如图 9.62 所示。

4. 创建灯光和摄像机

(1) 在视图中创建几盏泛光灯，使其很好地照亮主体文字和图形。

(2) 在视图中创建摄像机，并将视图切换为摄像机视图。

图 9.62　文字与标志渲染效果图

5. 动画设置

(1) 设置动画的长度为 180 帧，帧率为 30。

(2) 设置文字和数字的位移动画。从第 0 帧到第 60 帧之间设置文字和数字从画面之外移动到画面之内的合适位置。

(3) 设置 Group1 与 Group2 的缩放动画。从第 0 帧到第 60 帧之间设置 Group1 与 Group2 先后从最小的状态扩大到合适位置。

(4) 设置摄像机的位移动画。从第 56 帧到第 180 帧之间设置摄像机从文字右侧移动到文字左侧的动画。在第 30 帧、第 60 帧、第 100 帧、第 180 帧处的视图状态如图 9.63 所示。

图 9.63　摄像机位移动画

6. 渲染输出

将渲染器设置为 Mental Ray 渲染器，渲染设置的公共参数如图 9.64 所示。

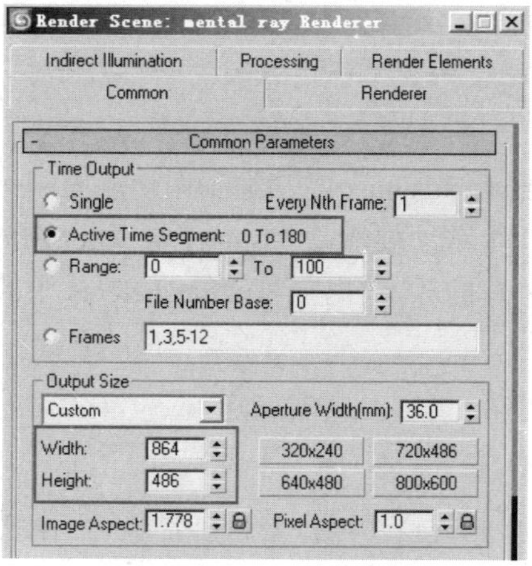

图 9.64　渲染参数设置

Mental Ray 的渲染质量设置如图 9.65 所示。

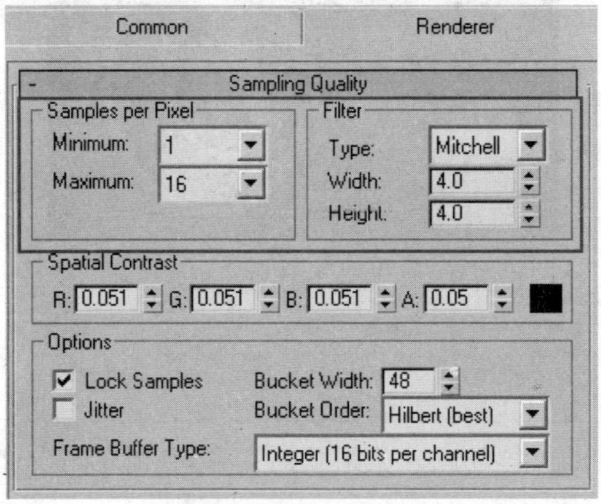

图 9.65　渲染质量设置

将文字动画输出为带 Alpha 通道的 TGA 序列，以备在 After Effects 中调用。在 After Effects 中合成的效果如图 9.66 所示。

图 9.66　After Effects 合成的最终片头效果图

本章小结

本章运用多种特效，并结合 3ds max 的三维制作功能来制作 3D 文字和图形，最终完成了一个典型新闻片头的制作。制作中要注意 3ds max 与 After Effects 的交互方式，在 3ds max 中的材质要做得富有现代感，动画方式也要与 After Effects 中的动画方式相协调。

习　题

1. 在 After Effects 中对视频素材与图片素材进行处理，使其跟 After Effects 中制作的其他特效效果相协调。

2. 使用 3ds max 制作 3D 文字和标志动画，要特别重视材质的制作。
3. 结合 3ds max 与 After Effects 制作一个娱乐节目的片头。
4. Drop Shadow 特效的作用是什么？说明其主要参数的含义。
5. CC RepeTile 特效的作用是什么？
6. Radio Waves 特效可以实现什么样的效果？说明其主要参数的含义。
7. Tint 特效的工作原理是什么？说明其主要参数的含义。

第10章 抠像技术

教学内容及目标

本章通过4个After Effects的抠像实例，演示内置在After Effects中的Keylight软件的应用，逐个讲解Keylight的参数定义、特点及使用方法。本章还将介绍其他抠像与合成的知识，从而帮助学生更好地解决复杂抠像问题。

教学要求

因为本章的知识点和概念较难理解，仅仅通过理论概念的讲解很难达到好的教学效果，所以本章仍采用实例应用的方式，实践与理论相结合，以便学生能够更好理解。要求学生在蓝屏和绿屏前拍摄，然后进行抠像和合成。

教学建议课时数

8课时(根据特殊情况可做相应的调整)。

抠像技术在当今影视制作行业的应用越来越广泛。人们把要拍摄的角色放置在蓝屏或者绿屏前面进行拍摄，然后通过后期制作将蓝屏或者绿屏背景抠除，再跟其他的场景或角色等进行合成，以达到通过单纯拍摄所不能完成的任务。电影图片与制作欣赏如图10.1和图10.2所示。

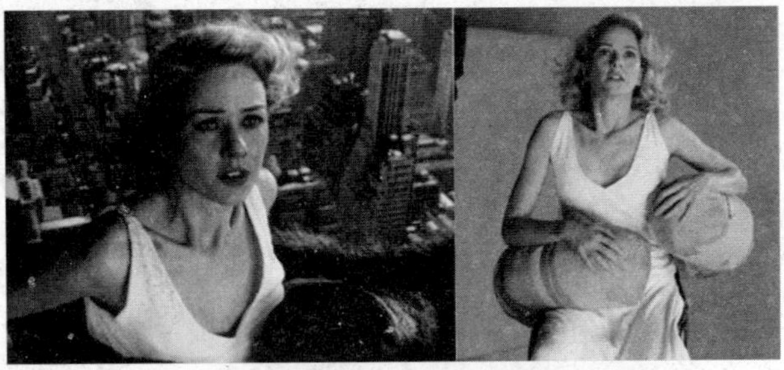

图10.1 电影《金刚》中的抠像技术应用1

图10.2 电影《金刚》中的抠像技术应用2

10.1 抠像软件Keylight简介

Keylight是著名视觉特效软件开发商The Foundry公司推出的获得过学院奖的蓝屏和绿屏抠像软件，已有数年发展历史。Keylight 使抠像方法更快、更方便，可以解决最具有挑战性的拍摄效果。

Keylight 支持广泛的后期合成平台，包括 Autodesk Inferno、Flame、Flint、Fire 和 Smoke 系统，以及 Shake、Avid DS 等，目前 Keylight 已经集成加入专业版的 Adobe After Effects CS3 中。

Keylight 非常容易使用，能够很好地处理头发、反射和半透明区域，生成完美的遮罩，并且可以精确地控制残留在前景对象上的蓝幕或绿幕反光，将它们替换成新合成背景的环境光。Keylight 已经被很多电影制作所使用，包括《金刚》、《巧克力工厂》、《哈利波特》、《生化危机》、《无头骑士》、《世界末日》等。电影图片欣赏如图 10.3 和图 10.4 所示。

图 10.3 Keylight 抠像技术在电影《生化危机》中的应用

图 10.4 Keylight 抠像技术在电影《无头骑士》中的应用

10.2 案 例 应 用

10.2.1 “车窗外风景”案例

1. 建立合成文件

执行 File | New | New Project 命令(快捷键 Ctrl+Alt+N)，建立一个 After Effects 工程文件，在 Project 项目窗口中双击，导入命名为 SaintBG.tif 和 SaintFG.tif 的两个 TIF 格式的图像文件。将 SaintFG.tif(前景人物图像)拖到 Create a New Composition 按钮上，这样就自动创建了一个与 SaintFG.tif 图像分辨率相匹配的合成文件，如图 10.5 所示。

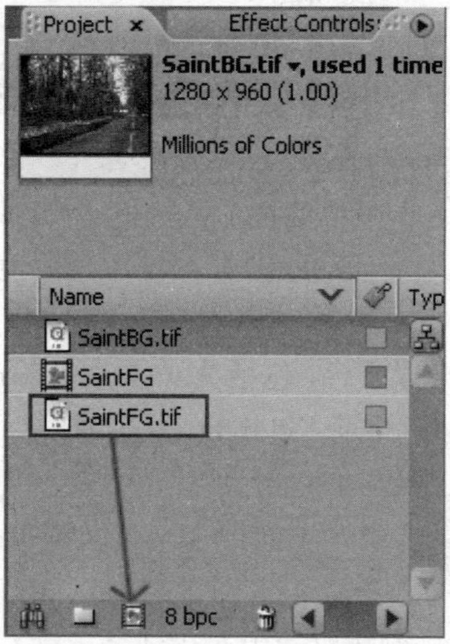

图 10.5　Create a New Composition(创建合成文件)按钮图标

将 SaintBG.tif(背景图像)拖入 SaintFG 合成项目的时间线窗口中，并放在 SaintFG.tif 层的下层。

2. Keylight 特效应用

选择 SaintFG.tif 层，执行 Effect | Keying | Keylight 命令，为本素材加入 Keylight 特效。选择 Screen Colour(屏幕彩色吸管)工具，然后在预览窗口中单击一下蓝屏。挑选蓝色最好的区域是后面的挡风玻璃，因为后面的挡风玻璃上没有反射，如图 10.6 所示。

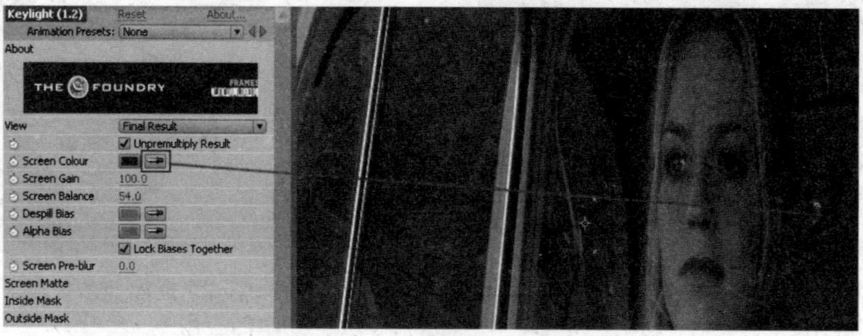

图 10.6　从 SaintFG.tif 层后车窗选色

现在已经成功地将屏幕中的蓝色抠掉，并且保留了女主角在侧面玻璃上留下的反射身影。

3. Keylight 的参数调节

为了获得更高的图像质量，将对 Keylight 的参数进行微调。

首先，使用 Status 工具来判断抠像的质量：将 View 的 Final Result 显示方式替换为 Status 显示方式，如图 10.7 所示。

视图中的黑色表示透明，完全显示背景，视图中的灰色表示前景和背景的混合，白色表示不透明，完全显示前景。侧面玻璃上有大面积的灰色，而要去掉遗留的蓝色，又要保留玻璃上的反射，就需将 Screen Gain 增加到 112，这样窗户更透明，反射仍然保留，如图 10.8 所示。

图 10.7 使用 Status 工具查看抠像质量

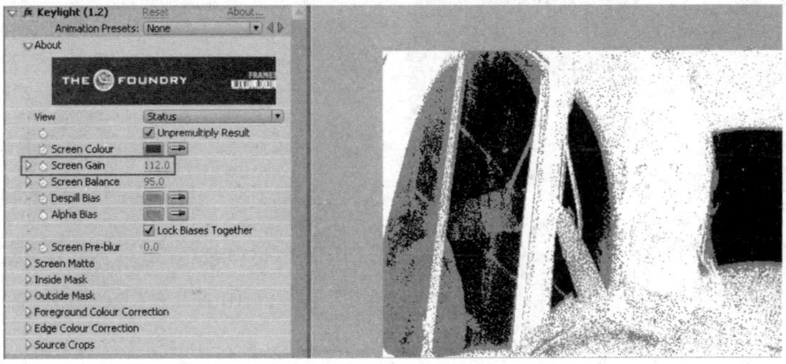

图 10.8 Screen Gain 参数设置

仔细观察会看到一些细微的蓝色溢出在该女子的手与头发等处，这是拍摄时从蓝色屏幕上映射的蓝光。使用 Despill Bias 后面的吸管工具在皮肤色调上单击，以将蓝色移除，最终效果如图 10.9 所示。

图 10.9 抠像最终效果图

10.2.2 “金发女郎”案例

本例主要学习怎样控制蓝色的溢出。将使用 Screen Balance 和 Despill Bias 减少蓝色外溢，并使用 Alpha Bias 改善前景透明。

1. 建立合成文件

执行 File | New | New Project 命令(快捷键 Ctrl+Alt+N)，建立一个 After Effects 工程文

件，在 Project 项目窗口中双击，导入命名为 merlinbluefg.tif 的前景人物和命名为 erlinbluebg.tif 的背景图像，分别如图 10.10 和图 10.11 所示。

图 10.10　前景人物图像

图 10.11　背景图像

将 merlinbluefg.tif 图像拖到 Create a New Composition 按钮上，这样就自动创建了一个与 merlinbluefg.tif 图像分辨率相匹配的合成文件。将 erlinbluebg.tif 拖入 merlinbluefg 合成项目的时间线窗口中，并放在 merlinbluefg.tif 层的下层。

2. Keylight 特效应用

选择 merlinbluefg.tif 层，执行 Effect | Keying | Keylight 命令，为本素材加入 Keylight 特效。选择屏幕彩色吸管工具，然后在预览窗口中单击一下蓝屏。挑选蓝色最好的区域是远离人物头发的地方，效果如图 10.12 所示。

图 10.12　Keylight 抠像效果图

把 Screen Gain(屏幕增益)从 100 增加到 105，清理更多的蓝色背景。

把 Screen Balance(屏幕平衡)从 95 改变到 0，减少一些溢出的蓝色，设置如图 10.13 所示，效果如图 10.14 所示。

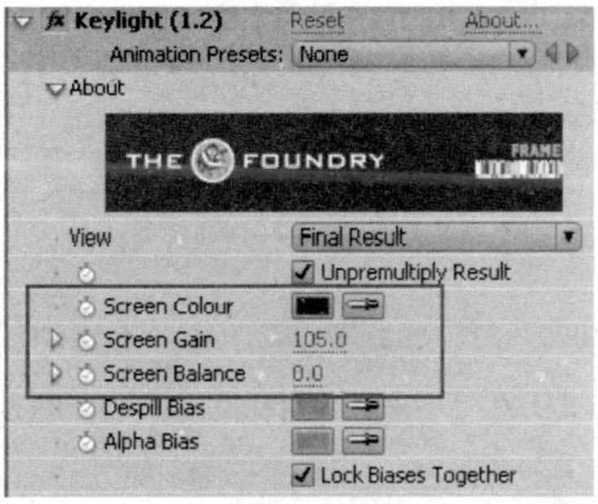

图 10.13 Keylight 抠像参数设置

图 10.14 调节参数后的效果图

3. Keylight 参数调整，去除蓝色溢出

由于前额和颧骨处仍有明显蓝色反光，所以接下来尝试摆脱掉蓝色外溢。取消勾选 Lock Biases Together 复选框，关掉 Despill Bias 和 Alpha Bias 的锁定，使用 Despill Bias 后面的吸管工具在皮肤色调上单击，这样更多的蓝色被删除掉了，设置如图 10.15 所示，效果如图 10.16 所示。

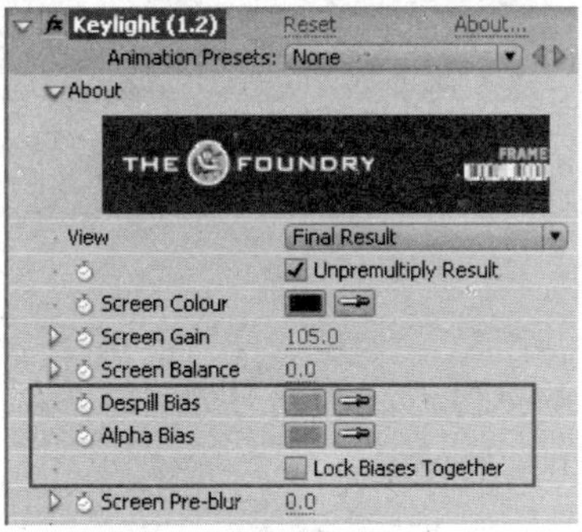

图 10.15 Despill Bias 设置

图 10.16 脸部去蓝色后的效果图

可以发现人物脸上的蓝色已经被去除掉了，但是人物脸上也有部分地方因为去除了蓝色而变得透明了，应该加以修正。

使用钢笔工具在人物的脸上画一个 Mask(遮罩)，将遮罩方式设置为 None，如图 10.17 所示，设置如图 10.18 所示。

图 10.17 Mask(遮罩)

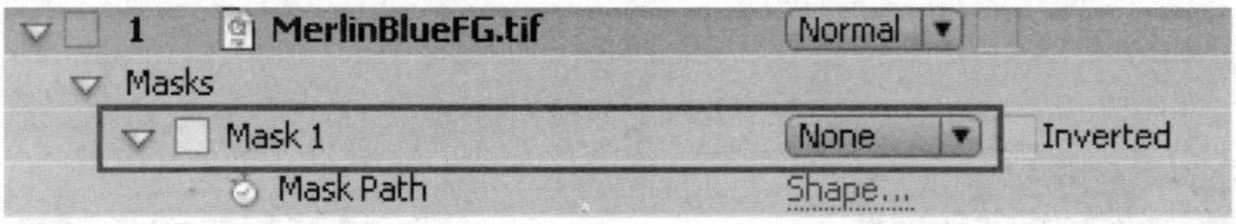

图 10.18　Mask 设置

设置 Inside Mask 为刚才绘制的 Mask 1，Inside Mask Softness 为 5，并将 Replace Method 由 Source 改为 None，设置如图 10.19 所示，效果如图 10.20 所示。这样就完成了这次抠像。

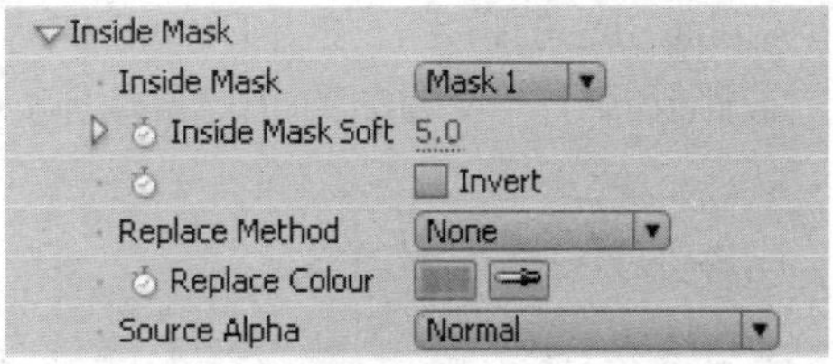

图 10.19　Inside Mask(内部遮罩)设置

图 10.20　最终抠图效果图

10.2.3　“飞行员”案例

本例主要学习在不纯的绿背景(带红色的背景)下的抠像方法，学习如何选择屏幕上的颜色，以及 Despill Bias、Alpha Bias 和 Screen Matte 工具的使用。

执行 File | New | New Project 命令(快捷键 Ctrl+Alt+N)，建立一个 After Effects 工程文件，在 Project 项目窗口中双击，导入命名为 ExecFG.tif 的前景人物图像和命名为 ExecBG.tif 的背景图像，分别如图 10.21 和图 10.22 所示。

图 10.21　前景人物图像

图 10.22　背景图像

1. Keylight 特效应用

将 ExecFG.tif 图像拖到 Create a New Composition 按钮上，这样就自动创建了一个与 ExecFG.tif 图像分辨率相匹配的合成文件。将 ExecBG.tif 拖入 ExecFG 合成项目的时间线窗口中，并放在 ExecFG.tif 层的下层。

选择 ExecFG.tif 层，执行 Effect | Keying | Keylight 命令，为本素材加入 Keylight 特效。选择屏幕彩色吸管工具，在预览窗口中单击一下灰绿色，挑选左上角有较均匀灰绿色的一个区域，发现飞行员的很多部位也被抠空了，这是因为拾取的绿色不纯，带有很多红色成分的原因，效果如图 10.23 所示。

图 10.23　抠像后的效果图

需要缩减 Keylight 红色的组成部分，使绿色成为最主要抠去的颜色，以便它的抠像准确。其中，使用 Despill Bias 和 Alpha Bias 来进行筛选。

2. 调整 Despill Bias 颜色，重新抠像

退回到上一步，使用 Despill Bias 后面的吸管工具在飞行员面具上单击拾取颜色，然后使用 Screen Colour 的屏幕彩色吸管工具拾取背景灰绿色，设置如图 10.24 所示，效果如图 10.25 所示。

3. 用 Screen Matte(屏幕浑浊度)工具去除图像杂质

仔细观察图像会发现抠像的效果并不十分理想，还需要对其进行进一步的清理，在 Status 视图中可以更清楚地发现这一点，如图 10.26 所示。

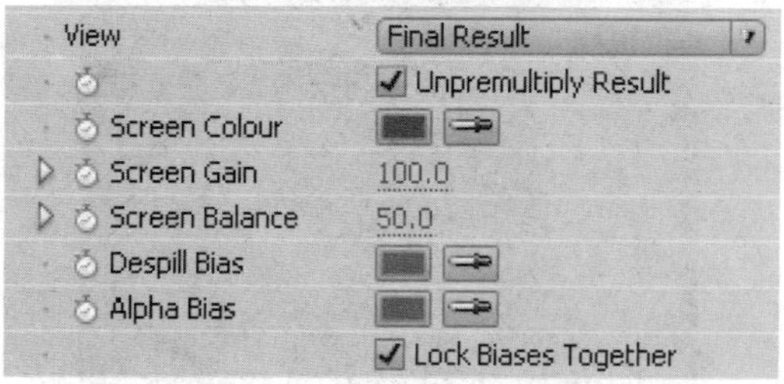

图 10.24　Despill Bias 设置为面具色

图 10.25　调整后的抠像效果

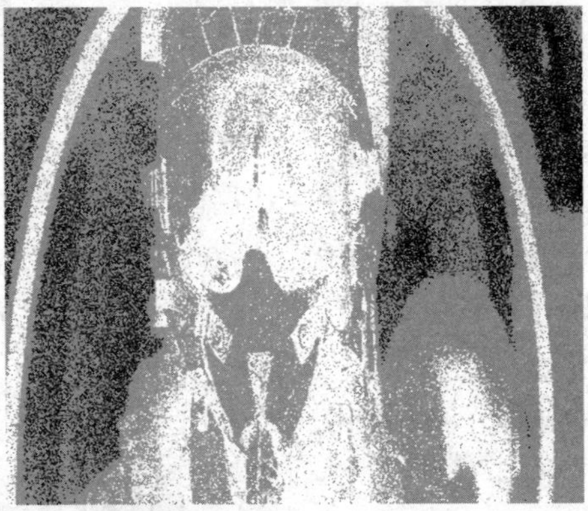

图 10.26　Status 状态视图

Screen Matte(屏幕浑浊度)工具可以让机舱玻璃透明，让飞行员不透明。设置 Clip Black 为 20 以消除部分前景，让背景更加透明。设置 Clip White 为 70 以改善浑浊的前景。设置 Screen Softness 为 1，Screen Despot Black 为 2，Screen Despot White 为 2。设置如图 10.27 所示，效果如图 10.28 所示。

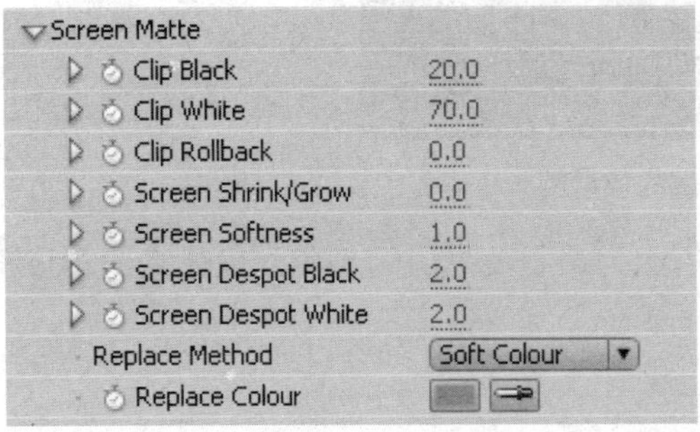

图 10.27　屏幕浑浊度参数设置

图 10.28　浑浊度调整后的效果图

最后尝试改变 Screen Matte 的 Replace Method，以便更多地还原图像的细节。这样就完成了本案例的抠像，效果如图 10.29 所示。

图 10.29　抠像最终效果图

10.2.4 “播音员”案例

本例主要学习在Keylight中Inside Mask和Outside Mask的运用，以及如何使用Replace Method消除颜色溢出，使用Screen Matte工具判断抠像质量。

1. 调整图像色深

执行File | New | New Project命令(快捷键Ctrl+Alt+N)，建立一个After Effects工程文件。单击Project Settings按钮，弹出Project Settings对话框，将颜色深度改为16bits，如图10.30所示。

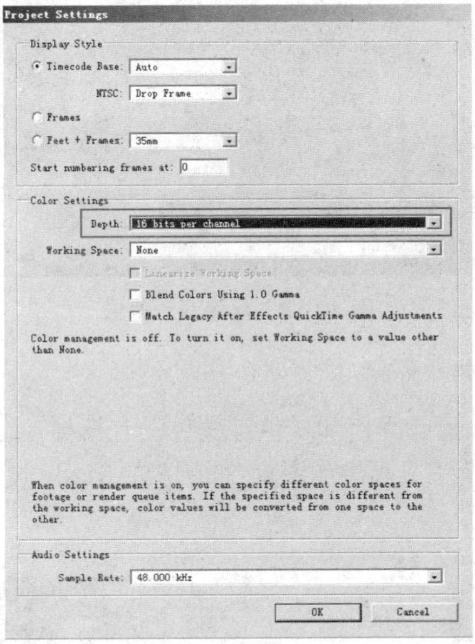

图10.30 图像的色深调整

在Project项目窗口中双击，导入命名为TestCard.cin的前景人物和命名为ColourGrid.cin的背景图像，分别如图10.31和图10.32所示。

图10.31 前景人物

图10.32 背景图像

将TestCard.cin拖到Create a New Composition按钮上，这样就自动创建了一个与TestCard.cin图像分辨率相匹配的合成文件。将ColourGrid.cin拖入TestCard合成项目的时间线窗口中，并放在 TestCard.cin 层的下层。

2. Keylight 特效应用

选择 TestCard.cin 层，执行 Effect | Keying | Keylight 命令，为本素材加入 Keylight 特效。选择屏幕彩色吸管工具，然后在合成预览窗口中单击一下人物背景的蓝色，将图像中的蓝色抠除，效果如图 10.33 所示。

图 10.33　抠除蓝色背景

3. 只抠除 Mask(遮罩)以外部分

观察图像可以发现外围还有黑色和灰色等颜色没有抠掉，这时需要用到 Outside Mask。

使用 After Effects 的钢笔工具画出如图 10.34 所示的 Mask，设置 Mask 为 None，如图 10.35 所示。

图 10.34　Mask(遮罩)

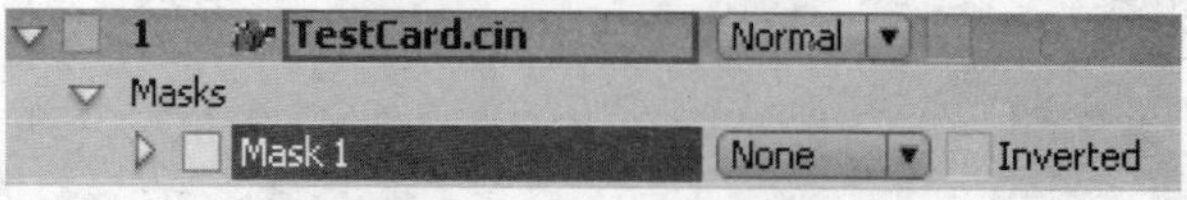

图 10.35　Mask 设置

在 Keylight 中，设置 Outside Mask 为 Mask 1，并且勾选下面的 Invert 复选框，现在发现已经去掉了不需要的前景，设置如图 10.36 所示，效果如图 10.37 所示。

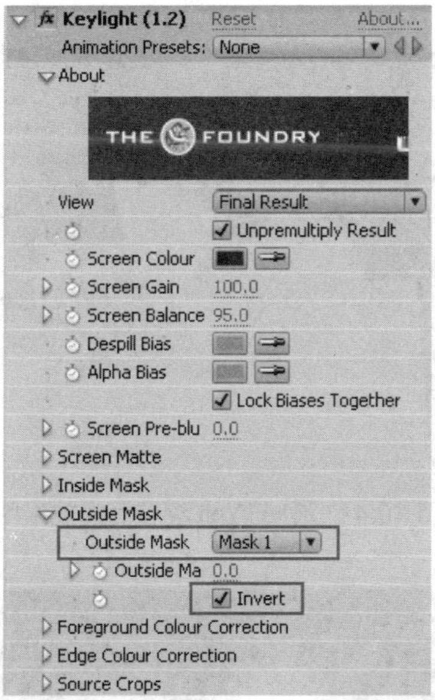

图 10.36　设置 Mask 以外的部分抠除

图 10.37　抠除效果图

4. 调整图像质量

仍然使用 Status 工具来判断抠像的质量，将 View 的 Final Result 显示方式替换为 Status 显示方式，发现图中有许多脏的噪点，如图 10.38 所示。

要去除这些噪点，设置 Screen Gain 为 110，现在人物的背景得到了改善，如图 10.39 所示。

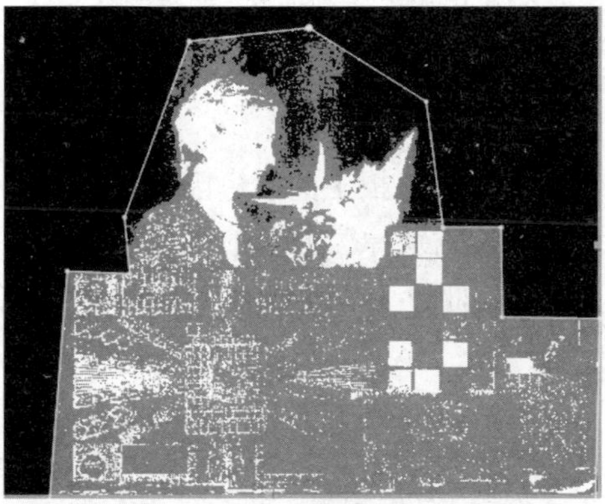

图 10.38　Status 工具显示噪点效果图

图 10.39　调整 Screen Gain 参数后的效果图

接下来进一步提高抠像质量，展开 Screen Matte 选项，设置 Clip White from 为 70，此时发现人物内部变白了，设置如图 10.40 所示，效果如图 10.41 所示。

此时发现人物的边缘有些生硬，还要继续调节 Screen Matte 选项下的参数，设置 Clip Rollback 为 3，Screen Softness 为 1，Screen Shrink/Grow 为-0.5，这样就产生了一个柔和的边缘过渡，设置如图 10.42 所示，效果如图 10.43 所示。

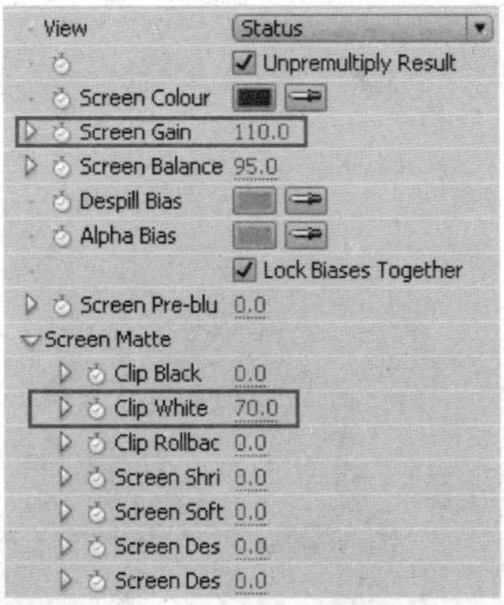

图 10.40 Clip White 参数设置

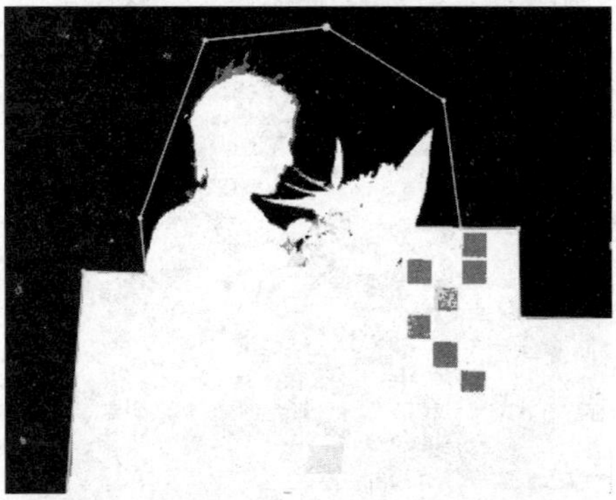

图 10.41 Clip Whit 调整后的效果图

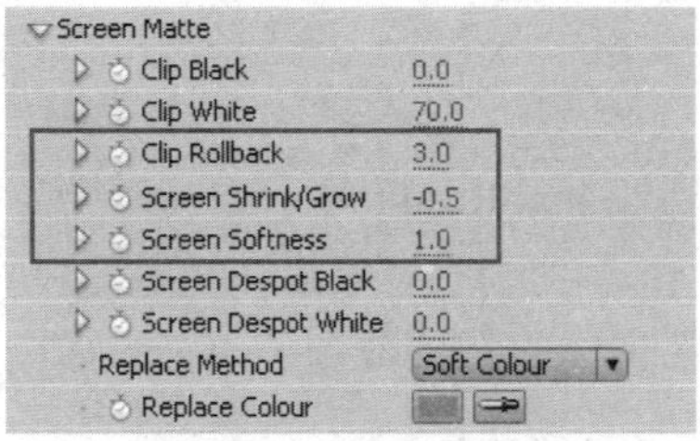

图 10.42 Screen Matte 参数设置

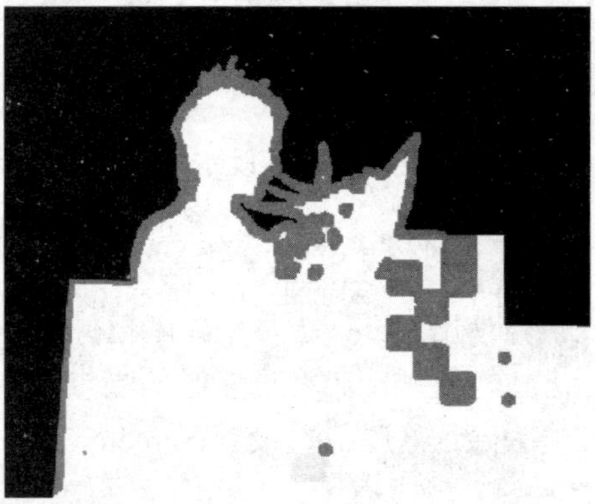

图 10.43 参数调整后的效果图

为了彻底去除屏幕中的灰点，设置 Screen Despot Black 为 1，将灰点清除干净，效果如图 10.44 所示。

现在回到 Final Result 的显示方式，发现女主角右前方的色板上的蓝色因为跟背景的蓝色相近，所以也被抠除了，这不是希望的结果，还需要把它还原为原来的颜色，这时需要使用 Inside Mask。使用 After Effects 的钢笔工具画出如图 10.45 所示的 Mask，设置 Mask 为 None，如图 10.46 所示。

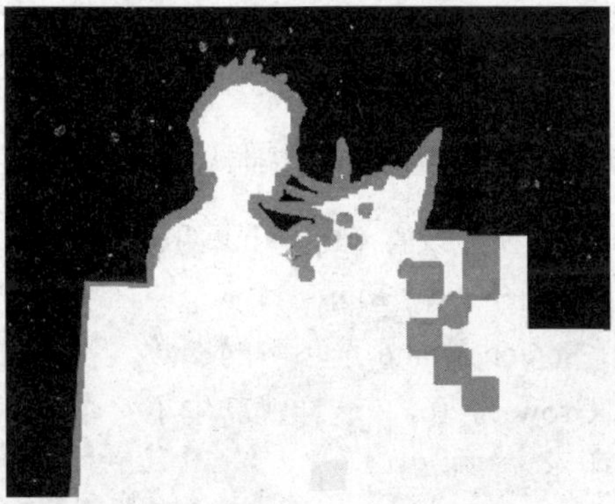

图 10.44 设置 Screen Despot Black 为 1 的效果图

图 10.45 绘制 Mask

图 10.46　设置 Mask 为 None

在 Keylight 中，设置 Inside Mask 为 Mask 2，Replace Method 为 Source，现在发现色板上的颜色已经还原为原来的颜色了，最终完成了本次抠像。设置如图 10.47 所示，效果如图 10.48 所示。

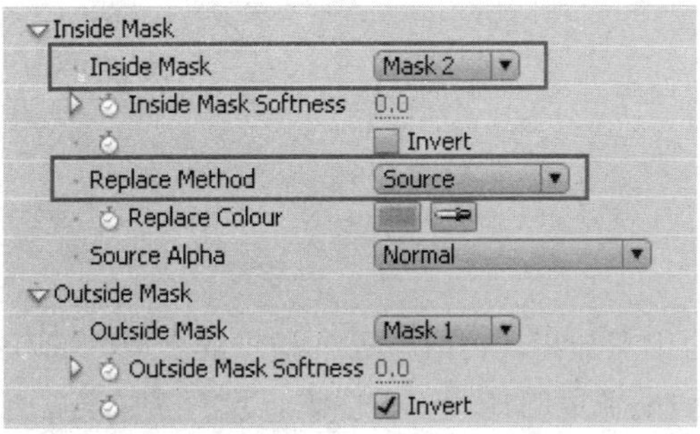

图 10.47　Inside Mask 设置

图 10.48　最终抠像效果图

本章小结

本章主要通过抠像实例学习 After Effects 内置蓝屏和绿屏抠像插件 Keylight 的各个参数定义、特点及其使用方法，从而解决复杂的抠像问题，在此基础上可以继续探讨其他的抠像手段和方法。

习　题

1. 什么是抠像？它在影视制作中起到怎样的重要作用？

2. Keylight 是哪个公司出品的抠像软件？它的主要参数有哪些？这些参数的含义和作用是什么？

3. 使用摄像机在蓝屏和绿屏前拍摄，然后进行抠像，并与其他背景相合成。

4. 如何解决以下抠像难题？

   (1) 前景图像中有蓝色溢出。

   (2) 背景图像是不纯的绿色(带有红色杂斑)。

第 11 章　三维追踪与合成

教学内容及目标

本章通过一个大案例先后使用了 Boujou 软件的跟踪与摄像机反求功能，Maya 软件的建模和分层渲染功能和 After Effects 软件的调色及合成图像功能。

教学要求

本章所涉及的知识点的跨度较大，要求教师及学生有一定的 Maya 和 Boujou 基础。

教学建议课时数

4 课时(可作为选修章节)。

本章内容主要学习实拍与三维动画的合成的相关知识。实拍与三维动画的合成(包括各实拍层之间的合成)在当今影视制作的领域具有举足轻重的作用，可以说，没有实拍与三维动画的合成就没有当今的好莱坞大片，也没有绚丽夺目的电视广告。电影图片欣赏如图 11.1～图 11.3 所示。

图 11.1　电影《指环王 3》

图 11.2　电影《变形金刚》

图 11.3 电影《加勒比海盗 3》

11.1 案例说明

因为 After Effects 不容易实现三维追踪与合成，只有借助其他软件来实现。本案例详细讲述了从对实拍影片的摄像机反求，到三维软件中的建模和分层渲染输出，最终在 After Effects 中合成的过程。其中，综合使用了 Boujou 跟踪软件、Maya 三维软件以及 After Effects 软件。最终效果如图 11.4 所示。

图 11.4 “桌面上的头像”最终动画效果图

11.2 案例步骤

11.2.1 使用 Boujou 软件的跟踪与摄像机反求功能

1. Boujou 软件介绍

Boujou 是 2d3 公司为解决复杂跟踪问题而开发的高端跟踪工具，具有各种强大的跟踪功能，使动画师、建筑师和视频设计师的设计制作更加准确、简便和高效。它包含了许多新技术和新特性，对视频合成这一重要领域来说是一个巨大的进步。

Boujou 首创自动化追踪功能，自动地跟踪特征点并进行数据分析，解算出准确的追踪数据，最终输出为各大三维软件与后期合成软件可识别的数据。

Boujou 曾因其先进的摄影机追踪方案而获得艾美奖的殊荣，它已经被广泛地运用在电影、电视、广告、法律、高端科学及建筑等领域。

2. Boujou 软件应用

1) 实拍素材的导入

单击 Tool Box(工具盒)中的 Import Sequence(导入序列)按钮导入实拍素材序列图像，如图 11.5 所示。

选择要导入的序列图像的第一帧，单击 Open 按钮导入，如图 11.6 所示。

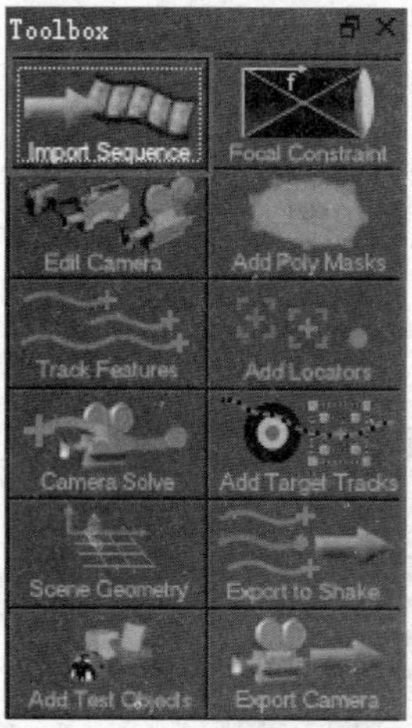

图 11.5　Import Sequence 选项

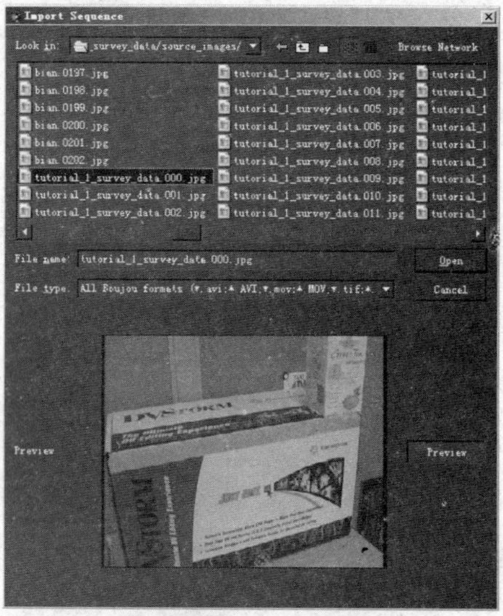

图 11.6　导入文件的选择

弹出导入设置对话框，将 Move Type(移动类型)设置为 Free Move(自由移动)，将 Interlace(交错)设置为 Not Interlaced(无交错)，如图 11.7 所示。

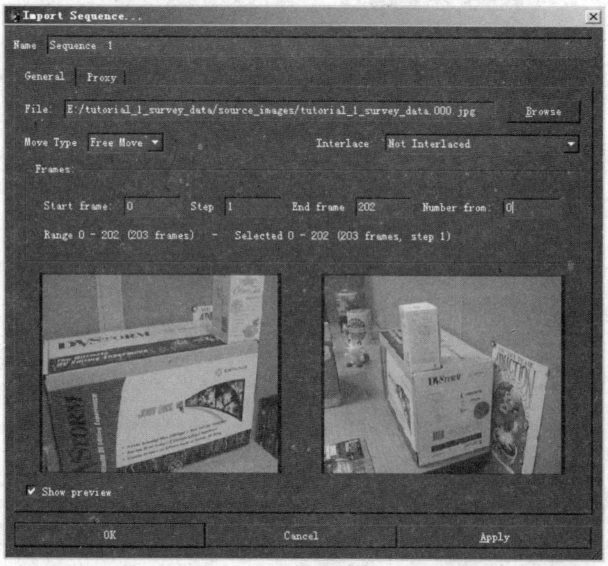

图 11.7　运动类型选项

单击 OK 按钮，即导入了视频序列。

2) 跟踪特征

接下来要在图像序列中进行特征跟踪，单击工具盒(Tool Box)中的 Track Features(跟踪特征)按钮，弹出 Track Features(跟踪特征)对话框，如图 11.8 所示。

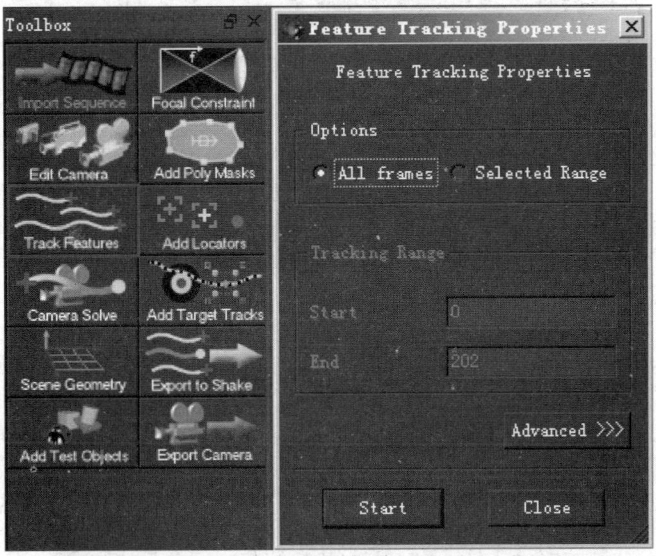

图 11.8　Track Features 选项

使用默认设置，选中 All frames 单选按钮追踪所有结构或框架。单击 Start 按钮，开始跟踪特征，跟踪过程如图 11.9 所示。

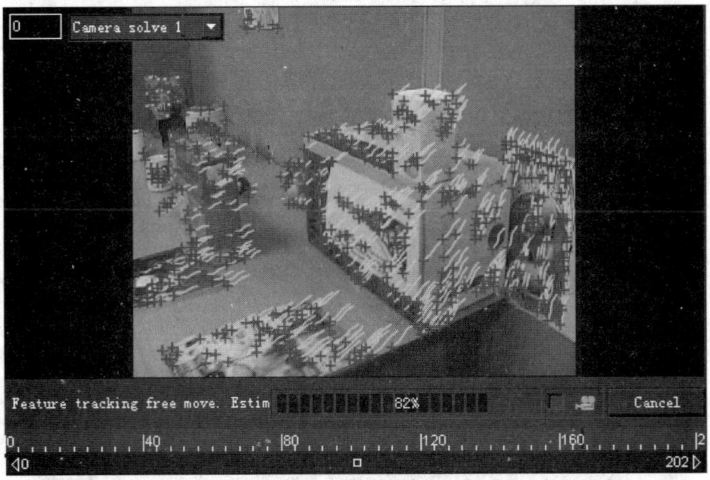

图 11.9　跟踪效果图

3) 跟踪摄像机

单击工具盒(Tool Box)中的 Camera Solve(跟踪摄像机)按钮，弹出 Camera Solve(跟踪摄像机)对话框。勾选 Optimize radial distortion parameters 复选框自动纠正镜头畸变。单击 Start 按钮，开始跟踪摄像机，设置如图 11.10 所示。

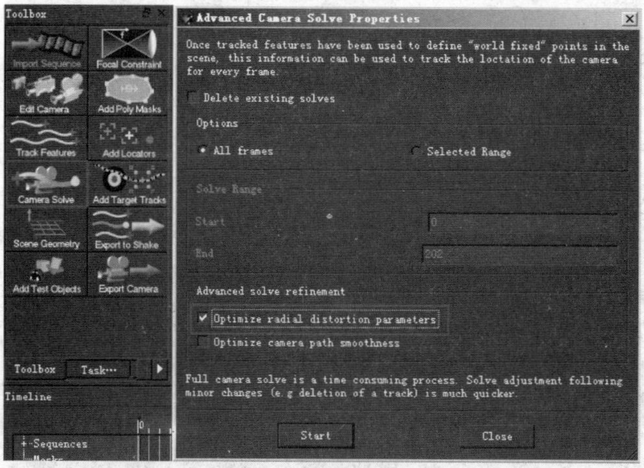

图 11.10　Camera Solve 选项设置

跟踪完成后的效果如图 11.11 所示。

图 11.11　跟踪摄像机效果图

4) 输出摄像机

单击工具盒(Tool Box)中的 Export Camera(输出摄像机)按钮，弹出 Export Camera(输出摄像机)对话框。将 Export Type(输出类型)选择为 Maya 4+(*.ma)，单击 Save 按钮保存，如图 11.12 所示，接下来会在 Maya 中打开刚才输出的摄像机进行接下来的建模等工作。

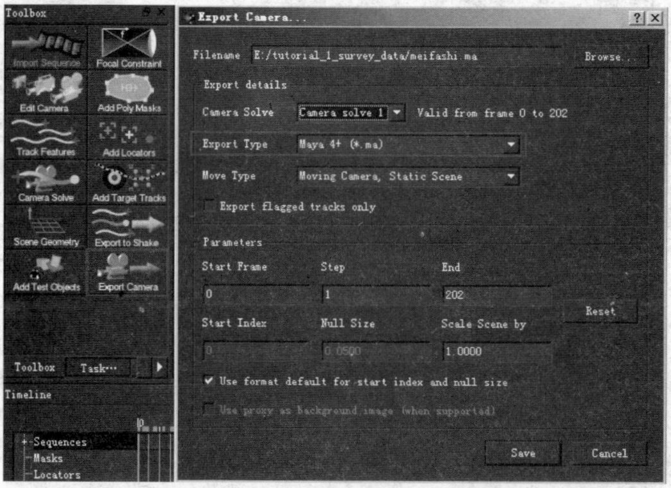

图 11.12　Export Type(输出类型)设置

5) 输出图像序列

执行 Export | Export Sequence 命令，弹出 Export Sequence(输出序列)对话框。将 Format 选择 Maya Iff 图像格式，勾选 Lens Distortion(镜头畸变)复选框，输出没有镜头畸变的图像序列，设置如图 11.13 所示。

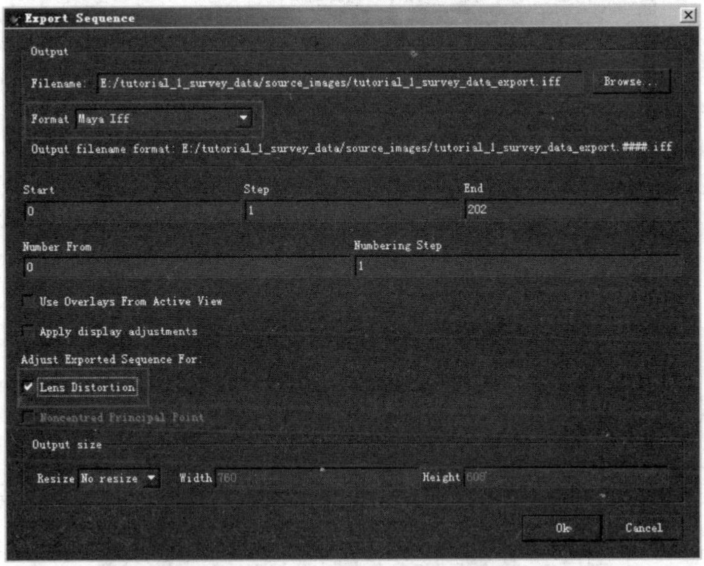

图 11.13　图像输出设置

11.2.2　使用 Maya 软件进行建模和分层渲染

1. 建立模型

(1) 在 Maya 软件中打开 11.2.1 节中由 Boujou 输出的 ma 格式的 Maya 文件，在透视视图中的状态如图 11.14 所示。

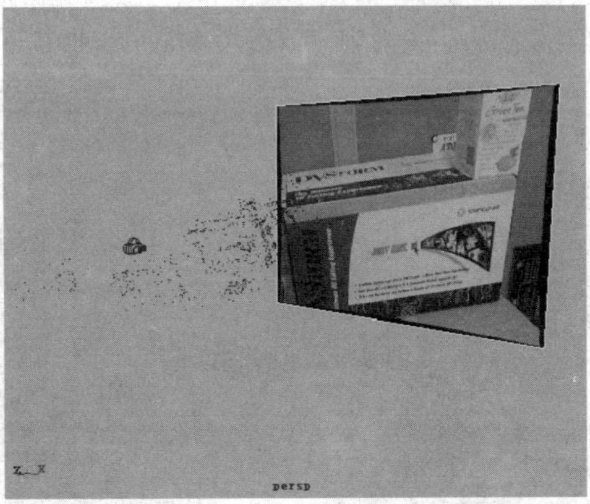

图 11.14　Boujou 输出图像效果图

(2) 执行 Panels | Perspective | Camera_1_1 命令，将透视视图转变成导入 Boujou 摄像机视图 Camera_1_1 中，如图 11.15 所示，效果如图 11.16 所示。

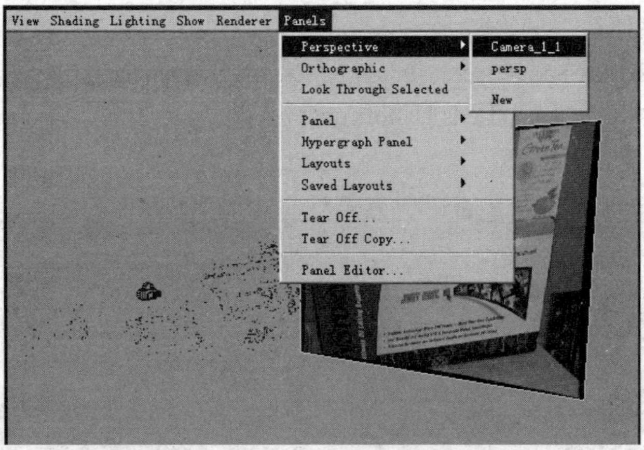

图 11.15　选择摄像机视图

图 11.16　摄像机视图效果

(3) 以跟踪点和背景视频作为参考，建立桌面和桌上大纸箱的模型，如图 11.17 所示。(Maya 建模方式可参照第 8 章的相关内容，或参考 Maya 专业书籍。)

图 11.17　建立参考模型

(4) 为桌面上添加新的物体。本例要在桌面上添加一个女孩的石膏头像，使用 Maya 的多种建模工具将它建立起来，并放置到桌面上合适的位置，如图 11.18 所示。

图 11.18　建立头像

2. 为场景添加灯光

(1) 执行 Create | Lights | Spot Light 命令，在场景中建立一盏聚光灯作为主光源，并将其光线跟踪阴影打开，设置光线跟踪阴影的参数，使其产生柔和模糊的边缘，调整时要以桌面上其他物体的阴影作为参考，使其尽量与桌面上其他物体的阴影相一致，设置如图 11.19 所示。

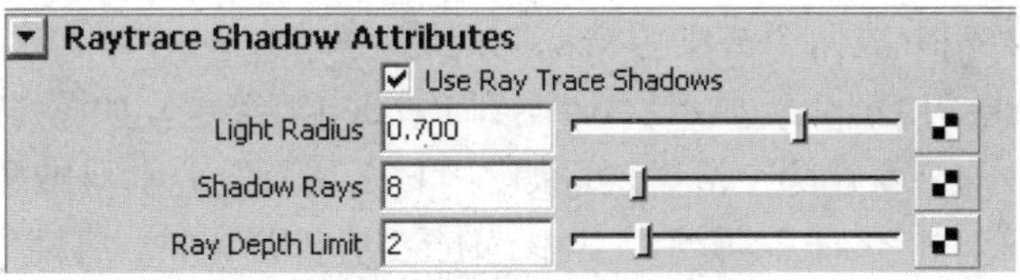

图 11.19　聚光灯参数设置

(2) 执行 Create | Lights | Spot Point 命令，在场景中建立一盏泛光灯作为辅助光源，把它放在与主光源基本相对的位置为头像补光，如图 11.20 所示。

图 11.20　安置泛光灯

3. 为头像模型指定材质

本例材质部分为非重点内容，只做简单讲解。打开 Maya 的材质编辑器，创建一个 Blinn

材质，指定给头像模型，将其 Color(颜色)修改为较浅的暖颜色(这里故意将颜色设置得不够正确，后面可以学习在 After Effects 中为其调色)，关闭其 Reflectivity(反射强度)，减小高光范围与强度，其他参数设置如图 11.21 所示。

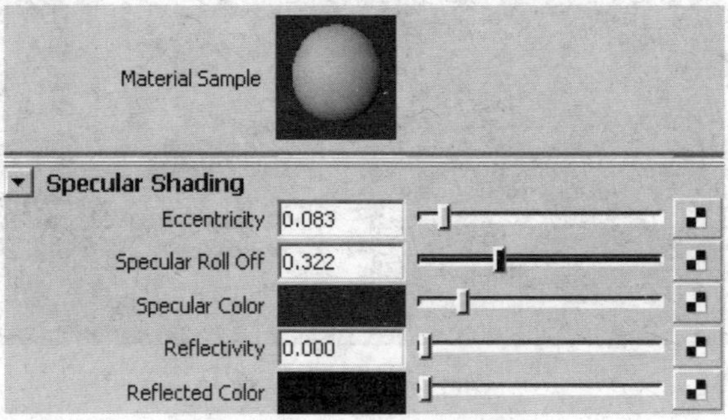

图 11.21　材质参数设置

4. 分层渲染设置(实现头像及环境的阴影效果)

Maya 具有强大的分层渲染功能，分层渲染的目的是为了在后期合成软件中更方便地为各个不同的图像元素(颜色、高光、阴影、环境遮挡、反射等)或者场景中不同的物体分别进行调整或加入特效，而且一旦发现不满意的地方也很容易修改。一般来说，一个项目会分成多个渲染层，本例分成两个渲染层来说明问题。

(1) 将 Maya 分层由 Display(显示层)切换到 Render(渲染层)，如图 11.22 所示。单击 Add Render Layer 按钮两次，新建两个渲染层，如图 11.23 所示。分别双击两个渲染层为它们重命名为 Head 与 Desk，如图 11.24 所示。其中，Head 层负责调整、渲染头像上的阴影，Desk 层负责调整、渲染桌面及纸箱上的阴影。

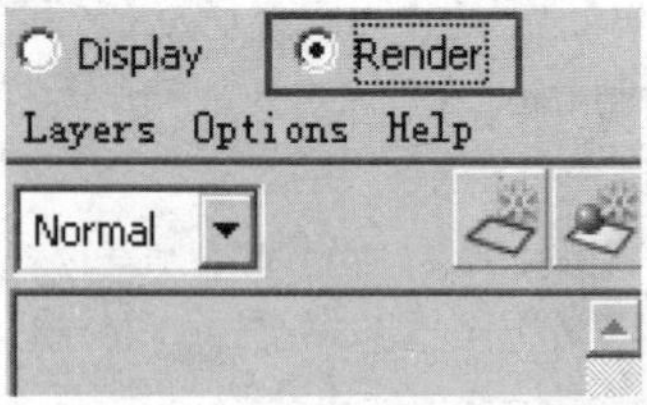

图 11.22　Render 渲染层设置

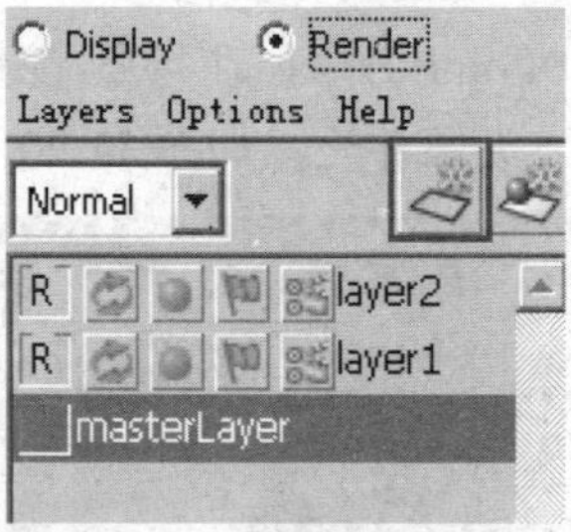

图 11.23　建立两个渲染层

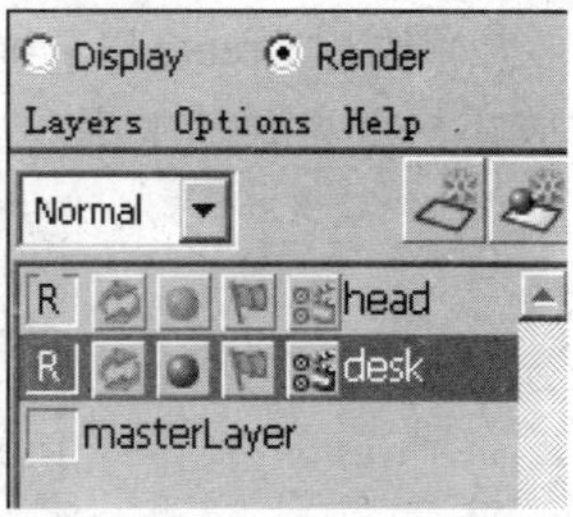

图 11.24　Render 层命名

(2) 在场景中选择头像物体与两盏灯光，然后在 Head 层上右击，执行 Add Selected Object 命令，将头像物体与两盏灯光添加到本层中。在场景中选择桌面物体、桌上大纸箱物体、头像物体与两盏灯光，然后在 Desk 层上右击，执行 Add Selected Object 命令，将桌面物体、桌上大纸箱物体、头像物体与两盏灯光添加到本层中。

(3) 在 Desk 层上右击，执行 Create New Material Override | Use Background 命令，为本层创建一个 Use Background 背景材质，Use Background 的设置如图 11.25 所示。Desk 层渲染效果如图 11.26 所示。

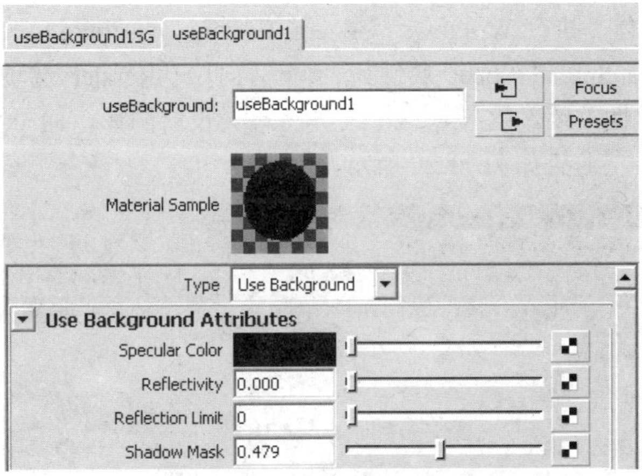

图 11.25　Desk 层的材质参数

图 11.26　Desk 层在桌面及纸箱上的阴影效果图

(4) 选择桌面物体与桌上大纸箱物体，执行 Windows | General Editors | Attribute Spread Sheet 命令，弹出桌面物体与桌上大纸箱物体的 Attribute Spread Sheet 属性列表窗口，打开 Render 选项卡，将它们的 Cast Shadow(投射阴影)属性关闭，这样，这两个物体将只会接收阴影，而不会投射阴影，设置如图 11.27 所示。

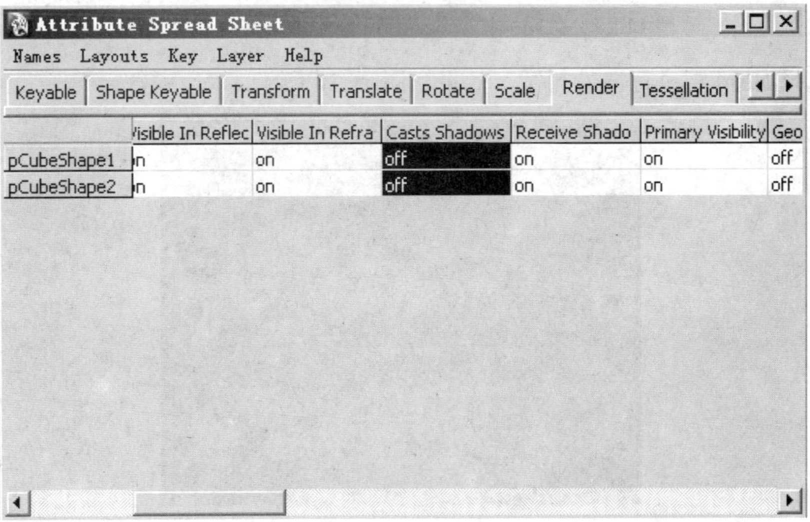

图 11.27　关闭桌面纸箱物体的投射阴影属性

(5) 选择头像物体，执行 Windows | General Editors | Attribute Spread Sheet 命令，弹出头像物体的 Attribute Spread Sheet 属性列表窗口，打开 Render 选项卡，将它的 Receive Shadow(接收阴影)属性关闭，这样，这个物体将只会投射阴影，而不会接收阴影，设置如图 11.28 所示。Desk 层渲染如图 11.29 所示。

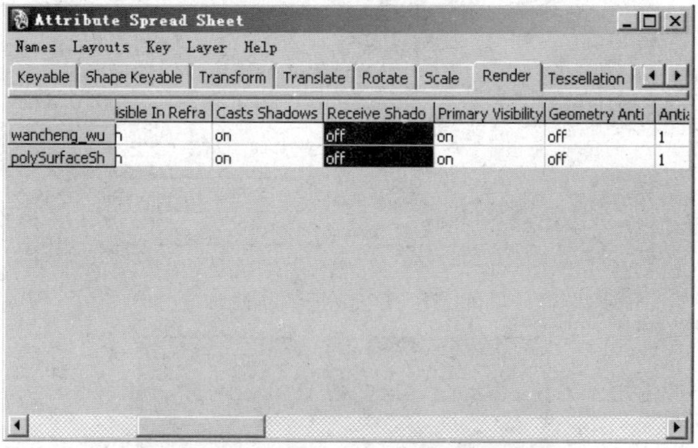

图 11.28　关闭头像物体的“接收投影”属性

图 11.29　关闭头像物体“接收投影”属性后的效果图

(6) 选择 Head 层进行渲染测试，效果如图 11.30 所示。

图 11.30　Head 层渲染效果图

(7) 执行 Options | Render All Layers 命令，确认勾选 Render All Layers 复选框，如图 11.31 所示。

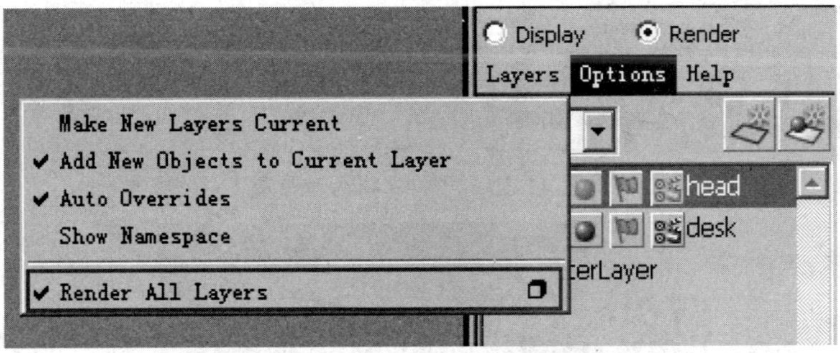

图 11.31　渲染所有层选项

(8) 单击 Render Settings 按钮，打开 Render Settings(渲染设置)对话框，对本次渲染进行设置，如图 11.32 所示。

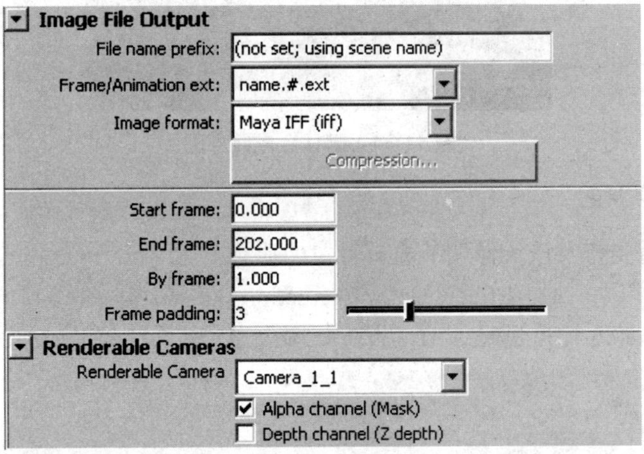

图 11.32　图像文件输出设置

(9) 删除 Camera_1_1 的 Image Plane 背景参考，执行 Render | Batch Render 命令，进行动画渲染，在最终渲染时为头像创建头发。

5. 恢复镜头畸变

目前，渲染生成的图像为没有镜头畸变的纠正图像，要真正与原拍摄视频相匹配，必须再回到 Boujou 中，使用 Boujou 的 Lens Adjust External Sequence 输出功能对 Maya 的渲染图像进行镜头畸变处理，然后就可以到 After Effects 中合成了。

11.2.3　使用 After Effects 合成图像

1. 导入合成图像

执行 File | New | New Project 命令，建立一个 After Effects 工程文件，在 Project 项目窗口中双击，导入 Head 层和 Desk 层 Maya Iff 格式的图像序列文件。继续导入原始拍摄视频，将原始拍摄视频拖到 Create a New Composition 按钮上，这样就自动创建了一个与原始

拍摄视频图像分辨率相匹配的合成文件。将 Head 层和 Desk 层拖入合成项目的时间线窗口，其排列顺序如图 11.33 所示。默认的合成效果如图 11.34 所示。

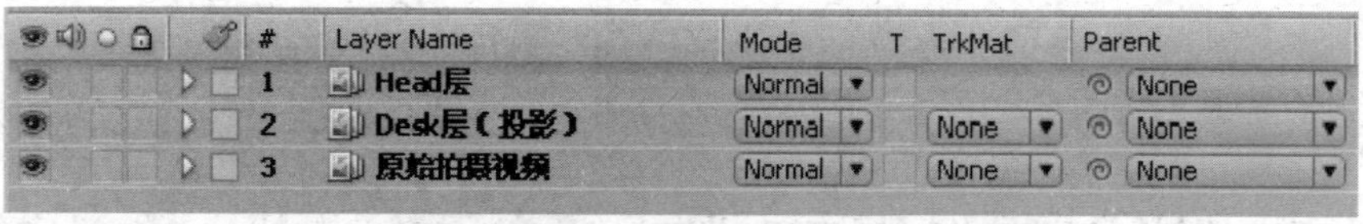

图 11.33　层的排列顺序设置

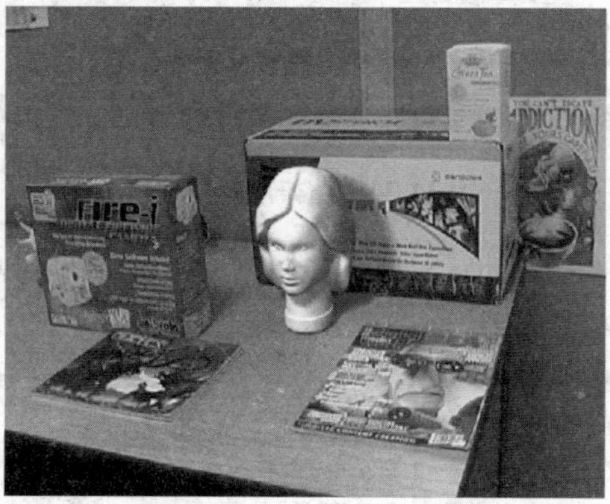

图 11.34　默认合成效果图

2. 为 Head 层调色

在本例中，需要将女孩头像调节成石膏像的质感。

(1) 选择 Head 层，执行 Effect | Color Correction | Levels 命令，为该层加入 Levels 调色特效。首先对其明暗对比度进行调节，设置如图 11.35 所示，效果如图 11.36 所示。

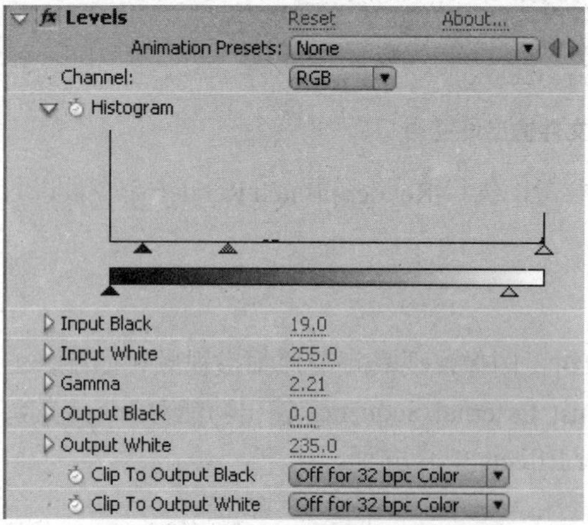

图 11.35　Levels 明暗对比度设置

图 11.36　明暗对比度调整后的效果图

(2) 对其色相进行调节。首先分别调节 Levels 的 R、B、G 不同通道的参数，然后执行 Effect | Color Correction | Hue/Saturation 命令，为该层加入 Hue/Saturation 特效。适当减小 Master Saturation 的数值，降低本层的饱和度，设置如图 11.37 所示，效果如图 11.38 所示。

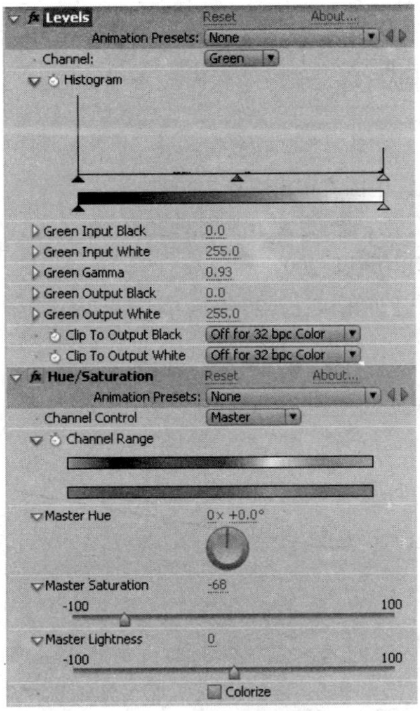

图 11.37 饱和度设置

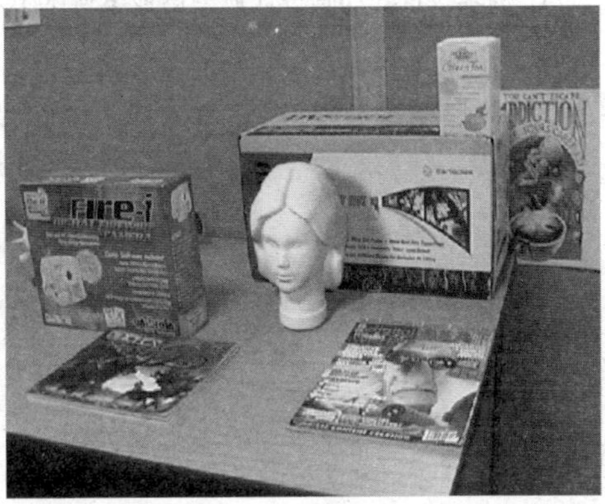

图 11.38 饱和度调整后的效果图

3. 使用相似的方法对 Desk 层(投影层)进行调色

本案例最终效果见本书 221 页图 11.4。

本章小结

本章为一个综合性的案例，运用三维软件(Maya)、三维跟踪软件(Boujou)、后期合成特效软件(After Effects)来完成实拍与三维动画的合成，本案例强调了制作流程的重要性，在制作中充分利用了各软件的优势，最后使用 After Effects 将其他软件制作的动画和实拍素材很好的融合在一起，并使用其优秀的特效制作能力与合成能力，让视频变得醒目和突出。

习　题

1. Boujou 是哪个公司生产的软件？它的主要功用是什么？
2. 使用摄像机拍摄一段视频，并使用 Boujou 软件对此素材进行跟踪和摄像机反求，并输出为 Maya 或其他三维软件的摄像机。
3. 在 Maya 或其他三维软件中建模和分层渲染，在 After Effects 中合成。
4. 在 Boujou 的摄像机跟踪中，如何自动纠正镜头畸变？
5. Boujou 的哪个功能可以将没有镜头畸变的三维动画重新处理成镜头畸变的效果？

参 考 文 献

[1] 贺凯，焦超. Flash 8 完美动画设计与制作[M]. 北京：中国青年出版社，2007.

[2] 新华电脑教育. Flash 动画设计典型商业案例[M]. 北京：电子工业出版社，2006.

[3] 董恩海. Flash 8 动画标准教程[M]. 北京：中国青年出版社，2007.

[4] 周黎. Flash 动画设计典型商业案例[M]. 北京：电子工业出版社，2006.

北大出版社艺术与设计专业规划教材

艺术原理
艺术管理
艺术文化学
艺术学导论
工业设计史
艺术教育研究
西方艺术简史
中国艺术简史
艺术美学导论
创意艺术产业
设计管理导论
设计艺术原理
网络虚拟艺术
造物艺术导论
创造设计的生命力
创意思维
图形创意
设计概论
版式设计
包装装潢设计
书籍装帧设计
汉字视觉设计
品牌与 VI 设计
标志创意设计教程
字体设计基础与创意
灯具设计
服装设计
服装人物素描
室内设计
商业展示设计
空间创意思维
摄影技艺实训手册
环境艺术设计表现技法
Flash 网页动画制作
影视剪辑典型案例基础教程
影视包装典型案例基础教程
网站设计典型案例基础教程
图像处理典型案例基础教程
多媒体制作典型案例基础教程
After Effects 影视特效与合成
动画概论
动画设计
动漫角色设计
动画制作典型案例教程
3ds Max 典型案例基础教程
3ds Max 三维动画基础及建模
3ds Max+Vray 效果图典型案例基础教程
Delta3D 教材——游戏与仿真应用程序开发
中国传统元素与现代平面设计